吉林省精品课程配套教材

工业设计概论

李 明 编著

科学出版社
北京

内 容 简 介

本书是阐释工业设计和产品设计的概念及其衍生出来的设计思维理论与特征的入门教材。本书系统介绍了工业设计、产品设计特征及覆盖的领域和工业设计发展基本史实与历史客观规律，工业设计与文化、工业设计与市场、工业设计方法等专题，同时介绍了工业设计四个主要领域的部分内容（产品设计、视觉传达设计、环境设计和设计管理），概括介绍了工业设计新技术，展望了工业设计的发展趋势。

本书既可作为高等院校工业设计、产品设计或相关专业本科生的教材和研究生考试的参考教材，也可作为从事设计工作的专业人员继续教育和中小学普及设计教育的教学参考书，同时对工程技术人员开拓思路、拓展产品创新思维也有借鉴意义。

图书在版编目(CIP)数据

工业设计概论 / 李明编著. —北京：科学出版社，2021.3
（吉林省精品课程配套教材）
ISBN 978-7-03-067172-1

Ⅰ. ①工… Ⅱ. ①李… Ⅲ. ①工业设计–高等学校–教材 Ⅳ. ①TB47

中国版本图书馆 CIP 数据核字（2020）第 243859 号

责任编辑：朱晓颖 / 责任校对：王 瑞
责任印制：赵 博 / 封面设计：迷底书装

科 学 出 版 社 出版
北京东黄城根北街 16 号
邮政编码：100717
http://www.sciencep.com

北京富资园科技发展有限公司印刷
科学出版社发行 各地新华书店经销
*

2021 年 3 月第 一 版 开本：787×1092 1/16
2024 年 8 月第四次印刷 印张：15 1/2
字数：396 000

定价：59.00 元
（如有印装质量问题，我社负责调换）

前　言

本书是为深入贯彻新时代全国高等学校本科教育工作会议精神，探讨新工科背景下工业设计专业人才培养改革而编写的，旨在帮助初学者学习、理解和掌握工业设计专业的核心思想、基本要素、理论基础和思维方法，为其今后深入学习后续专业课程奠定坚实的基础。

早在 2009 年，长春工业大学工业设计专业为进一步更新教育教学观念，充分吸收高等教育教学改革的最新成果，推进人才培养模式和机制的改革，全面落实"以本为本"的教学理念，优化教学内容和课程体系，将原来的"工业设计概论"和"工业设计史"两门学科基础必修课进行了优化整合，合并成"工业设计概论及设计史"。作者根据多年的教学实践总结教学经验，利用原有课程的教学资源，结合国内外相关院校的先进教学资源，编写了课程讲义。该讲义连续十余年在本专业大一新生中使用，教学效果显著。在课程组全体教师的共同努力下，该课程于 2012 年 7 月被评为省级优秀课程。在随后的近 10 年间，"工业设计概论及设计史"作为学科概论和专业导引课，受到了师生的普遍欢迎。作者原想将本书定名为《工业设计概论及设计史》，但考虑到影响力不够，因势利导，还是定名为《工业设计概论》。虽然名称与市场上同名的不少，但内容上还是有较大区别的。

本书作为高等学校的教材，兼顾了综合性、理工类和设计类等不同类型普通本科学校的特点，在借鉴工业设计前辈的大量宝贵经验的基础上，编写时突出前瞻性和模块化特点，力求阐明工业设计及相关专业领域的前沿内容。由于学时等原因，教师不可能将教材全部内容讲授出来，各校可以根据实际情况加以取舍，因此作者在编写过程中设计出三个模块供选用，即工业设计相关概念及历史沿革（第 1 章和第 2 章），工业设计与文化、市场之间的关系及工业设计方法（第 3～5 章），工业设计涵盖的领域、新技术介绍以及发展趋势（第 6～11 章）。其指导思想是：①契合当前教育教学发展要求，符合教育教学基本规律，注重教材编写的科学性、规范性和前瞻性；②注重教材内容的覆盖面，教材内容覆盖了设计专业的核心课程，使教材适合大多数普通高校的工业设计和产品设计专业使用，也可以作为机械类专业学生的选修内容，是工业设计从业人员学习的参考书。

书中理论知识的阐述既系统完整，又简明扼要，语言浅显易懂，重点突出，实用性强，同时以丰富的典型案例作支撑，内容活泼新颖。

在本书编写过程中长春工业大学机电工程学院工业设计系许小侠、侯力莉、汪澜、迟瑞丰和曹越五位老师给予了大力帮助，提出了许多宝贵的意见。本书获长春工业大学特色高水平教材建设基金资助。在此一并表示感谢。

由于作者水平有限，书中难免存在疏漏和不妥之处，恳请读者批评指正。

编 者

2020 年 7 月

目　　录

第1章 设计与工业设计

【教学目标】

①了解"设计"一词的含义及其本质；
②了解设计美学的定义及其审美规律；
③掌握设计与科学、艺术之间的关系；
④掌握工业设计的定义、研究范围及内容。

1.1 设计的概念

1.1.1 什么是设计

人们在日常生活和工作中经常使用"设计"这个词，由于使用得非常普遍，因此"设计"语义界限混淆不清。有的指外观质量，有的指内在质量，在日常口语中所说的"动脑筋""想办法""找窍门"等就是对设计的一种表达。从设计学科的角度看，究竟设计的内涵是什么呢？

（1）设计是一种操作，美的造物活动，确定形的过程。

（2）设计是一种观念，美的造物意识，创造性思维过程。

（3）设计既是操作又是观念，是操作与观念的集合体。

（4）设计是一种美学，赋予人造物的审美特性。

（5）设计属于人类学，使设计的结果方便人们使用。

（6）设计属于技术学，设计将产品的功能和生产联系起来。

设计的好坏，必须要与相同功能的数种产品做比较，才能进行判断，没有一种产品是无法选择和比较的。俗话说"不怕不识货，就怕货比货"，比什么？比的就是设计的好坏。当今世界各国的许多著名企业都纷纷提出"设计第一"的口号，因为生产几乎都进入用同一原料、同一技术水平生产同一类产品的自动化快速阶段，设计便成了决定性的因素，成为产品看得见的质量表现形式。大批量生产的产品与单件生产的产品在生产过程中的思考角度是不同的。单件产品随时可以修改，也许最终的产品与最初设想的完全不同，也可以接受。而大批量生产的产品就不可以，必须事先规划好，或者说设计好，产品的形象是按计划执行的，就是说两者的设计意识是不同的。

"设计"一词在国外使用也很普遍,以英文 design 的解释为主。英文中 Design 和 design 是有区别的。在美国专利文献上,design 相当于图案,而 Design 相当于意匠。design 译为图案,来自拉丁语 designate(动词)或 designed(名词),意指"将计划表现为符号"或"在一定的意图前提下进行归纳"。意大利语 design、法语 dissent 和德语 netsurf 都是作意匠、设计、图案等解释的。也就是说,design 主要用于与艺术有关的事物,作图案解释有构思、计划的含义。不过,图案容易给人以平面的感觉,很具体、很实际,也很形象,容易联想到具体器物上的装饰。"图案"在 16 世纪前后主要表现艺术家心中的创作意念,通过"草图"具体化。"图案"也曾定义为"以线条的手段来具体说明那些早先在人的心中有所构思,后经想象力使其成形,并可借助熟练的技巧使其显现的事物"。特别是 19 世纪,无论是最佳制作的工艺美术品,还是大量生产的产品,都是对产品的外表进行美化装饰。所以,当时的设计师同时也是装饰图案或花样设计师。

进入工业化社会之后,design 由"纯艺术"或"装饰图案艺术"的范围内容扩大到现代工业产品,使设计概念及其语义的内涵更加广义化,而趋向于以强调该词结构的本义,即"为实现某一目的而设想、计划和提出方案",表示出一种思维、创造的过程。这种思维创造的结果最终将以某些符号(语言、文字、图样及模型等)表达出来。

英国的《韦伯斯特大辞典》对 design 的全面解释是:design 既可作为动词使用,又可作为名词使用。作为动词使用时,表示:①在头脑中想象和计划;②谋划;③创造独特的功能;④为达到预期目的而创造、规划、计算;⑤用商标、符号等表示;⑥对物体和景物的描绘、素描;⑦设计及计划零件的形状和配置等含义。作为名词使用时,则表示:①针对某一目的在头脑中形成的计划;②对将要进行的工作预先根据其特征制作的模型;③文学、戏剧构成要素所组成的概略轮廓;④音乐作品的构成和基本骨架;⑤艺术作品、机械及其他人造物各要素的有机结合;⑥艺术创作中的线、局部、外形、细部等在视觉上的相互关系;⑦样式、纹饰等。

1786 年出版的《大不列颠百科辞典》中,对 design 的解释是指艺术作品的线条、形状,在比例、动态和审美方面的协调。在 1974 年第 15 版中对 design 又有更明确的解释:指进行某种创造时的计划、方案的展开过程,即头脑中的构想过程。一般是指能用图样、模型表现的实体,但并非最终完成的实体,只指计划和方案,它的一般意义是"为产生有效的整体而对局部之间的调整"。而且指出,有关结构和细部的确定可以从以下四方面考虑:①可能使用什么材料;②这种材料适用何种制作技术;③从整体出发的部分与部分之间的关系是否协调;④对旁观者和使用者来说,整体效果如何等。

"意匠"一词最早源于中国的晋代,唐代著名诗人杜甫(712—770)在《丹青引赠曹将军霸》的诗中写有:"诏谓将军拂绢素,意匠惨淡经营中。"晋代文学家陆机(261—303)在《文赋》中写有:"意司契而为匠"。"契"指图案,"匠"为工匠,均有诗文或绘画等精心构思的意味。在日本,"意匠"的"意"即"心","匠"即"技"的意思,即设计之表现。

日本表达设计含义的有两个词:汉字"设计"和外来语"デザイン"。在日本《广辞苑》辞典中,将汉字"设计"解释为"在进行某项制造工程时,根据其目的,制订出有关费用、占地面积、材料以及构造等方面的计划,并用图纸或其他方式明确表示出来"。这与我国《现代汉语词典》中将"设计"一词解释为"在正式做某项工作之前,根据一定的目的要求,预先制定方法、图样等"相类似。

（1）与计划有关，将计划看成一个整体，如何将整体中的各个部分有效地连贯起来；

（2）与表现有关，如用工程图、平面图、效果图、模型等将产品或建筑物的特征表现出来。

"设计"一词在机械工程、土木工程、建筑工程等领域使用较多，如工程设计、建筑设计、机械设计等。到了 20 世纪 20～30 年代，随着科学技术的发展和工业经济的繁荣，设计的中心不再是装饰、图案，而是逐步转向对产品的材质、结构、功能和美的形式进行规划与整合，反映出工业化大生产（批量生产）前提下，赋予设计以时代的意义。

（1）设计要反映工业化大生产和市场经济前提下的各种要求。

（2）设计要反映出双方的利益以及消费者、使用者的生理、心理上的要求，是一项综合性的计划。

因此，**现代的设计概念是指综合社会的、人文的、经济的、技术的、艺术的、生理的、心理的等各种因素，纳入工业化批量生产的轨道，对产品进行规划的技术。或者说设计是为某种目的、功能，汇集各部分要素，并做整体效果考虑的一种创造性行为。**在这种情况下，很难再用图案或工程的概念来表达设计的内涵。日本在反映当代的设计特点时首先注意到这个问题，很少再使用固有的汉字"設計"，而是使用外来语"デザイン"（译自英语 design）。日本《广辞苑》辞典中对"デザイン"的解释是："在制造生活中所必需的产品时，要讨论产品的材质、功能、生产技术、美的造型等各种因素，以及来自生产、消费等方面的各种要求，并对之进行调整的综合性的造型计划。"

日本《意匠法》第二条对"意匠"的定义是："根据法律，所谓意匠是指物品的形状、模样或者色彩，或者是这些的结合，通过视觉使之产生美感。"

《中华人民共和国专利法》中对外观设计的定义："外观设计，是对产品的形状、图案或者其结合以及色彩与形状、图案相结合所作出的富有美感并适于工业应用的新设计。"

以上表明，设计是按照特定的目的进行有秩序、有条理的技术造型活动，是谋求物与人之间更好地协调，创造符合人类社会生理、心理需求的环境，并通过可视化表现达到具体化的过程。

设计体现了人们为适应周围环境到改善周围环境，从满足基本需要到精神层次的更高需求，以及寻求更优化生活方式的迫切需要。

1.1.2 设计的产生与发展

从造物史的角度来说，人类造物的开端便是设计。设计是伴随人类制造工具而出现的最早的文化行为。动物似乎也能"造物"，蜜蜂筑巢、蜘蛛结网也可视为一种造物，但这种活动是通过全部进化史获得的一种遗传本能，就动物个体而言是不需要学习的。动物在"造物"前无须进行规划，没有理性的分析，也不可能有技术的进步和新品种的产生。人类则不同，人类的造物活动有明确的目的性，是为了满足在生存中萌生出来的需要而进行的自觉活动。如今人们发现最早的人造物是用砾石打制的石器，距今约有 300 万年，如图 1-1 所示。尽管其外形极其粗糙，但从形制上可以推断，先人在打制石器时已有对材料的选择、功能的考虑和尺度的确定等心理活动。也就是说："劳动过程结束时得到的结果。在这个过程开始时就已在劳动者的表象中存在着，即已经观念地存在着。"[①]这种对未来创造物的预想实际上便是

――――――――――

① 摘自马克思的《资本论》第一卷：资本的生产过程（1867），第五章 劳动过程和价值增值过程。

工业设计概论

设计活动。有没有设计活动，是人类的造物与动物的"造物"的本质区别，人类造物活动的出现标志着人类最后脱离动物界。

图1-1　旧石器时代的砍砸器

人类的造物活动之所以不同于动物界，更在于人类的造物活动具有丰富的文化意义。"动物只是按照它所属的那个物种的尺度和需要来进行塑造，而人则懂得按照任何物种的尺度来进行生产。"[①]人类不只具有生物性的天然欲求，还不断创造出多种需要，各种新的需求推动人的设计活动的展开，从而生产出层出不穷的人造物。就石器而言，经过数百万年的进展，从粗糙的砾石工具进化成有专门用途的砍砸器、刮削器、尖状器、石球等，制作技术也逐步精良，从简单的打制技术进展为压制、磨制。石器的造型也逐渐精致，出现了对称、光洁等美的要素。石器的制造和进化，创造出一种完全不同于动物的人类世界。设计及与之紧密联系的造物活动，不仅是人类维持生存的一种手段，也是构建一个属于人的世界的最重要的实践活动，具有最基本的文化意义。卡西尔[②]说："人的突出特征，人与众不同的标志，既不是他们的形而上学本性，也不是他的物理本性，而是人的劳作。正是这种劳作和这种人类活动的体系，规定和划定了'人性'的圆周。"

纵观人类几万年艰苦卓绝的造物历史，人类从茹毛饮血的原始社会，进化为渔樵耕作的农业社会，再进入机器轰鸣的工业社会，直至今天以数字化为标志的信息社会；从艰辛而单调的生活，发展到如今流光溢彩的富足生活，其间每一次进步，都经过周密的设计。现代人已经生活在一个完全由人造物构建的"人技世界"之中，食品、服装、房屋、车辆、生产设备等，从小家庭到太空舱的一切物品，无一不是设计的成果。

经过漫长的历史进化，设计活动本身也不断地走向完善。起初，设计没有固定形式，是一种意识中的创造。在农业手工业社会中，掌握高超手工技艺的能工巧匠积累丰富的经验，设计便成为一种经验性的技能，它与劳动者的制作技术密不可分，一些完整的经验以师徒相传的方式传授给后代。18世纪欧洲工业革命是设计形成一门独立学科的重要条件，从此诞生了一门以大工业生产为背景、设计批量产品为目标的职业和学科——工业设计。经过200多年的发展，设计学科不断完善和发展，在今天高度发展的市场经济之中，设计中需要考虑的因素越来

① 摘自马克思的《1844年经济学哲学手稿》。
② 卡西尔（Ernst Cassirer，1874—1945），德国哲学家、文化哲学创始人。

· 4 ·

越多，成为一种具有综合性质的工作，设计学科融合了许多人文学科、科学技术和艺术学科的理论知识，成为一种综合性学科。1969 年，赫伯特·西蒙[①]就广义的设计，提出了"设计科学"的学科门类概念。西蒙所构建的**设计科学基本内容包括设计哲理、设计技能研究、设计过程研究、设计任务研究、设计方法研究和其他专题，**奠定了设计科学作为一门边缘学科的理论框架。这对于狭义的、专门针对人工产品制造的设计学科研究具有重要的指导意义。

设计是人类为了实现某种特定的目的而进行的一项创造性活动，包含于一切人造物品的形成过程之中，并且设计在萌芽阶段已经具备了"生产的目的性"和"将实用和美观结合起来，赋予产品物质和精神功能的双重作用"的特征。

设计的观念最早建立在形体和效用之间的思考上。设计是伴随着劳动产生的，最初的设计几乎就是伴随着祖先用自制的石器敲击的那一刻形成的。

人类最早的设计工作是在受到威胁的情况下，为保护生命安全而开始的。一旦最基本的需求得到了满足，其他的需求就会不断出现。另外，原有的需求也会以一种比先前的方式更先进的形式来得到满足。随着温饱的解决和危险的消除，人类发现自己是有感情的，使生活更为舒适的欲望就会油然而生，他们的需求需要有一种感情上的内涵。这样，人类设计的职能便由保障生存发展到使生活更为舒适和有意义，图 1-2 所示的盛用器的形态演变即说明这一点。随着社会生产力的发展，人类便由设计的萌芽阶段走向了越来越高级的手工艺设计阶段和工业设计阶段。

图 1-2　盛用器的形态演变

人类设计活动的历史大体可以划分为六个时期。

（1）设计的萌芽时期：人类创造意识的萌生、事物的起源、早期生活方式的形成等，这是一个漫长的历史过程。

（2）设计的手工业时期（手工业设计时期）：从冶炼技术出现到工业革命之前。

（3）设计的工业前期：也可以说是工业设计的萌芽时期，指从英国的工业革命时期开始到 20 世纪初这一段时间。

（4）现代主义设计时期：工业设计的成长时期，从包豪斯的诞生到 20 世纪 50 年代。这一时期是设计的现代主义时期，此时工业技术成熟，并广泛应用到人们生活的各个领域。

（5）后现代主义设计时期：20 世纪 50 年代之后，人们的审美趣味发生了变化，对现代

---

① 赫伯特·西蒙（Herbert A .Simon，1916—2001），美国心理学家，卡内基梅隆大学知名教授，研究领域涉及认知心理学、计算机科学、公共行政、经济学、管理学和科学哲学等多个方向。因其贡献和影响在 1975 年获图灵奖，1978 年获诺贝尔经济学奖，1986 年获美国国家科学奖章，1993 年获美国心理协会终身成就奖。

主义设计统一、单调的设计形式日益不满，于是在设计界，首先是建筑设计上出现了注重设计形式、装饰以及人们精神需要的设计，这就是人们所说的后现代主义设计时期。

（6）设计的计算机时代：设计的计算机时代并非与现代主义等并列的时期概念，而是在设计发展史上设计工具的一种变革，进而影响到设计观念、设计物的变革。

1.1.3　设计的本质

设计是人类创造活动的基本范畴，涉及人类一切有目的的活动领域，是针对一定目标所采用的一切有形和无形的方法的过程和达到目标产生的结果，反映着人的自觉意志和经验技能，与思维、决策、创造等过程有不可分割的关系。

"设计"的本质内涵概括为如下几个基本层面。

（1）设计是有目的、有预见的行为，是人类特有的造物行为，不同于动物的看似巧妙的本能。

（2）设计是自觉的、合乎规律的活动，设计的发展过程是人类智力不断发展、审美意识由萌芽到发达的过程。

（3）设计对实践有指向性和指导性。人类在有目的地改造客观世界的复杂过程中总是在许多"设计—实践—再设计—再实践"的反复和循环中达到最终目标的。因此，在设计的全过程中，包含着若干由实践参与的环节。

（4）设计是生产力。生产力是人类征服自然、改造自然的能力，从这个意义来说，设计是生产力的组成要素之一，而且是最积极、最活跃的要素。

1.2　设　计　美　学

设计美学的产生及发展和现代设计的发展是同步的。一方面，以技术为核心的工业文明直接导致了现代设计的诞生，现代设计则直接影响了设计美学的产生，促成了它的基本理论的形成。另一方面，设计美学的研究立足于审美和艺术理论，针对现代设计在审美和艺术上如何与技术结合的问题，提出合理的方式和途径。

设计美学不但是现代工业社会人们对设计普遍需要的产物，也是美学和艺术理论发展到当代社会突出现实应用化特征的必然。工业革命以后，技术水平的发展引起了社会生产方式的变化，导致现代工业化生产方式代替了传统的手工生产，人类进入了工业文明时期。相应地，工业技术的发展引出了一个迫切需要解决的现实问题，即传统手工生产中的审美形式如何与现代工业生产相结合。也就是说，大批量、标准化的工业生产是否需要审美与艺术的参与，如果确实需要，又如何体现出产品的审美与艺术特征，同时，现代工业产品的形态如何满足现代人审美的需要？这些尖锐的现实问题，迫使艺术家不得不考虑现代工业生产的形态问题，不得不把审美和艺术的眼光投射到工业产品的生产上。这样，经过艺术家的不懈努力和探索，符合现代人审美观念的现代设计就应运而生了。

现代社会人们生活方式的突出特点是对生活质量的重视，生活质量的核心可以说是审美。所以，从另一层面看，设计美学的诞生是人们的生活方式发生变革的必然结果。从理论上看，设计美学理论的产生是美学和艺术理论走向大众与现实应用的必然。随着人们生活水平的提高，社会大众的消费逐渐由物质性的追求转向精神性、文化性的追求，而在精神性、文化性的追求中，审美无疑占有主导地位。这些社会观念的变化，以及社会大众的实际需要，将美学从传统的艺术哲学领域转向物质生产和社会生活的广大领域。

1.2.1　设计美学的定义

设计美学是在现代设计理论和应用的基础上，结合美学与艺术研究的传统理论而发展起来的一门新兴学科，是设计学科的一个理论分支，其理论与传统的美学艺术研究不同。**设计美学是指为制造新的、美的对象而直接应用美的、构想的创作方针，要求立足于时代性，不断创造出具有某种独特的、新鲜的、魅力的新设计**。因此，设计美学是一种综合审美性、适用性、经济性和独创性的美学。其内容包含以下两个方面。

（1）设计的基本条件和构成设计美的全部要素，如功能、结构、材料、加工方法、生产技术、形态、色彩、肌理、成本等。

（2）影响美的价值的形式美（形式要素或感觉要素）的内容，如变化与统一、对比与调和、均衡与稳定、比率与尺度、主从与重点、广义的对称、数的秩序、韵律与节奏、比拟与联想、过渡与呼应、分割与联系、错觉和透视规律的应用等。

设计的核心是一种创造行为，也是一种解决问题的过程。我们可以这样认为：设计要求新、求异、求变，否则设计将不能称为设计。而这个"新"有着不同的层次，它可以是改良性的，也可以是创造性的。但无论如何，只有新颖的设计才会在大浪淘沙中闪烁出与众不同的光芒，迈出走向成功的第一步。归根结底，设计是为人而设计的，服务于人们的生活需要是设计的最终目的。自然，设计之美也应遵循人类基本的审美趣味，如对称、韵律、均衡、节奏、形体、色彩、材质、工艺等。

1.2.2　设计美学的研究对象

对设计美学核心问题的研究，重点是要处理好四对矛盾。

（1）人与产品。传统美学非常重视审美活动中人的主体地位，在产品设计中强调"以人为本"的设计原则。而现代设计不能把这种主体性绝对化，设计美学所追求的最高境界是人与机（物）、人与环境、人与自然的和谐、完美结合和统一。

（2）技术与艺术。设计直接受制于现代科学技术的发展水平、材料、技术、信息等与技术发展有关的因素，都会影响设计的艺术表现效果。所以，设计要善于发挥现代技术的优势和特点及现代材料的审美特征。设计的艺术表现虽然是形式上的、超技术的，但必须要关注现实审美观念的变化，主动接受因技术变化导致的社会时尚、审美趣味等的影响。

（3）功能与形式。功能是指与产品相关的基本功用、技术、理念等物质性因素。不同于纯艺术，设计首先注重的是现实功利性，这样功能也是设计美的构成因素。同时，设计也要重视造型、色彩、装饰等审美性因素，这是人们对现代产品以及与产品有关需求的精神性要求。现实功利性和审美形式同样重要，忽视了功能，设计的物质内涵会受到极大影响。同样，忽视了形式，等于无视人们对设计的精神需求。

（4）主观与客观。纯艺术的创作是自由的，属于主观性活动，是艺术家个体的情感表现行为。设计虽然也需要创作自由，需要主观表现，但这种自由和表现是有限度的，必须要符合客观要求。设计必须把广大消费者和社会大众的接受看作是首要的，设计更多的是一种设计师和社会大众相结合的客观活动。

围绕上述四对矛盾，设计美学的研究范围主要包括以下四个方面的内容。

1）设计美学的基本问题

（1）设计美论，主要包括设计美的内涵、性质、构成，设计美的形态、风格，设计美的文化内涵，设计的形式美，设计美的创造，设计美的境界等。

（2）设计美学发展史，主要包括设计风格发展史、设计审美观念发展史、设计部门（如产品设计、工艺设计、建筑设计等）、美学史等。

（3）设计部门美学，主要包括视觉传达设计美学、产品设计美学、建筑设计美学、环境设计美学、工艺设计美学等。

2）设计活动过程中的审美问题

（1）设计师的审美，主要包括设计师的审美修养、审美理想、艺术个性、设计思维等。

（2）设计审美规律，主要包括设计美与技术、设计美与市场、设计美与生产、设计美与形式法则等。

（3）设计审美观念，主要包括设计审美观念的历史形成、演变、现代形态、未来发展趋势等。

（4）设计审美趣味，主要包括设计的社会审美趣味、个体审美趣味，以及设计美的个性与共性特征等。

3）设计消费美学问题

设计消费美学问题主要包括设计消费的个人心理、文化背景、时代风尚、民族心理、信息反馈等。

4）设计审美教育问题

设计审美教育问题主要包括设计审美教育的内涵、途径、方法、实施等。

1.2.3 设计美学的审美规律

生活中，到处都存在着美，生活中的人都喜爱美，可是美究竟是什么？这却是一个难解的理论之谜。几千年来，不少哲学家、文艺理论家，为了揭开美的奥秘，曾经从不同的角度，对此进行过艰苦的探索。西方古代关于美的本质问题有"四大学说"，即美在形式、美在理念、美在典型、美在关系。黑格尔就曾说："美是理念的感性显现。"马克思也曾在他的著作《1844年经济学哲学手稿》中提出"美是人的本质力量对象化"的思想。中国古代关于美也有四大观点，即中和之美、统一之美、出水芙蓉之美、错彩镂金之美。著名哲学家李泽厚[①]提出"美是社会性和客观性的统一。"他强调：美不是一种自然的属性或自然规律，而是一种人类社会生活的属性、现象、规律。它客观地存在于人类社会生活之中，是人类生活的产物。没有人类社会，就没有美，美是自然社会化的结果，也就是人的本质社会化的结果。

[①] 李泽厚（1930—），湖南宁乡人，著名哲学家，现为中国社会科学院哲学研究所研究员、巴黎国际哲学院院士、美国科罗拉多学院荣誉人文学博士，德国图宾根大学、美国密歇根大学、威斯康星大学等多所大学客座教授，主要从事中国近代思想史和哲学、美学研究。

关于美的规律，马克思认为："美不可能是抽象的，美是'理念的感性显现'，美必须通过一定的形式或形象呈现出来，才可能造就美的事物，换言之，任何事物，凡是以非常突出、鲜明、生动、确切的现象、形式和个别性，充分表现出本质、内容和种类的普遍性，那就是美的。"现代设计美学的规律，也遵守这一普遍的美的规律，具体体现在两个方面的统一：一是主观意识和客观规律的统一；二是形式与功能的统一。

1. 主观意识和客观规律的统一

美并不是事物的一种直接属性，美必然地与人类的心灵有联系，这一点差不多所有的美学理论都承认。这表明，艺术的美要实现主观意识和客观规律的高度统一。

设计是物质性的实践活动，是人有目的、有创造性的物质性实践活动，同时也遵循美的一般规律。它反映的是人对物的主动关系，是物质系统中"按照美的规律建造"的活动。现代设计之美也遵循人的审美趣味。人们用什么样的生产方式从事创造美的活动，就产生什么样的形式美，同时也就在这一水平上建立、发展自身的审美能力。设计师的主观审美能力对现代设计造物活动起着不可忽视的能动作用。

2. 形式与功能的统一

形式与功能是现代美学面临的主要问题。形式美是指生活、自然中各种形式因素（色彩、线条、形体、声音等）有规律的组合。功能美的实现是人们对物的使用过程中，由物所表现出来的目的性、功利效用达到了人们使用的美好目的，并为人们带来了某种满足而使人感到愉悦，便形成了这个物的功能美的创造。作为造物艺术的设计，形式和功能这两者的统一是必然的。没有功能的形式设计是累赘的装饰品，而没有形式的功能设计则是见不得人的粗陋物件。形式不必完全追随于功能，而功能也不必完全让位于形式。一件仅在功能、技术上都合格的设计并不一定是美的设计，尽管设计的美要以功能、技术、信息、经济等标准为前提，但是设计有着自己作为人类实践活动而存在的独特规律和要求，并且这一要求通过设计作品的外在形式呈现出来。

对美的追求是人的高层次精神需要和高质量生活方式的一个标志。美的设计是超越使用功能因素的精神创造。设计美学可以帮助设计师提高其审美修养和设计水平，推动现代设计运动的不断发展。经验式的设计（如传统手工业技艺）和模仿式的设计都不是真正意义上的设计。只有当人们对设计有了深刻的审美认识，设计才具有独立的价值。如何看待设计与美学的关系呢?设计艺术，简单来讲，是发生在生活当中的，由设计文化引导，从而走进生活中的艺术。设计艺术本身，就是文化的一种载体，是文化的外在表现；而美学主要是一个哲学意义上的命题。人文科学是设计的基础，而其中的重要组成部分——设计美学则正是引导设计的灯塔，两者互生互长，互相影响，共生共存。

1.3 设计与科学、艺术

艺术：用形象思维的语言来描绘世界，更多是感性的。

科学：用逻辑思维的语言来描绘世界，更多是理性的。

设计：需要科学技术的支持，用艺术的手段，传达理念、精神，表现情感世界。

艺术家在自己的艺术王国里，千百次地找寻艺术与科学的结合点；科学家也在自己的科学世界里，千百次地找寻科学与艺术的切入点。从艺术与科学各自的发展历史看，它们都是源于一个出发点，无论中间有着怎样的殊途，最后又不约而同地走向一个终点——创造，而设计也是一种创造。设计要求科学技术支持人们对事物（或者物体、产品等）功能（物质性）的最大需要；要求艺术支持人们对事物（或者物体、产品等）美学（精神性）的最大追求，而且这种要求还在经常不断地发生变化。于是，人类的需求，成为设计的原动力；设计，也就成为艺术与科学的载体（图1-3）。

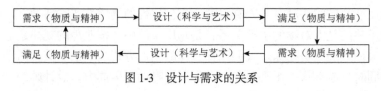

图1-3　设计与需求的关系

这是一个循环往复的过程，永无止境，而且每一次循环往复，又都向更高阶段迈进一步。人类的精神追求，总是要求物质给予相应的支持和体现。而科学又总是以自身的进步，不断地响应着这种挑战，不断地支持和体现美的艺术。

设计作为文化系统的一个子系统，其范畴可以涵盖精神的艺术和物化的艺术两个领域，从这个角度考察作为生物人的物质需要、作为社会人的精神需要的设计目的的实现，应当是和谐、合理、统一的升华，这个升华必然是艺术和科学对立统一的完美结合。

现代设计，要求科学技术支持人们对产品功能的最大需要；要求通过艺术手段表达人们对产品审美的最大追求。例如，现代建筑中合理的结构技术、优越的材料性能为大跨度、超高层的设计提供保障；舒适的室内声、光、热等物理环境最大限度地满足着人们的生理需求；而造型、色彩、质感、光影则满足了不同层次人们的丰富情感。以人为本、为人服务，满足人们日益增长的美好生活需要，成为设计的原动力，这时的设计，以艺术和科学为载体，表现和传达理念、精神以及情感世界。

当今知识经济时代，信息社会的大环境进一步促进了艺术与科学的结合，更为两者的结合提供了广阔的新天地，在这片广阔的新天地中艺术与科学有一个共同的载体——现代设计。一切艺术都离不开科学技术的创新，通过应用新技术使传统的艺术形式更加绚丽多彩。科学技术的创造使审美领域得以扩大，而将其产品视为审美对象，如工业社会的列车、汽车、飞机、桥梁、摩天大楼等。科技进步也直接促进艺术的改良，特别是推动艺术创作工具、材质、手段和理论的发展。此外，更重要的是，科学技术的发展也创造了新的艺术形式，如摄影、摄像、电影、电视艺术等。科学也离不开艺术，艺术思维有时能够帮助科学家突破教条的限制，从而激发想象力，开拓新思路，提出新的科学理论。它还可以通过运用艺术手段证明和推销自己的新技术，借助艺术品位增加新技术的附加值。这样的紧密结合促使设计思维、空间和表现手段等更加引人入胜。

新媒体艺术的出现，是艺术与科学紧密结合打造现代设计最突出的一幕，设计师在娴熟运用传统艺术表现手段的同时，又在科学技术的引导下、在信息技术的支撑下，通过图像、声音、虚拟现实等各种表现手段，创作出声、光、电和信息等一系列的新型媒介，并在美术创作、新闻出版、计算机网络、装潢、广告、工业设计、影视动画等相关领域创造了人们从未体验过的互动艺术。在新媒体艺术里，已经很难分清楚什么是科学技术，什么是文化艺术，但都能感受到现代设计带给人们的震撼。

1.3.1　设计与科学

设计要求科学技术支持人们对事物功能的最大需要；要求艺术支持人们对事物美学的最大追求。19世纪中叶，西方各国相继完成了工业革命，实现了手工业向机器大工业的过渡，并带来了设计和制造的分工，以及标准化、一体化产品的出现。先进的生产力与生产方式是推动社会不断前进的最终力量。

如果工业革命后对设计产生最大影响的技术因素是机械化，那么在20世纪早期，电气化，特别是家用电器的发展则显然改变了传统的形式和家庭生活环境，大大促进了设计的发展。例如，无线电广播始于20世纪20年代，当时收音机的部件——接收器、调谐器和扬声器是分离的，常常需要用户自行组装。随着无线电广播的普及和技术的进步，这一状况很快得到了改变。到了20世纪30年代，许多国家的厂家开始将收音机作为一件家具来设计，以适于居家的环境。这就使得原来分离的部件统一于一个完整的机壳之中，并附有简单的音量、声调和调谐旋钮，进而演化成典型的台式电子管收音机，并对后来的电视机设计产生了影响。

在工业发展过程中，几乎每个国家都是先认识到技术设计的重要性，然后才逐步深入认识到工业设计的重要性。一个国家或地区的工业越是从初级向高级发展，就越会感到工业设计的重要性。在全世界范围内，从工业革命开始，经过一个多世纪，到1930年左右才在德国确立工业设计专业的地位。第二次世界大战后（简称"二战后"）的20世纪50年代，世界经济全球化发展时期，工业设计才在工业发达国家首先得到普遍重视。随着科学技术的进步，社会经济的发展，人们的物质生活在得到满足后，需求就自然会向质的充实及多样化发展。工业设计正是为适应这一需要而迅速发展起来的。从某种意义上说，工业设计在一定程度上反映了一个国家的繁荣和物质文明水平，也反映着一个国家的文化艺术成就及工业技术水平。

1.3.2　设计与艺术

如果我们对设计史稍作研究，便会发现设计与艺术有着久远而深厚的渊源联系。人类最原始的设计，其萌芽应该始于石器时代原始先民对石器工具的加工与制作。大约到旧石器时代晚期，在石器工具由粗变细，从无规则到有规则的演变过程中，人们逐渐发现一些形式要素，如对称、光洁、几何构形及对事物同一性的理解等，这些要素在人类意识中的渐渐明晰，以及在造物中的自觉应用，标志着人类审美意识的觉醒。从此，审美因素作为人类造物的一种伴生物，与实用功能性融为一体，使造物具有艺术质的特征。

在早期的人类造物活动中，审美因素与实用性因素是融为一体的。"艺术"还混杂在劳动、狩猎、游戏与巫术之中，未曾分化出来。换言之，那时的"艺术"还处于一种含混状态，是一种综合性的东西。

艺术与其他意识形态的区别在于它的审美价值，这是它的最主要、最基本的特征。艺术家通过艺术创作来表现和传达自己的审美感受和审美理想，欣赏者通过艺术欣赏来获得美感，并满足自己的审美需要。人们在生活中对设计的选择也同样是在表达自己的审美感受和审美理想，设计和艺术一样都是在表达大众的理想和渴望。

当今的设计越来越成为与物质打交道的科学领域和与精神打交道的文学艺术领域的中间地带，艺术与设计不再泾渭分明，设计的标准化和规则化被打破。在设计艺术中，设计艺术的创造主要是由"赋形"来展示的。因设计对象的复杂性和后续生产条件的多种制约，设计艺术的"赋形"不同于纯艺术的那种出自艺术家个体情感和艺术表现的"自由赋形"，而是与功能、结构、材料乃至于生产技术相适应的"构形"，其造型是限制中的"非自由赋形"。

从现代艺术的发展进程分析，进入 20 世纪 60 年代之后，艺术发生了向后现代主义阶段的转变，即"个人"衰落而"大众"兴起。精英艺术（高雅艺术）向大众艺术（通俗艺术）的演变。这时的后现代主义"以艺术的大众性反对艺术的精英性，以粗俗、生活化反对精雅的艺术趣味"；主张艺术各门类、艺术与生活之间界限的消失；主张艺术品不仅作用于视觉，而且应该作用于听觉、触觉，甚至嗅觉。大众艺术逐渐打破了人们对传统艺术高不可攀的敬畏感，后现代艺术所倡导的大众艺术使得当代艺术与当代设计有了共同的目标。艺术通过对设计的介入，完成了大众化的使命。设计是最贴近日常生活，是与大众生活息息相关的艺术形式。艺术得以通过设计的媒介进行最广泛的传播，进而与大众进行直接的交流。设计对艺术的吸收融合满足了后消费时代消费者对非物质的需要，即对产品"艺术性"和"精神性"的需要，消费艺术成为流行的商业文化热点。

在当今信息社会，设计的概念随着时代的变化而变化，同步反映着时代的经济、人文、审美的不同的价值观。在非物质社会中，设计正在向艺术靠拢，像艺术一样随着不确定的情感，制造一种不确定的和时时变化的东西，设计与艺术的融合与拓展适应了大众对设计产品的艺术性和精神性的需要，也相应地提升了设计的内涵。

1.4 工 业 设 计

伴随着蒸汽机的发明，人类步入工业社会，社会生产力和生产方式发生了巨大变化，原有的社会体制、生活方式、手工艺传统受到了严重的冲击。以工业化大批量生产，现代科学技术条件为基础的工业设计，从标志性的 1851 年水晶宫工业博览会开始萌芽，经过将近 170 年的发展，工业设计已发展成一门无论是在经济领域还是在社会文化领域都有广泛影响力的综合学科，而且正在为整个社会进步发挥着重大作用。

工业设计是伴随着工业化的发展而出现的，"工业设计（Industrial Design）"一词最早出现于 1919 年，当时一个名为西奈尔（Joseph Sinel, 1889—1975）的设计师开设了自己的事务所，并在自己的信封上印上了这个词。当今社会经济的高速发展，工业设计本身所具有的社会效益、经济效益、文化效益越来越受到关注。工业设计是在设计门类中分化出来的一门新兴的交叉、综合学科，集科学与艺术、技术与美学、经济与文化等多学科知识于一体的完整体系。随着世界工业体系的突飞猛进，社会、经济、科技的不断进步，工业设计的内涵也在逐步更新、充实。

1.4.1 工业设计的定义

1970 年，世界设计组织（WDO）[①]的前身国际工业设计协会理事会（ICSID）对工业设计下了第一个定义："**工业设计，是一种根据产业状况以决定制作物品适应特质的创造活动。适应物品特质，不单指物品的结构，而是兼顾使用者和生产者双方的观点，使抽象的概念系统化，完成统一而具体化的物品形象，意即着眼于根本的结构与机能间的相互关系，根据工业生产的条件扩大了人类环境的局面。**"

1980 年，ICSID 在法国巴黎年会上重新把工业设计定义为："**就批量生产的工业产品而言，凭借训练、技术知识、经验及视觉感受，而赋予其材料、结构、构造、形态、色彩、表面加工、装饰以新的品质和规格，称为工业设计。当需要工业设计师对包装、宣传、展示、市场开发等问题的解决付出自己的技术知识和经验以及视觉评价能力时，也属于工业设计的范畴。**"

2006 年，ICSID 对工业设计的定义做了更进一步的阐述，在这个定义中，对工业设计的目的和任务有了更为明确的说明。

目的：设计是一种创造性的活动，其目的是为物品、过程、服务以及它们在整个生命周期中构成的系统建立起多方面的品质。因此，设计既是创新技术人性化的重要因素，也是经济文化交流的关键因素。

任务：设计致力于发现和评估与下列项目在结构、组织表现和经济上的关系。

（1）增强全球可持续性发展和环境保护（全球道德规范）。

（2）给全人类社会、个人和集体带来利益和自由。

（3）最终用户、制造者和市场经营者的利益（社会道德规范）。

（4）在世界全球化的背景下支持文化的多样性（文化道德规范）。

（5）赋予产品、服务和系统以表现性的形式（语义学）并与它们的内涵相协调（美学）。

设计关注于由工业化——而不只是由生产时用的几种工艺——所衍生的工具、组织和逻辑创造出来的产品、服务和系统。限定设计的形容词"工业的（Industrial）"必然与工业（Industry）一词有关，也与它在生产部门所具有的含义，或者其古老的含义"勤奋工作（Industrious Activity）"相关。也就是说，设计是一种包含广泛专业的活动，产品、服务、平面、室内和建筑都在其中。这些活动都应该和其他相关专业协调配合，进一步提高生命的价值。

2015 年，ICSID 在韩国召开的第 29 届年度代表大会上，宣布在 2017 年 1 月 1 日正式成立 WDO，并发布了工业设计的最新定义："**工业设计旨在引导创新、促发商业成功及提供更好质量的生活，是一种将策略性解决问题的过程应用于产品、系统、服务及体验的设计活动。它是一种跨学科的专业，将创新、技术、商业、研究及消费者紧密联系在一起，共同进行创造性活动，并将需解决的问题和提出的解决方案进行可视化，重新解构问题，并将其作为建立更好的产品、系统、服务、体验或商业网络的机会，提供新的价值以及竞**

① 世界设计组织（World Design Organization，WDO）的前身是国际工业设计协会理事会（The International Council of Societies of Industrial Design，ICSID），成立于 1957 年，是一个由多个国际工业设计组织发起成立的非营利组织，旨在提升全球工业设计品质。WDO 是国际设计联盟（IDA）的创始成员，是世界设计大会（IDA Congress）的重要协助者之一，与国际平面设计协会（Icograda）和国际室内建筑师暨设计师团体联盟（IFI）共为世界三大专业设计师团体。WDO 在全球 50 个国家，拥有 150 个会员单位，代表着超过全球 15 万名工业设计师。WDO 总部位于加拿大蒙特利尔（2005 年至今），官方网站为 http://www.wdo.org。

争优势。工业设计是通过其输出物对社会、经济、环境及伦理方面问题的回应，旨在创造一个更好的世界。"

这个最新定义明确了工业设计的目的、性质和方法。

（1）工业设计的目的是"旨在引导创新、促发商业成功及提供更好质量的生活"。引导创新来促发商业成功，从而提供更高质量的生活。定义中明确将商业成功提出来，作为设计需要追求的目的之一。

（2）工业设计的性质是一个策略性解决问题的活动，而这个活动的应用对象是产品、系统、服务以及体验。

（3）工业设计的方法是"将创新、技术、商业、研究及消费者紧密联系在一起，共同进行创造性活动，并将需解决的问题，提出的解决方案进行可视化，重新解构问题，并将其作为建立更好的产品、系统、服务、体验或商业网络的机会，提供新的价值以及竞争优势"。这个过程基本就是设计的方法论。

最新的工业设计概念全面、清楚地介绍了设计的各个层面，对设计师的能力提出了更高的要求。

国内也对工业设计有过定义。钱学森[①]认为：工业设计是综合了工业产品的技术功能设计和外形美术的设计，所以使自然科学技术跟社会科学、哲学中的美学相汇合。吕东[②]认为：工业产品设计是科技成果进入市场的桥梁，先进技术需要通过工业设计转化为商品，实现科技成果向商品转化。这一定义准确地表述了设计、技术、经济之间的关系。2010 年 7 月，中华人民共和国工业和信息化部等 11 部委联合发布了《关于促进工业设计发展的若干指导意见》，在这个文件中，对工业设计做出的定义是：**工业设计是以工业产品为主要对象，综合运用科技成果和工学、美学、心理学、经济学等知识，对产品的功能、结构、形态及包装等进行整合优化的创新活动。**

综上所述，工业设计的定义是随着社会的发展变化而不断发展变化的。因为工业设计总是以产品的形式作为商品的附加值出现，并伴随着商品市场的流通而产生意义。正如马克思所言："一件衣服由于穿的行为才现实地成为衣服，一间房屋无人居住事实上就不成为现实的房屋；因此，产品不同于单纯的自然现象，它在消费中才证实自己是产品，才成为产品"。这就要求工业设计为产品的使用服务，要内在的服从于产品的物质属性。满足人类"衣、食、住、行、用"的使用要求，这是设计实现价值的基础。也因此，人们对产品需求的改变，外化为工业设计内容的变化，并进一步体现为工业设计定义的变迁。

工业设计作为一门交叉、综合学科，是科学与美学、技术与艺术、经济与人文等多学科知识相联系的完整体系。它是综合运用人类的技术发明成果，融美学、艺术、经济、环境以及其他哲学社会科学于一体，涉及领域广泛的集成创新活动。主要通过设计师的创新、创意

---

① 钱学森（1911—2009），世界著名科学家，空气动力学家，中国载人航天奠基人，中国科学院及中国工程院院士，中国两弹一星功勋奖章获得者，被誉为"中国航天之父"、"中国导弹之父"、"中国自动化控制之父"和"火箭之王"，由于钱学森回国效力，中国导弹、原子弹的发射向前推进了至少 20 年。1987 年 10 月，钱学森在中国工业设计协会成立（更名）大会上提出的这个定义。

② 吕东（1915—2002），中华人民共和国成立后，历任东北工业部副部长，重工业部副部长，冶金工业部副部长、部长，第三机械工业部部长，航空工业部部长，国务院机械工业委员会第一副主任，国家政协经济委员会副主任、主任，中央财经委员会顾问、中共中央顾问委员会委员等职。

劳动，使产品品质和附加值得到迅速提升，具有智力密集、技术密集、科技含量高、附加值高等特点。寻求以人为本、产品与环境的协调统一，旨在形成和谐的关系，最充分地满足人们日益增长的美好生活需要。

1.4.2　工业设计研究的范围及内容

世界各国对工业设计研究的范围及内容的不同，所以对工业设计的概念理解不尽相同，但是就工业设计的宗旨而言是一致的，那就是创造人类更加美好的生活方式，提高人类的生活质量和环境质量，并以最小的消耗获得最好的经济与社会效益，将科技、文化和经济建设结合起来，通过设计手段将逻辑思维、形象思维和消费心理结合起来。这反映出设计产品的主要内容。

工业设计是工业化发展的产物，并伴随着社会经济和科学技术的不断发展，它的内容也不断充实和更新，主要表现在以下几个方面。

（1）工业设计已渗透到文化事业、环境保护等领域。

（2）工业设计越来越被众多企业当作一项重要资源来开发。

（3）工业设计对于科学技术转化为现实生产力起到巨大的促进作用。

当代，工业设计工作范围覆盖了市场分析研究、产品设计、企业及品牌识别设计、企业策略顾问、机械工程设计、人机工程学研究、模型与样机制作、包装设计、展示设计及人机交互界面设计等内容。因此，狭义的工业设计一般指产品设计，主要包括交通工具设计、设备仪器设计、家电设计、玩具设计、服装设计等。而广义的工业设计则通常包括产品设计（Product Design）、与产品设计相关联的视觉传达设计（Visual Communication Design）、环境设计（Environment Design）和设计管理（Design Management）等领域。

1. 产品设计

产品设计是伴随社会工业化进程，人类有目的地以产品为主要研究对象的创造性过程，是追求功能与使用价值以满足社会生活需要的重要活动，是人与环境、社会的媒介（详述请见第6章）。

2. 视觉传达设计

视觉传达设计是通过视觉媒体表现并传达出来的设计，是一门以图形设计为信息载体的应用性传播与艺术结合的综合性学科。视觉传达的过程是以视觉符号或记号为媒介进行信息的传达与沟通。

从广义上来说，符号，是利用一定媒介来代表或指称某一事物的东西。它既是表达思想感情的物质手段，又是实现信息存储和记忆的工具。也就是说，它是信息的载体，具有形式表现、信息叙述和传达的功能。人类如果要进行信息的传递和相互交流，就必须依靠符号的作用。符号由人类不同的知觉感官接收，因此它包括视觉符号系统、听觉符号系统、触觉符号系统、味觉符号系统和嗅觉符号系统等。因此，符号是人类认识事物和信息交流的媒介。视觉符号，是指人们的视觉器官——眼睛所能看到的，表现事物一定性质（质地或现象）的符号。

传达，是指信息发送者利用符号向接收者传递信息的过程。它既可能是个体内的传达，也可能是个体之间的传达，包括所有的生物之间、人与自然之间、人与环境以及人体内的传达。一般可以归纳为"谁""把什么""向谁传达""效果、影响如何"这四个程序。

视觉传达设计，正是利用视觉符号来进行信息传达的设计。设计师是信息的发送者，传达对象是信息的接收者。信息的发送者和接收者必须具备部分相同的信息知识背景，就是说：信息传达所用的符号至少有一部分既存在于发送者的符号储备系统中，也存在于接收者的符号储备系统中。只有这样，传达才能实现。否则，在发送者与接收者之间就必须有一个翻译或解说者作为中间人来沟通。

视觉传达设计的主要功能是传达信息，有别于直接使用功能为主的产品设计和环境设计。它不同于靠语言进行的抽象概念的传达，因为它是凭借视觉符号来进行传达的。视觉传达设计的过程，是设计者将思想和概念转变为视觉符号形式的过程，而对接收者来说，则是一个相反的过程。

从发展的进程来看，视觉传达设计的形成是从以招贴画为中心的各种印刷物的设计发展而来的，当时是一种美术形式，称为应用美术，是19世纪中叶欧美印刷美术设计（Graphic Design，又译为平面设计、图形设计等）的延伸与扩展。最早使用平面设计这一术语的是美国人德维金斯（William Addison Dwiggins，1880—1956）。1922年他用这一术语来描绘所从事的书籍装帧工作。20世纪70年代以后，平面设计这个术语成为国际设计界通用的术语。视觉传达设计的性质已从一个应用形式的美术转化为现代设计形式的视觉信息的传达，从一个纯艺术学科走向艺术与科学的综合学科。它的内容包括字体设计、标识设计、书籍装帧设计、广告设计、包装设计、形象设计、影像设计、视觉环境设计（公共生活空间的标志及公共环境色彩设计）等。在产品设计中，也存在着视觉传达的设计体现，如产品设计中的材料、色彩以及外观等诸多组合要素组成的视觉效果在接收者脑中的反应，也包括形态、尺度、肌理等使之在视觉、触觉等方面给人提供的信息，如图1-4所示。

图1-4　视觉传达设计案例

总之，视觉传达设计深受设计与技术进步的影响。科学技术的进步，使视觉传达设计从平面向立体转变，是一种丰富；从单媒体向多媒体转变，是一种飞跃。现代文明生活的发达，使人类各个方面彼此依赖，紧密协调，互相合作与交流，使视觉传达设计比以往任何一个历史时期更能显出其意义与价值（详述请见第7章）。

3. 环境设计

环境设计是指人类按照自己在不同时期的思想意识、生活追求、理想和目标对自己聚居的地方环境进行重新组织、重新加工的构想，以及把这种构想落实到一个形态的载体上的过程。以整个社会和人类为基础的大自然空间为中心的设计，是自然与社会间的物质媒介。

广义的环境设计是由城市规划、景观设计、建筑设计、室内设计、展示设计、街道设施设计、城市标志系统等方面构成的。

狭义的工业设计范围内的环境设计是指适应环境需要，且具备特定用途的微观环境设计或环境用品设计。例如，为产品展示服务的展示设计，配套于户外空间、公共空间的各种功能设施都属于工业设计的范畴（详述请见第 8 章）。

4. 设计管理

设计管理是根据使用者的需求，有计划、有组织地进行研究与开发管理活动。它可有效地积极调动设计师的开发创造性思维，把市场与消费者的认识转换在新产品中，以新的更合理、更科学的方式影响和改变人们的生活，并为企业获得最大限度的利润而进行的一系列设计策略与设计活动的管理（详述请见第 9 章）。

1.4.3　工业设计的作用

工业设计是一种专门化的服务，其目的是创造与发展产品或系统的概念和规格，以使其功能、价值和外观达到最优化，同时满足用户的要求。科学技术是生产力，就在于它能推动社会经济的发展。而在人类历史上，工业设计是高新技术与日常生活的桥梁，是企业与消费者联系的纽带。同时，工业设计还推动市场竞争，连接技术和市场，创造好的商品和媒介，拉开商品的差别，创造商品高附加值，创造新市场，促进市场的细分，降低成本。在全球化经济日益激烈的竞争中，工业设计正在成为企业经营的重要资源。工业设计能够成为企业重要的资源，促进社会经济的发展，主要表现在它不断满足人们日益增长的美好生活需要。

1. 工业设计有利于推动社会发展

进入 21 世纪以来，科学技术获得了飞速发展，生产工艺得到了很大改善，但先进的科技以什么方式服务于人，需要工业设计师规划设计。正是工业设计把科技转化成实用、安全、美观的新产品，缓解了人们对工业技术的恐惧，才使得人们在使用产品的过程中可以轻松愉快地享受现代科技文明的成果。

工业设计已成为发展经济、提高生活质量、促进社会和谐的有效手段。只有技术，没有工业设计，那是初期的发展中国家。我国在改革开放初期，重视引进科技，实现了经济的快速增长，但也存在诸多问题。目前，大力发展工业设计是解决我国经济建设中存在的不和谐问题的一项重要技术政策，普及工业设计思想有助于促进和谐社会建设。

工业设计能够利用自身的专业手段，将传统的生活习惯融于高科技产品的开发中，提供满足用户精神和物质双重需求的全新的产品。工业设计能对人们的未来生活进行设想、规划和创造，使人们的生活更加美好。这种设想和规划是发展的，甚至是超前的。从这个意义上讲，工业设计是一种推动社会发展的动力。发达国家的成功经验告诉我们，工业设计是发展经济、促进工业社会协调发展的战略工具。

2. 工业设计有利于企业

事实证明，工业设计不但能运用高新技术与艺术手段推动产业结构调整和生产机制改革，而且能以较少的投资，为企业产品带来新的形象和较高的经济附加值。

工业设计对当前企业生产的影响不仅体现在结果上，而且对生产过程的改造与升级也有一定的作用。工业设计在企业的生产链中属于先期生产行为，并贯穿于整体或局部的工艺流程中，最终成果则体现在产品的客观表象和某些实用功能方面，形成具有一定文化内涵和造型新颖、富于时代特色的产品。这种高品位的现代工业产品，不仅能给商品市场带来清新的艺术气息，从而刺激消费、加速物流，而且能直接引导企业生产的方向。工业设计既然是生产行为，那么肯定从属于社会需求。所以，工业设计除了能指引生产方向以外，还能使企业根据设计要求和市场需求更新设备和技术。因为只有与工业设计的理念及行为相匹配的生产设备和技术，才能生产出"同材""同质"但不同造型并具有审美意识和实用功能的产品。由此可见，工业设计对产业结构调整和生产机制改革具有一定的推动作用。同时，工业设计涉及企业生产或商品市场以后，企业产品和市场商品就会展示出较高的文化艺术品位和多向的实用功能。这些充满时代特征的商品不仅能体现必要劳动价值，而且还能增加不可估量的艺术经济价值，能使消费者从单向的生存需求向综合性的意识与生存二维需求转变。

3. 工业设计有利于商品市场

商品市场的有机运行是靠商品流通的盈利来维系的。如何加快市场商品流通，取得较大的利润，是商品市场生存和发展的根本所在。工业设计不仅能以理性知识渗入企业生产，而且能以艺术的形象展示和文学的意蕴内涵赋予产品新的形象与功能，所以，它在刺激市场消费、加快商品流通、减少库存积压等方面，比任何科技手段和经营方式都具有明显的优势。鉴于此，对工业设计进行认真的价值分析，并把它运用于商品市场中，对推动商品经济发展很有必要。近年来，随着物质生活的改善和人的素质的提高，社会赋予商品使用价值以新的内涵。例如，最近出现的"顾客价值论"认为，顾客是根据自身需求来购买商品的，而自身需求是由商品的经济性、功能性和消费心理形成的，其中消费心理起着决定作用。顾客不仅注重商品的功能与质量，同时对商品的艺术形式和文化品位也有较高的要求，尤其是目前国际经济一体化，使商品的基本功能逐渐消解了市场的竞争力，而高品位的精神意识在商品中的融贯，更凸显了商品国际语境化与地域文化的相融性。工业设计正是基于国际和国内商品市场需求品位的提升，才以特有的知识和技能，为基本属于实用功能形状的产品和商品，赋予美的形式和文化意蕴，使消费者能从商品的表象获得心灵的愉悦与审美体验，从而在工业设计理念和行为的引导下，尽情享受现代物质文明。以上说明，当代工业设计与产品、商品的融合，既体现了物质、文化与艺术的统一，又以具体形象展示了产品文明与商品文明的时代特征。

4. 工业设计有利于经济建设持续健康发展

加快发展工业设计不仅能给工商业带来极大的经济利益，而且还能对人类社会及宏观经济的健康发展产生深远影响和积极的推动作用。在未来社会里，人类的生活方式、生存行为和生存环境和谐共存，将是人类社会持续健康发展的主题。但目前现代化的大生产和狂热的消费，致使人类社会面临着资源匮乏、生态失衡等严重问题，尤其是物质大量生产引发的生态环境恶化问题日渐突出。长此以往，这些问题必将危及人类生存与发展。所以，如何实现文明生产、恢复生态平衡和废弃物再循环，已成为当前极为重要的问题。而工业设计正在运用特有的复合性知识和技术手段，为缓解和解决上述问题做出贡献。工业设计不仅具有提升区域经济发展质量的功能，更重要的是它能承担全球资源的存在、利用和开发的文化反思责任，使现代物质文明的内涵与外延更加深化和具体化。

本 章 小 结

工业设计是工业化大生产的产物，与传统的工程设计和工艺美术有着本质区别。工业设计是将科学技术和文化艺术相结合的新型交叉学科，是综合科学技术、文化艺术、经济市场和人的因素之后的选择，它创造着人类更加完美的生活方式，以满足人们的需求和提供给人类高质量的生活方式为最终目的。在人们的生活和经济中具有重要地位与作用，同时它的发展又受到社会、经济、科技、文化等方面的影响。

第2章
工业设计发展简史

【教学目标】

①熟悉不同历史时期各种代表性的设计学派、设计风格、著名设计师及其经典作品;
②从社会和文化的角度理解设计发展的历史条件;
③理解工业革命以来设计演变的脉络;
④理解工业设计发展的内在动力与源泉。

自从有了人类,就开始了人造物的活动,就有了设计。新石器时代用石、木、骨等天然材料制作工具就是人类设计活动的萌芽阶段。设计伴随着人类的历史走过了数千年,但工业设计的历史并不算长,在工业革命兴起之后,人类开始用机械大批量地生产各种产品,才进入了工业设计阶段。随后工业设计的概念随着社会的发展和科技的进步逐渐完善,内涵由浅入深,日益丰富。它的变化也反映着时代物质生产和科学技术的水平、社会意识形态的状况,并与政治、经济、文化、艺术等有着密切的联系。

2.1 工业设计思想的萌芽

设计的萌芽阶段可以追溯到旧石器时代[①],一直延续到新石器时代[②],其特征是用石、木、骨等自然材料加工制作各种工具。由于当时生产力极其低下,并受到材料的限制,人类的设计意识和技能十分原始。考察已出土的数万件北京猿人的石制品,可以清楚地看到,需求、筹划、选材、制作、使用等设计的几个阶段已经形成。距今七八千年前发明了制陶和炼铜的方法,是人类最早通过化学变化用人工方法将一种物质改变成另一种物质的创造性活动。随着新材料的出现,各种生活用品和工具也不断被创造出来,这些都为人类设计开辟了广阔的领域,使人类设计活动日益丰富,并走向手工艺设计的新阶段。

---

① 旧石器时代(Paleolithic Period),以使用打制石器为标志的人类物质文化发展阶段。地质年代属于上新世晚期—更新世,从距今 260 万年前开始,延续到距今 1 万多年以前。

② 新石器时代(Neolithic Period),在考古学上是石器时代的最后一个阶段,是以使用磨制石器为标志的人类物质文化发展阶段。这一名称是英国考古学家卢伯克于 1865 年首先提出的,这个时代在地质年代上已进入全新世,继旧石器时代之后,或经过中石器时代的过渡而发展起来,属于石器时代的后期。新石器时代大约从距今 1 万年前开始,结束时间距今 7000 年或 6000 年前。

2.1.1　18世纪前的手工艺设计

手工艺设计阶段由原始社会后期开始，经过奴隶社会、封建社会一直延续到工业革命前。人类在数千年漫长的发展历程中，创造了光辉灿烂的手工艺设计文明，各地区、各民族都形成了具有鲜明特色的设计传统。在设计的各个领域，如建筑、金属制品、陶瓷、家具、装饰、交通工具等方面，都留下了无数杰作。这些丰富的设计文化正是今天工业设计发展的重要源泉。

1. 手工艺设计的特征

在手工艺设计阶段，设计也体现出手工艺生产的特征。

（1）主要依靠手工劳动配合简单的机械，以个人或小作坊为生产单位。以人为主体的手工劳动常常由于主体的个性和技术差异而呈现出个性化、多样化的设计特征。

（2）手工艺技术的主要来源是师徒传承，设计与生产追求竭尽所能的精雕细琢，已经背离了功能和审美的统一，过分追求装饰技巧和形式。

（3）设计也体现出对于自然界的依赖，材料大多来源于自然界，拥有材料优势的地方就成为设计的发展中心，例如，景德镇凭借丰富的瓷土资源成为陶瓷生产中心，也代表了陶瓷设计的最高水平。在装饰手法上也以追求能真实地再现自然物质和形态为目的，装饰题材也大都来自自然界的花鸟、树木等。

（4）在手工艺阶段的早期，家庭作坊是生产的中心，生产者同时也是设计师和消费者，设计体现出个性化和功能性特征；随着手工业行业的发展，专门从事手工制作的工匠组合成为工场，集体协作成为必然，在一定意义上又体现出小批量、程序化和标准化的特征。

2. 手工艺设计的风格

手工艺设计阶段，宗教以其对人类精神生活的规范和作用，影响着设计观念的内容、规范着设计的功能意义和审美原则。中国手工艺设计风格的演变十分缓慢，各历史时期的设计虽各有侧重、特色不一，但总体来说还是一脉相承的，较少有重大的突破与创新。中国建筑设计的发展便生动地体现了这一点。从汉代中国建筑体系基本确立以来，以木构架、斗拱和大屋顶为基本特征的中国建筑型制便一直延续到20世纪初，若非古建筑专家，是较难辨认出建筑的年代的。而在欧洲，从庄严宏伟的希腊神庙到中世纪巍峨的哥特式教堂，从文艺复兴式的穹顶到巴洛克式的断裂山花，从新古典到新艺术……不同时期的建筑艺术丰富多彩，呈现出巨大的反差且各领风骚。西方文化更带有强烈的宗教特征，宗教影响着设计，产生出了像巴黎圣母院（图2-1）这样杰出的设计作品。

图 2-1　巴黎圣母院

手工艺设计阶段,阶级观念也使设计物常常体现出森严的等级制度和权力观念。不同社会阶层的审美情趣和审美需求的差异,导致设计风格的分化,形成贵族风格和平民风格。贵族风格影响着平民风格,并以最为精良的技艺代表当时设计艺术的最高成就,常常用来表现权势和地位。平民风格由于经济和技术条件的限制而形成实用性强、朴实简练的主要特征,它也或多或少地表现出对于贵族风格的模仿。

另外,不同地域由于特殊的自然环境、人文环境等因素而形成各自独特的设计风格,如埃及的金字塔、中国的陶瓷丝绸、罗马的玻璃等。实际上,手工业时期几乎看不到不带地域特点的物品,例如,中国的刺绣艺术风格就是以地名来区分的:苏绣、湘绣、蜀绣、粤绣等。

以上是对手工艺设计的总体概述,下面分中国和西方分别进行阐述。

3. 中国的手工艺设计

中国的手工艺设计源远流长,古代劳动人民用智慧创造了极其光辉夺目的艺术作品,并在整个人类设计史上具有重要地位。

中国的手工艺设计主要表现在陶瓷、青铜器、漆器、玉器、织绣、家具等方面。原始社会以用作炊煮、储藏的陶器制作最为突出,它们在造型、纹饰方面,既具有生活或表征意义的实用性,也具有一定的艺术审美价值(图2-2);夏、商、周时期以青铜器(图2-3)最为突出,漆器和纺织业也得到了一定程度的发展(图 2-4);秦汉时期漆器、纺织技术、瓷器等方面有很大的突破,并出现了系列化的设计理念,如有许多成套设计的漆器(大多是食器与酒器),既美观协调又节省空间(图2-5)。

图2-2 仰韶时期的陶器(彩陶双联壶)

图2-3 春秋时期的鸟尊

图2-4 商周漆盒

图2-5 秦汉时期的漆器

中国的丝织业在唐朝时期出现了空前的繁荣,也带动了当时服装的繁荣,在中国服装史上写下了最为精彩的篇章,并对日本等国的服装产生了一定的影响,至今人们仍将具有中华民族风格的服装称为唐装（图 2-6）；宋代是中国陶瓷史上最为辉煌的一个时代，形成了六大瓷系（北方的定窑系、钧窑系、耀州窑系、磁州窑系和南方的龙泉青瓷窑系、景德镇青白瓷窑系），并孕育了五大名窑（钧窑（图 2-7）、汝窑、官窑、哥窑、定窑）。明清瓷器在宋元的基础上又有了一定的发展，以景德镇为生产中心，生产种类以彩瓷为主。明清也是中国漆器工艺史上的又一个黄金时代，技艺之精，产量之多都是史无前例的，漆器产地遍及各地，而且各有所长。明清还是古代染织工艺和家具设计的辉煌时期，有苏绣、蜀绣、粤绣、湘绣"四大名绣"，明代的很多家具成为世界家具史上具有中国民族形式的典范作品（图 2-8）。

图 2-6　唐朝的丝绸服饰　　图 2-7　宋钧窑的丁香紫尊　　图 2-8　明代的黄花梨圈椅

4. 西方的手工艺设计

西方原始社会的设计都是集社会性、巫术性、宗教性、实用性为一体的设计，实用性与审美性并没有明显的区别，如象征生殖崇拜的女神雕塑、祈获丰收的洞窟壁画等。

奴隶社会时期，古埃及、古西亚、古希腊、古罗马的奴隶制文明被誉为古代文明，留下了很多经典的设计。

古埃及的手工艺相当发达，因为这个国家的宗教气氛非常浓郁，其设计作品具有浓郁的象征意味，其内在的精神性因素远远超过它外在的实用性因素。古埃及的手工艺设计主要体现在家具设计、金属与首饰设计、陶瓷、玻璃与石器设计等方面，其中以家具设计最为典型，造型上几乎都带有兽形样的腿（图 2-9），而且前后腿的方向一致，用以象征权力和地位，而且很多设计成折叠式或可拆卸式。

图 2-9　古埃及的家具

古希腊高度发达的哲学、美学、文学，以及奴隶制民主政治，为其手工艺的繁荣创造了良好条件。古希腊的手工艺设计主要体现在陶器、金属、玉石、家具、建筑等方面，其中以陶器与建筑设计最具代表性。古希腊的陶器可以分为几何风格、东方风格、黑绘风格、红绘风格、白地风格等几种风格。古希腊建筑的固定格式称为"柱式"，基本上是三种主要柱式：多利克柱式、爱奥尼亚柱式、克林斯柱式，这也是世界建筑史上的一大贡献（图2-10）。

图 2-10　古希腊建筑的三种柱式

古罗马的手工艺设计主要包括金属工艺设计、玻璃工艺设计、陶器与玉石雕刻设计，此外，还有建筑设计、家具设计。古罗马的手工艺设计在继承古希腊和其他民族的传统的同时，也结合自己的个性，产生了与众不同的特色。古罗马的陶器是翻模制成的，已具有一定的工业化生产的特质；古罗马的建筑更具有实用的特点（图2-11）。

中世纪时期（公元476年罗马帝国灭亡至15世纪初进入文艺复兴），由于基督教在欧洲的绝对统治地位，欧洲的一切设计是为了服务基督教，浓郁的宗教特色成为中世纪设计的重要特征。欧洲中世纪的设计体现在许多方面，如金属工艺设计、家具与室内装饰设计、书籍装帧设计等，其中最具有代表性的是宗教建筑设计，特别是哥特式的宗教建筑对后世建筑设计的影响一直延续至今（图2-12）。

图 2-11　罗马大角斗场　　　　　　　　图 2-12　巴黎郊区的圣丹尼教堂

15世纪初至18世纪末，是欧洲社会由传统向近代的转型期，宗教思想的解脱、科学的进步、经济的繁荣，均为设计的发展提供了巨大的动力。这期间欧洲设计的发展大致经历了文艺复兴时代、巴洛克时代、洛可可风格时代三个阶段。

15世纪至16世纪的文艺复兴时期，设计中的宗教气氛大大削弱，生活情调逐渐增强，陶瓷、玻璃、家具设计等方面都异彩纷呈。

16～17世纪，巴洛克设计风格开始流行（图2-13）。"巴洛克"作为一种艺术风格，在当时欧洲的建筑、雕刻、绘画，乃至其音乐和文学中都有着充分的体现。人们习惯上多用"巴洛克"指 17 世纪以南欧为中心的一种夸张、豪华、重彩、怪诞、猎奇的艺术风格。巴洛克艺术的特点是反文艺复兴盛期的严肃、含蓄、平衡等艺术风格，以其浮夸、矫揉、怪诞的构图来造成幻象和奇景，追求一种戏剧性的效果。洛可可风格（图 2-14）是巴洛克风格的延续与变异，它是一种高度技巧性的装饰艺术，表现为纤巧、华丽、烦琐和精美，追求视觉华丽和舒适实用。洛可可风格带有女性的柔美，最明显的特点就是以芭蕾舞为原型的椅子腿，从中可以看到那种秀气和高雅。但最终，巴洛克和洛可可的设计风格趋于极度的浮华和矫揉造作，必然走向没落，并迎来一场新的革命。

图 2-13　巴洛克风格的家具　　　　　图 2-14　路易十五时期法国洛可可风格家具

2.1.2　工业设计萌芽

工业革命是 18 世纪下半叶发生的一场革命，是由机器生产的变化而引发的一场大变革。多轴纺织机、蒸汽机等人类历史上具有划时代意义的伟大发明大大推动了生产力的发展，并使社会进入了工业革命时代，人类告别了以手工为主的生产模式，向工业文明迈进。虽然这场变革在表面上看只是生产技术上的革新，是以物质为先导的，而实际上它却带动了社会很多方面的变化。西方世界也因此完成了由封建社会向资本主义社会的转变，整个人类文明的进程被大大推进。

工业革命首先发生在英国，是因为当时的英国已经确立了它的霸主地位，在对外贸易中获取了巨额利润，有较强的经济基础。

工业革命带来的机械化的生产方式，打破了几千年以来的手工艺传统，集中式的机械化组织与生产形式取代了分散式的手工艺家庭组织形式，加之煤、铁等新能源、新材料的广泛应用降低了产品的成本，制造商采用新式机器生产了大批价格低廉的产品。工业化来势汹汹，以往那些精湛的手工技艺被机器生产替代，手工艺方法日渐萎缩，设计的主流也开始从手工艺设计转向现代工业设计。

早期的工业产品只注重产品的功效，而忽视了产品的外观艺术性以及对人心理和生理的适应性，或者由于早期机器生产条件的限制，表现出的是粗糙与拙劣，尤其是日用品的设计更难以满足上流社会的需要。人们开始意识到工业产品中艺术的重要性，开始对产品进行设计，工业设计开始萌芽。

工业设计伴随着工业革命的爆发而萌芽，又随着工业文明的发展与成熟而逐步确立并走向成熟。工业设计是在批量生产的现代化大工业和激烈的市场竞争的条件下产生的，其设计对象是以工业化方法批量生产的产品。通过形形色色的工业产品，工业设计对现代社会的人类生活产生了巨大的影响，并构成一种广泛的物质文化，提高了人们的生活水平。

工业设计可以分为三个发展时期。

（1）18 世纪下半叶至 20 世纪 20 年代，工业设计的酝酿和探索时期。

（2）20 世纪 20 年代至 50 年代（第一次世界大战和第二次世界大战之间），工业设计的发展时期。

（3）20 世纪 50 年代至今（第二次世界大战之后），工业设计思想体系的全面形成时期。

2.2 早期工业设计的探索和酝酿

18 世纪下半叶至 20 世纪 20 年代是工业文明发展的早期阶段，也是手工业设计到工业设计的过渡时期，其发展过程体现了工业设计酝酿、探索到根本变革的曲折历程。由于工业设计是在欧美发生和发展起来的，所以只能以欧美为主要线索分析工业设计的演变与形成过程。

工业革命后，新的材料、技术和生产方式不断出现，传统的设计已不能满足新时代的要求，人们以各自的方式探索新的设计道路。由于传统的风格和形式在长期的实践中已经定型、成熟，当人们改用全新的方式进行生产时，还不熟悉新的可能性，起初总是要借鉴甚至模仿习见的传统形式。这就在旧形式和风格与新的材料和技术之间产生了矛盾，这种矛盾从 18 世纪下半叶一直延续到 19 世纪末。这种矛盾造成了功能与形式分离、缺乏整体设计的状况，从而激发了对新的生产条件下设计的探讨，拉开了 19 世纪下半叶到 20 世纪初设计改革浪潮的序幕。在这场设计改革浪潮中，工艺美术运动和新艺术运动影响最为深远。

2.2.1 工艺美术运动

1. 工艺美术运动的起因——"水晶宫"国际工业博览会

作为工业革命的发源地，为了炫耀英国工业革命后的伟大成就，1851 年英国在伦敦海德公园举行了世界上第一届国际工业博览会。由于这次博览会在"水晶宫"展馆中举行，所以也称为"水晶宫"国际工业博览会。

"水晶宫"是世界上第一座用金属和玻璃建造起来的大型建筑（图 2-15），并采用了重复生产的标准预制单元构件，是专门为博览会建造的。这座建筑物本身在现代设计的发展进程中占有重要地位。博览会后，"水晶宫"被移至异地重新装配，1936 年毁于大火。

"水晶宫"博览会在工业设计史中有重要意义：一方面较全面地展示了欧洲和美国工业发展的成就，另一方面也暴露了工业设计中的各种问题，从反面刺激了设计的改革。

博览会的展品表现出两种截然不同的状态，大多数机器制造的产品粗劣而缺乏美感，而另一些则反映出一种为装饰而装饰的热情。例如，图 2-16 所示的过度的装饰使椅脚似乎难以支承其重量。在这次展览中也有一些设计简朴的产品，如美国送展的农机和军械等，真实地反映了机器生产的特点和既定的功能。但从总体上来说，这次展览在美学上是失败的。

图 2-15　水晶宫内景　　　　　图 2-16　水晶宫内展出的展品

出于对设计与艺术的严重脱节的深恶痛绝，一些有责任感的艺术家、设计师、批评家开始了理论和实践两方面的探索，英国工艺美术运动由此而产生。

2. 英国和美国的工艺美术运动

对于伦敦"水晶宫"国际工业博览会最有深远影响的批评来自拉斯金[①]。他将粗制滥造的原因归罪于机械化批量生产。他认为工业化和劳动分工使操作者退化为机器，人们的创造性被剥夺了，造成艺术与技术的分离；提倡回到手工生产方式，把设计与操作、艺术与技术完美结合起来。在反对工业化的同时，拉斯金为建筑和产品设计提出了若干准则，例如，师承自然、从大自然中寻找设计的灵感和源泉；要求忠实于自然材料的特点，反映材料的真实质感等。这些准则成为后来工艺美术运动的重要理论基础。

莫里斯[②]继承了拉斯金思想，身体力行地用自己的作品宣传设计改革。将拉斯金的设计理论变成现实，他被尊为"现代设计之父"。

1859 年，莫里斯结婚时居然无法买到使他感到满意的家具和其他生活用品。以此为契机，他和朋友韦伯[③]合作设计了他自己的住宅"红屋"（图 2-17），而且"红屋"中的所有用品（家具、壁纸、灯具、摆设、地毯和窗帘织物）均由莫里斯和他的朋友们合作进行了整体设计。这是他们新的设计思想的第一次尝试，也为工艺美术运动的新风格奠定了基础（图 2-18）。

1861 年莫里斯与几位朋友建立了自己的商行，自行设计产品并组织生产（图 2-19）。这是第一家由艺术家设计产品并组织生产的机构，它标志着工艺美术运动的开端。莫里斯商行的设计具有鲜明的风格特征，它强调手工艺制作，明确反对机器生产；反对复古和矫揉造作的装饰，追求简洁质朴的形式和良好的功能，崇尚自然主义，多以花草、禽鸟为题材，形成了独特的设计品位，代表着工艺美术运动的风格特色。

---

① 拉斯金（John Ruskin，1819—1900），19 世纪英国工艺美术运动倡导者、奠基人，现代技术美学的先驱，艺术理论家、批评家，在当代欧洲极具盛名。他的著述丰富，代表作有《威尼斯之石》《建筑的七盏灯》等。

② 莫里斯（William Morris，1834—1896），英国诗人、作家、画家和美术设计师，英国工艺美术运动奠基人，被誉为"现代设计之父"。主要著作有《大众的艺术》《14 世纪的工业美术》《建筑和历史》等。

③ 韦伯（Philip Webb，1831—1915），英国建筑师、设计师，以不落俗套的乡村住宅闻名，复兴英国本土设计的重要代表，英国工艺美术运动重要成员，被认为是对现代建筑的诞生做出巨大启发的人物。

图 2-17　莫里斯的"红屋"　　　　图 2-18　莫里斯的瓷板画　　图 2-19　苏塞克斯椅

　　莫里斯的理论与实践在英国产生了很大影响，从而在 1880～1910 年形成了一个设计革命的高潮，即"工艺美术运动"。这个运动以英国为中心，波及不少欧美国家，并对后世的现代设计运动产生了深远影响。

　　工艺美术运动的活动中心是一批类似莫里斯商行的设计行会组织的。最有影响的设计行会有 1882 年由马克穆多[1]组建的"艺术家世纪行会"和 1888 年由阿什比[2]组建的"手工艺行会"等。马克穆多是建筑师出身，他的"艺术家世纪行会"集合了一批设计师、装饰匠人和雕塑家，其目的是打破艺术与手工艺之间的界线（图 2-20），工艺美术运动的名称"Arts and Crafts"的意义即在于此。阿什比是一位银匠，主要设计金属器皿。在他的设计中，采用了各种纤细、起伏的线条，被认为是新艺术的先声（图 2-21）。

图 2-20　红木餐椅（马克穆多，1883 年）　　　　图 2-21　银质水具（阿什比）

　　在 19 世纪最后 20 年间的英国，沃赛[3]的设计影响巨大。他的家具设计多选用典型的工艺

----

　　[1]　马克穆多（Arthur Mackmurdo，1851—1942），英国建筑师、设计师，是英国工艺美术运动晚期的代表人物，也是新艺术运动的开创性人物。他所创立的"艺术家世纪行会"是当时最成功的设计团体之一。他不仅擅长家具和纺织品设计，在平面设计上也有很高的建树，行会杂志的封面、插画很多都出自他之手，最著名的代表作是为自己的著作《雷恩的城市教堂》设计的封面，用不对称的羽毛状草叶纹样作为封面的主体装饰，自由奔放的造型和对比强烈的黑白层次使人耳目一新。

　　[2]　阿什比（Charles R. Ashbee，1863—1942），英国设计师、企业家，是英国工艺美术运动后期的重要代表人物之一。曾就读于剑桥大学国王学院，最初主要设计金属器皿，特别是各种银器，后来也设计家具，他的设计讲究典雅的造型，细节装饰不过分。他在 1888 年创立了"手工艺行会"。

　　[3]　沃赛（Charles F. A. Voysey，1857—1941），英国建筑师、设计师，英国工艺美术运动的重要成员，长期从事室内与家具设计。最著名的设计项目是 1900 年设计的自用住宅"果园住宅"。

美术运动材料——英国橡木，其造型简练、结实大方并略带哥特式意味（图 2-22）。他出版的《工作室》杂志是英国工艺美术运动的喉舌。许多工艺美术运动的设计语言都出自沃赛的创造，如心形、郁金香形图案，都可以在他的橡木家具和铜制品中找到（图 2-23）。

图 2-22　橡木椅（沃赛）

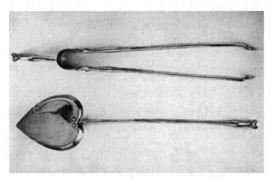

图 2-23　火钳与煤铲（沃赛）

　　19 世纪英国人对于设计的态度为拉斯金、莫里斯的反工业的教条所支配，而专注于手工艺品。但也出现了第一批有意识地为工业而设计的人，他们绘制设计图纸，并由机器进行生产，其中最著名的是德莱赛[①]。德莱赛流传下来的设计包罗了各种各样的材料、风格和技艺，反映了他多方面的才能和对各种文化兼收并蓄的开明态度。他最富创造性的设计是电镀茶壶（金属制品）（图 2-24），其造型简洁、直接使用材料。此外，德莱赛是率先以合理方式分析形式与功能之间关系的设计师之一。在《装饰设计原理》（1879 年）一书中，他用图表示了支配各种容器的把与壶口的有效功能的法则。德莱赛设计的金属制品也展示了他对经济地使用材料的关注。他所设计的锥形糖碗的边被向内卷起以加强金属边缘的强度，这样便可采用较薄的板材。在较大的器皿上，德莱赛总是使用电镀的表面处理而不是用银，使他的产品为尽可能多的消费者购买。

图 2-24　电镀茶壶（德莱赛）

---

　　① 德莱赛（Christopher Dresser，1864—1904），苏格兰设计师，被认为是在 19 世纪下半叶的设计改革运动中出现的第一位工业设计师。他在设计家居产品的时候，很注意发挥工业化制造业的长处。他是一位多产的设计师，为英国、法国、美国多个厂家设计过种类繁多的产品，同时也是一位优秀的植物学家和作家。

英国的工艺美术运动随着展览与杂志的介绍，很快传到欧洲各地和美国。一些工艺美术运动的著名人物如阿什比等先后访问过美国，传播了拉斯金和莫里斯的思想。美国在19世纪末成立了许多工艺美术协会，如1897年成立的波士顿工艺美术协会等。美国工艺美术运动的杰出代表是斯蒂克利[1]，他在1898年设立了以自己姓氏命名的公司，主要设计制作家具，还出版了有影响的杂志《手工艺人》。他的设计基于英国工艺美术运动的风格，但采用了有力的直线，使家具更为简朴实用，是美国实用主义与英国设计运动思想结合的产物。

19世纪70年代，在美国的建筑界兴起了一个重要的流派——芝加哥学派。1871年芝加哥大火，三分之二的房屋被毁，在采用钢铁等新材料以及高层框架等新技术建造摩天大楼的过程中，芝加哥的建筑师逐渐形成了趋向简洁独创的风格。他们建筑设计的共同特点是注重内部功能，强调结构的逻辑表现，立面简洁、明确，并采用了整齐排列的大片玻璃窗，突破了传统建筑的沉闷之感（图2-25）。芝加哥学派由此而生。这个学派突出了功能在建筑设计中的主导地位，明确了功能与形式的主从关系，使之符合新时代工业化的精神。沙利文[2]是芝加哥学派的中坚人物和理论家，他最先提出的"形式追随功能"的口号，成为现代设计运动最有影响力的信条之一。美国最著名的建筑大师莱特[3]吸收和发展了沙利文"形式追随功能"的思想，力求形成一个建筑学上的有机整体概念，即将建筑的功能、结构、适当的装饰以及建筑的环境融为一体，形成一种适于现代的艺术表现，并十分强调建筑艺术的整体性，使建

图2-25　施莱辛格-迈耶百货公司大厦（沙利文）

① 斯蒂克利（Gustar Stickley，1857—1942），美国著名家具设计师、建筑师与出版商，美国工艺美术运动的发起者，是工艺联合会的创办人，积极推广英国工艺美术运动的设计理念。

② 沙利文（Louis H. Sullivan，1856—1924），第一批设计摩天大楼的美国建筑师之一，生于波士顿，在美国现代建筑革新中起过重要作用，强调功能对建筑的重要性。主要作品有圣路易斯的温莱特大厦和芝加哥施莱辛格与迈耶百货公司大厦。

③ 莱特（Frank L. Wright，1867—1959），工艺美术运动美国派的主要代表人物，美国艺术文学院成员，美国最伟大的建筑师之一，在世界上享有盛誉。莱特师从摩天大楼之父、芝加哥学派（建筑）代表人物沙利文后自立门户成为著名建筑学派"田园学派"（Prairie School）的代表人物，代表作包括建立于宾夕法尼亚州的流水别墅（Fallingwater）和世界顶级学府芝加哥大学内的罗比住宅（Robie House）。

筑的每一个细小部分都与整体相协调的风格。莱特认为艺术家应抓住和创造性地使用机器的力量，个性价值与批量生产之间并无矛盾。

工艺美术运动对世界工业设计思想形成的贡献是重要的，它首先提出了"美与技术结合"的原则，反对"纯艺术"，工艺美术运动的设计强调"师承自然"、忠实于材料和适应使用目的，从而创造出一些朴素而实用的作品。但工艺美术运动反对机械化的大批量生产，与时代的进程格格不入，因而带有先天的局限性。

2.2.2　新艺术运动

工艺美术运动的思想在欧洲大陆广为传播，尽管工艺美术运动是反工业化的，但在欧洲大陆，反工业化的姿态较为温和，并最终转变为接受机械化，且希望探索一种新的青春活力和现代感的风格，以摒弃旧的崇尚自然的趋势，进而导致了一场以新艺术（Art Nouveau）为中心的广泛设计运动，并在 1890～1910 年达到了高潮。

新艺术风格把重点放在动、植物的生命形态上，但设计师却不可能抛弃结构原则，其结果常常是表面上的装饰，流于肤浅的"为艺术而艺术"。新艺术在本质上仍是一场装饰运动，但它用抽象的自然花纹与曲线，脱掉守旧的外衣，是现代设计简化和净化过程中的重要步骤之一。

新艺术主要以法国、比利时为中心，并影响到德国、美国等许多国家。由于发生在欧洲不同的国家，新艺术风格也产生了不同的学派和不同的特点，既有非常朴素的直线或方格网的平面构图，也有极富装饰性的三度空间的优美造型。这种风格在各地有不同的名称：在意大利称为"利伯特风格"，在德国称为"青年风格派"，在法国称为"面条风格"、"吉马德风格"或"地铁入口风格"、"法国 1900 风格"。但新艺术普遍以其昂贵的材料加工、对细节和手工艺的重视、对不对称形式和蜿蜒曲线的钟爱为特征。

1. 法国 1900 风格

法国新艺术派风格的摇篮有两个中心：一个是首都巴黎；另一个是巴黎以东的南锡（Nancy）。

新艺术这个名字的真正来源是"新艺术之家"，是 1895 年由萨穆尔·宾（Samuel Bing，1838—1905）在巴黎开设的一个设计事务所。宾是当时成就斐然的企业家，他出资支持了蒂凡尼、盖拉德等几位重要设计家从事新艺术风格的产品设计，使他们的设计获得极大成功，引起广泛关注，"新艺术"由此成为一个响亮的名称。

除"新艺术之家"外，1898 年朱利耶斯·迈耶·格雷夫（Julius Meier Graefe）在巴黎也开设了一间设计与展销中心——"现代之家"，并设立工厂，资助改革设计师。

"六人社"也成立于 1898 年，是新艺术运动中影响最大的设计团体。这六人是：吉马德（Hector Guimard）、夏庞蒂埃（Alesandre Charpentier）、普卢梅特（Charles Plumet）、塞莫西姆（Tony Selnersheim）、乔治·霍恩切尔（George Hoentschel）和鲁伯特·卡拉宾（Rupter Carabin）。"六人社"中最重要的人物是吉马德。吉马德最有影响的作品是他为巴黎地铁所作的设计（图 2-26），所有地铁入口的栏杆、灯柱和护柱全都采用起伏卷曲的植物纹样。这些设计赋予了新艺术最有名的戏称——"地铁风格"。

图 2-26　巴黎地铁入口（吉马德）

南锡市是法国新艺术运动的另一个中心，主要是在设计师盖勒（Emile Galle，1846—1904）的积极推动下兴起的。盖勒精于家具设计，同时也是玻璃艺术家和陶瓷设计家。盖勒于1901 年创立南锡工业艺术地方联盟学校，培养了一批优秀的设计家，形成了南锡学派，进行玻璃制品、家具和室内装修设计，对新艺术运动的发展起到了推动作用（图 2-27 和图 2-28）。

图 2-27　彩饰玻璃花瓶　　　　图 2-28　新艺术风格的家具

2. 比利时线条

比利时地处英法两国之间，文化交流频繁，因此成为新艺术的发源地。比利时新艺术运动最富有代表性的人物有两位：霍尔塔（Victor Horata，1867—1947）和威尔德（Henry van de Velde，1863—1957）。

霍尔塔是一位建筑师，他在建筑与室内设计中喜欢用葡萄蔓般相互缠绕和螺旋扭曲的线条，这种起伏有力的线条成为比利时新艺术的代表性特征，被称为"比利时线条"或"鞭线"。这些线条的起伏，常常是与结构或构造相联系的。他于 1893 年设计的布鲁塞尔都灵路 12 号住宅（图 2-29）成为新艺术风格的经典作品。

图 2-29　布鲁塞尔都灵路 12 号住宅

　　威尔德也是比利时新艺术运动的中坚人物。他是画家和平面设计师，从一开始他的作品就具有新艺术流畅的曲线韵律，后来成为比利时后印象派团体"二十人小组"的一员。威尔德后来去了德国，并一度成为德国新艺术运动的领袖，促使了 1907 年德意志制造同盟的成立。1908 年他出任德国魏玛市立工艺学校校长，这所学校是后来包豪斯的直接前身。他在德国设计了一些体现新艺术风格的制品，简练而优雅，如图 2-30 所示。

图 2-30　家具（威尔德）

3. 新艺术派外围

　　新艺术风格迅速从比利时和法国传遍欧洲各个角落，甚至影响到美国。在整个新艺术运动中最引人注目的人物是西班牙建筑师高迪[①]，其著名设计作品有圣家族大教堂（图 2-31）和米拉公寓（图 2-32）。他以浪漫主义的幻想，极力使塑性艺术渗透到三度空间的建筑之中。他吸取了东方的风格与哥特式建筑的结构特点，并结合自然形式，形成他独创的塑性建筑，西班牙巴塞罗那的米拉公寓便是一个典型的例子。米拉公寓的整个结构不采用直线，由一种蜿蜒蛇曲的动势所支配，体现了一种生命的动感。

---

　　① 高迪（Antonio Gaudi，1852—1926），出生于西班牙加泰罗尼亚小城雷乌斯，西班牙建筑师，塑性建筑流派的代表人物，属于现代主义建筑风格。高迪一生设计过很多作品，主要有古埃尔公园、米拉公寓、巴特罗公寓、圣家族大教堂等，其中有 17 项被西班牙列为国家级文物，7 项被联合国教育、科学及文化组织列为世界文化遗产。

图 2-31　圣家族大教堂（高迪）　　　　　　　图 2-32　米拉公寓（高迪）

在德国，新艺术称为"青年风格派"（Jugendstil），艺术家雷迈斯克米德[①]和设计师贝伦斯[②]是"青年风格派"的重要人物。正当新艺术在比利时、法国和西班牙以应用抽象的自然形态为特色，向着富于装饰的自由曲线发展时，在"青年风格派"艺术家和设计师的作品中，蜿蜒的曲线因素第一次受到节制，并逐步转变成几何因素的形式构图，这是新艺术转向功能主义的一个重要步骤。

英国新艺术运动的发展主要集中于苏格兰的格拉斯哥市，其中最为杰出的设计家是麦金托什[③]和以他为核心的"格拉斯哥四人"集团。麦金托什的作品在奥地利和德国的影响很大，并对奥地利的设计改革运动维也纳"分离派"产生了重要影响。

在新艺术运动影响下，奥地利形成了以维也纳艺术学院教授瓦格纳（Otto Wagner，1841—1918）为首的维也纳学派。瓦格纳在工业时代的影响下，逐步形成了新的设计观点，他指出新结构、新材料必将导致新形式的出现，并反对重演历史式样。瓦格纳的学生霍夫曼（Joseph Hoffman，1870—1956）、莫瑟（Koloman Moser，1878—1918）和奥布里奇（Joseph M.Olbrich，1867—1908）三人都是维也纳学派的重要成员。1897 年，他们创立了分离派，宣称要与过去的传统决裂。

霍夫曼是分离派的核心人物，他的设计风格深受麦金托什的影响，喜欢规整的垂直构图，并逐渐演变成方格网的形式，形成自己鲜明的风格，并由此获得 "棋盘霍夫曼"的雅称。他为维也纳生产同盟所设计的大量金属制品、家具和珠宝都采用正方形网格的构图（图 2-33）。

---

① 雷迈斯克米德（Richard Riemerschmid，1868—1957），德国建筑师、艺术家和设计师，被誉为德国青年运动的标准载体。他简单而优雅的家具、餐具和建筑风格，以其精湛的工艺和独特的线条而广受赞赏。他的艺术创作在他的职业生涯中是折中的。

② 贝伦斯（Peter Behrens，1868—1940），德国"青年风格"运动最重要的设计家，是德国现代设计的奠基人，被视为德国现代设计之父。

③ 麦金托什（Charles Rennie Mackintosh，1868—1928），英国世纪之交最重要的建筑设计师和产品设计师。他的作品属于工艺美术运动风格，也是英国新艺术运动的主要倡导者。对于欧洲设计有着重要的影响。

图 2-33 休闲椅（霍夫曼）

2.2.3 包豪斯与国际现代主义运动

工艺美术运动和新艺术运动都对设计改革做出了很大贡献，但始终没有摆脱否定机器生产的思想，没有从根本上为现代工业生产建立起合理的设计理论。工业设计真正在理论上和实践上的突破，来自 1907 年成立的德意志制造同盟和 1919 年德国建立的包豪斯学校。

1. 德意志制造同盟

德意志制造同盟（Deutscher Werkbund）是一个由一群热心设计教育与宣传的艺术家、建筑师、设计师、企业家和政治家组成的舆论集团。制造同盟的成立宣言表明了这个组织的目标："通过艺术、工业与手工艺的合作，用教育、宣传及对有关问题采取联合行动的方式来提高工业劳动的地位。"制造同盟表明了对于工业的肯定和支持态度，在 1908 年召开的制造同盟第一届年会上，建筑师菲什（Theodor Fischer，1862—1938）在开幕词中明确了对机械的承认："在工具（指手工艺）与机械之间没有什么鸿沟。只有同时采用工具和机械，才能做出高水平的产品来。……粗劣产品的出现，并非由机械制造所致，而是因为机械使用者的不当与我们的无能。……批量生产与劳动分工并没有什么危险，……"

制造同盟的中坚人物是穆特休斯（Herman Muthesius，1861—1927），他是一位建筑师，1896～1903 年担任德国驻伦敦大使馆的建筑专员，后来他被任命为贸易局官员，负责应用艺术的教育，并从事建筑和设计工作。穆特休斯决心从体系上、人员上对当时的德国美术学院进行改革，他聘请了包括德国现代主义先驱彼得·贝伦斯在内的三位当时较为先进的建筑与产品设计师担任三所颇为重要的美术学校的校长。这一举措对于德国设计教育产生了深远的影响。

穆特休斯希望设计师发展标准化的形式，即生产能以高质量而满足出口贸易所需求的东西。但制造同盟的另一位创始人威尔德却认为标准化会扼杀创造性，使设计师降格为绘图员，并被制造商支配和控制。这场在第一次世界大战前发生于制造同盟内部的争论表明设计思想比工艺美术运动时有了很大的飞跃。

制造同盟的设计师进行了广泛的设计，特别是对为适应技术变化应运而生的产品作了大量设计，如家用电器的设计。在制造同盟的设计师中，最著名的是前面已提及的贝伦斯。1907

年贝伦斯担任德国通用电气公司 AEG 的艺术顾问，全面负责公司的建筑、视觉传达以及产品设计，使这家庞杂的大公司树立起一个统一完整的鲜明企业形象，并开创了现代公司识别计划的先河。贝伦斯还是一位杰出的设计教育家，格罗皮乌斯、米斯和柯布西埃都是他的学生。他们后来都成为 20 世纪最伟大的现代建筑师和设计师。贝伦斯的多数产品都是非常朴素而实用的，并且正确体现了产品的功能、加工工艺和所用的材料。例如，他于 1908 年设计的台扇（图 2-34）上看不到任何牵强的装饰。图 2-35 是贝伦斯设计的电水壶，其由一系列标准零件组合而成。他作为现代工业设计的先驱是当之无愧的。

图 2-34　台扇（贝伦斯）　　　　　　图 2-35　贝伦斯设计的电水壶

德意志制造同盟不但在德国影响很大，促进了工业设计的发展，而且对欧洲其他国家也产生了积极的影响，对欧洲工业设计发展起了很重要的作用。

2. 包豪斯

包豪斯（Bauhaus）是 20 世纪在德国成立的一所设计学院，也是世界上第一所真正为发展现代设计教育而建立的学院。它奠定了现代工业设计的理论体系和教学体系的基础，它在理论上的建树对现代工业设计的贡献是巨大的。

包豪斯的前身是新艺术时期比利时设计家、德意志制造同盟的中坚人物威尔德 1906 年在魏玛建立的一所工艺美术学校。1919 年 4 月 1 日正式创立了"国立包豪斯设计学校"，时年 36 岁的格罗皮乌斯是首任校长。格罗皮乌斯是 20 世纪最有影响的现代建筑师、设计师。"Bauhaus"一词是格罗皮乌斯生造出来的，由德语的"Bau"（建造）和"Haus"（房屋）两个词的词根构成，借以指新的设计体系。

包豪斯经历过三任校长：格罗皮乌斯（1919～1927 年）、汉内斯·迈耶（Hannes Meyer，1928～1930 年）和米斯·凡·德洛（Mies van de Rohe，1931～1933 年），因此也形成了三个不同的发展阶段：格罗皮乌斯的理想主义、迈耶的共产主义和德洛的实用主义。把三个阶段贯穿起来，包豪斯因此兼具知识分子理想主义的浪漫和乌托邦精神、共产主义政治目标、建筑设计的实用主义方向和严谨的工作方法特征，也造成包豪斯精神内容的丰富和复杂。

包豪斯存在的时间虽然只有短短的 14 年，但对现代设计的影响非常深远。包豪斯的重要影响之一就是在设计教育领域奠定了设计教育的结构基础，目前世界上各个设计教育单位，乃至艺术教育院校通行的基础课结构，就是包豪斯首创的。这个基础课结构，把对平面和立体结构的研究、材料的研究、色彩的研究三方面独立起来，使视觉教育第一次比较牢固地奠立在科学的基础之上，而不仅仅是基于艺术家个人的、非科学化的、不可靠的感觉基础上。包豪斯开设作坊式教育，主张在实践中教学，打破了将纯艺术与实用艺术截然分割的陈腐教育观念，架设了"艺术"与"工业"之间的桥梁，使艺术与技术获得新的统一。包豪斯接受了机械作为艺术家的创造工具，提倡在掌握手工艺的同时，了解现代工业的特点，用手工艺的技巧创作高质量的产品，并能供给工厂大批量生产，在设计中提倡自由创造，反对模仿因袭、墨守成规。

在开展现代教育的同时，包豪斯形成了现代设计观念，在设计理论上，包豪斯提出了三个基本观点。

（1）艺术与技术的新统一。

（2）设计的目的是人而不是产品。

（3）设计必须遵循自然与客观的法则来进行。

在这些理论的基础上，包豪斯发展了现代设计方法，奠定了现代工业产品设计风格的基本面貌，建立了比较完整的现代主义设计体系，使现代设计逐步由理想主义走向现实主义，即用理性的、科学的思想，代替艺术上的自我表现和浪漫主义。

体现机械生产特征的、几何形态的、理性主义的设计风格是包豪斯设计的主要特点，也成为现代主义风格的基本特征。

格罗皮乌斯设计的包豪斯校舍（图 2-36）本身在建筑史上有重要地位，是现代建筑的杰作。它在功能处理上关系明确、方便而实用；立面造型充分体现了新材料和新结构的特色，完全打破了古典建筑设计传统。获得了简洁而清新的效果。包豪斯也留下了大量优秀的平面设计作品，包豪斯展览会的招贴画如图 2-37 所示。

图 2-36　包豪斯校舍

图 2-37　包豪斯展览会的招贴画

包豪斯的金属制品造型简洁，功能完美，大多能够批量生产。例如，布兰德（Marianne Brandt，1893—1983）1924 年设计的茶壶（图 2-38）、布劳耶（Marcel Lajos Breuer，1902—1981）设计的钢管椅（图 2-39）、米斯·凡·德洛设计的巴塞罗那椅（图 2-40）充分利用了材料的特性，造型轻巧优雅，结构也很简单，各种型号都是以同样的标准制造的，基本零件都可方便地拆下互换，成为现代设计的典型代表，开辟了现代家具设计的新篇。

图 2-38　茶壶（布兰德）　　　　图 2-39　布劳耶设计的钢管椅　　　图 2-40　巴塞罗那椅

包豪斯精神主要体现在以下三个方面。

（1）功能主义特征。强调功能为设计的中心和目的，而不再是以形式为设计的出发点，讲究设计的科学性，重视设计实施时的科学性、方便性、经济性。

（2）反装饰。形式上提倡简单的几何造型，认为装饰造成不必要的开支，造成浪费。

（3）标准化原则。只有标准化才能批量化，才能降低生产成本。因此，标准化具有技术的考虑，同时也是为现代主义的意识形态服务的必要手段。

包豪斯的思想在一段时间内被奉为现代主义的经典。包豪斯的局限也逐渐为人们所认识到，例如，为了追求工业时代的表现形式，在设计中过分强调抽象的几何图形，无论何种产品、何种材料都采用几何造型，从而走上了形式主义的道路。严格的几何造型和对工业材料的追求使产品具有一种冷漠感，缺少应有的人情味。由于包豪斯提倡几何构图，事实上消除了设计的地域性，形成千人一面的"国际式"风格，以平屋顶、白墙面、通长窗为特征的方盒子式建筑风行世界各地，对于各国的建筑文化传统产生了巨大冲击，因而受到广泛的批评。

3. 现代主义运动

包豪斯解散后，一大批包豪斯的成员先后来到美国：格罗皮乌斯于 1937 年到美国哈佛大学，任建筑系主任；米斯于 1938 年到美国任伊利诺理工学院建筑系教授；纳吉[①]于 1937 年在芝加哥成立了新包豪斯，它将一种新的方法引入美国的创造性教育。实际上包豪斯的思想在美国才得以完全实现。

自此源于欧洲大陆的现代主义运动的中心移到了美国，并且与美国工业设计界注重为企业服务、注重经济效益、注重市场竞争的实用观念相结合，逐渐发展成为二战后轰轰烈烈的国际现代主义运动。

现代设计理论在 20 世纪 30 年代以"国际式"风格流行一时，但就两次世界大战之间为所生产的实际产品而言，现代设计理论并没有多大影响，钢管椅之类典型的现代设计只是被用作正规公共场合的标准用品，并没有受到寻常百姓的普遍欢迎。大众更倾向于那些在形式上更富表现力和吸引力的"现代"流行趣味。在欧洲和美国最早产生重要影响的现代风格是

---

① 纳吉（Laszlo Moholy Nagy，1895—1946），是 20 世纪最杰出的前卫艺术家之一。曾任教于早期的包豪斯，奠定三大构成基础、强调理性、功能，他在学术上对表现、构成、未来、达达和抽象派兼收并蓄，以各种手段进行拍摄试验。最为突出的研究是以光、空间和运动为对象。他曾以透明塑料和反光金属为试验材料，创作"光调节器"雕塑。他生前著有大量艺术理论著作，《新视觉》（1946）和《运动中的影响》（1947）是最著名的两部。

源于 20 世纪 20 年代法国装饰艺术运动的"艺术装饰"风格，艺术装饰风格的名称来自 1925 年举行的"国际现代装饰与工业艺术博览会"。艺术装饰风格是 20 世纪 20~30 年代主要的流行风格，以富丽和新奇的现代感而著称，它并不是一种单一的风格，而是两次世界大战之间统治装饰艺术潮流的总称，包括装饰艺术的各个领域，如家具、珠宝、绘画、图案、书籍装帧、玻璃陶瓷等，并对工业设计产生了广泛的影响。

2.2.4 美国工业设计的兴起

20 世纪 20 年代末，美国工业产量已超过英国、德国、意大利和日本的总和。在工业发展的同时，为了促进市场销售，产品设计、商标、广告、企业形象等也开始被广泛采用，工业和科技的强大实力为美国工业设计的发展奠定了坚实的基础。第二次世界大战期间，许多著名艺术家、设计师流入美国，也为美国工业设计的发展注入了新的活力。

1. 美国工业设计师职业化

在两次世界大战之间，工业设计作为一种正式的职业出现并得到了社会的承认。尽管第一代职业设计师有着不同的教育背景和社会阅历，但他们都是在激烈的商业竞争中跻身于设计界的。他们的工作使工业设计真正与大工业生产结合起来，同时也大大推动了设计的实际发展。设计不再是理想主义者的空谈，而是商业竞争的手段，这一点在美国体现得尤为明显。

工业设计师职业化是美国对于世界现代设计发展的重要贡献。

1939 年，罗维[①]在纽约世界博览会上展出了"工业设计师工作室"样品间，第一次提出"工业设计师"这一新职业的概念。随后，企业内部的工业设计部门、独立的设计事务所等的形成造就了一大批专业设计师。

在企业内部的工业设计部门专门为某企业进行产品设计的专业人员称为"驻厂设计师"。例如，美国通用汽车公司的设计师厄尔[②]，他是美国著名的汽车设计师，于 1919 年发明了一种用泥塑模型设计车身的标准技术，可以使汽车车身设计更加自由。1928 年 1 月 1 日，通用汽车公司成立了"艺术与色彩部"，并由厄尔负责，专职汽车外形与色彩设计。

与此同时，除驻厂设计师以外，接受企业设计委托的独立设计事务所的自由设计师在 20 世纪 20~30 年代也非常活跃。他们许多来自与广告、绘图有关的行业，如商业艺术、展览、陈列或舞台设计等，由于有这些行业的经验，他们能适应设计咨询机构的组织与工作方式，为各种各样的雇主服务。

提格（Walter Dorwin Teague，1883—1960）是最早开业的自由工业设计师之一。他原是一位成功的平面设计艺术家，经营过广告业，并享有促进高质量产品销售的声誉，从 1927 年起他受柯达公司之托设计照相机和包装（图 2-41），并成为柯达公司的艺术顾问。同时，他也为美国其他公司提供设计，如杜邦公司、福特公司、威斯汀豪斯电气公司等。提格为 20 世纪 30~40 年代的设计流线型风格的形成做出了重要贡献。

前面提到的罗维是第一代最负盛名的自由设计师。他于 1935 年设计的"冷点"电冰

---

① 罗维（Raymond Loewy，1893—1986），出生于巴黎，在美国设计史上具有举足轻重的地位，堪称 20 世纪美国工业设计平原上的一座高峰，是美国工业设计的重要奠基人之一。

② 厄尔（Harley Earl，1893—1969），美国商业性设计的代表人物，世界上第一个专职汽车设计师。

箱（图2-42），外形简洁明快，改变了传统冰箱的结构，浑然一体的白色箱型造型奠定了现代冰箱的形态基础。这一设计成为冰箱设计的新潮流，使这一产品的年度销量从1.5万台猛增到27.5万台，提供了一个设计对于销售活动产生重大影响的范例。此后，罗维连续完成了大量工业产品和企业形象设计，参与项目达数千个，从可口可乐的标志到美国宇航局的"空中实验室"计划，从香烟盒到飞机内舱，并取得了惊人的商业利益。图2-43是罗维在1940年设计的农用拖拉机。

这个时期美国著名的自由设计师还有盖茨（Norman Bel Geddes，1893—1958）和德雷夫斯（Henry Dreyfuss，1903—1972）等。盖茨以自己新颖独特的创作屡次产生轰动效应。他设计的作品有汽车、高速列车、海轮和巨型客机等。德雷夫斯设计了大量的工业产品，包括计算机、电冰箱、火车、汽车、农机、拖拉机、照相机、电话、吸尘器、缝纫机等。他在1930年设计的电话奠定了现代电话机的造型基础（图2-44）。在设计中德雷夫斯充分考虑人的生理结构及心理因素，并出版了著作《人体度量》，为设计界奠定了人机工程学学科基础。

图2-41　柯达135相机（提格）

图2-42　"冷点"电冰箱（罗维）

图2-43　农用拖拉机（罗维）

图2-44　电话机（德雷夫斯）

2. 流线型风格

流线型作为一种风格是独特的，它主要源于科学研究和工业生产的条件而不是美学理论。流线型是空气动力学名词，描述能减少物体在高速运动时的风阻的表面圆滑、线条流畅的物体形状。在工业设计中，它成为一种象征速度和时代精神的造型语言而广为流传，不但发展成为一种时尚的汽车美学，而且还渗入到家用产品的领域中，并形成20世纪30～40年代最流行的产品风格。流线型是一种不折不扣的现代风格（图2-45和图2-46）。

图 2-45　"气流"车（克莱斯勒公司）

图 2-46　大众甲壳虫汽车（波尔舍）

　　流线型的流行也有技术和材料上的原因。20 世纪 30 年代，塑料和金属模压成型方法得到广泛应用。这种成型方法要求较大的曲率半径以利于脱模或成型，这就确定了设计特征，无论是冰箱，还是汽车的设计都受其影响。圆滑的外形也是这种生产技术的结果。

　　流线型在感情上的价值超过了它在功能上的质量。有些流线型设计，如汽车、火车、飞机、轮船等交通工具是有一定科学基础的。但不少流线型设计完全是由于它的象征意义，而无功能上的含义。1936 年由赫勒尔（Orlo Heller）设计的订书机就是一个典型的例子，表示速度的形式被用到静止的物体上，体现了它作为现代化符号的强大象征作用。

　　美国式流线型风格的影响并不局限于美国，它作为美国文化的一个象征，通过出版物、电影等形象化的传播媒介而流行到世界各地。

　　随着电视、电冰箱、真空吸尘器等家用电器的普及，一大批现代化的工业产品出现在美国。这些产品的设计也在世界上展现出美国工业设计的崭新的面貌，由此，美国一跃成为世界工业设计的强国。

2.3　工业设计思想和体系的全面形成

　　二战后，西方各国意识到必须大力发展工业，迅速从战争的创伤中恢复过来，纷纷致力于提高自己国家的工业化水平，从而带动了工业设计的发展。战前美国工业成功利用设计的经验，为许多国家广泛吸收，使设计成为赢得竞争的重要手段。

　　二战后工业设计发展的格局也发生了根本变化。德国和法国在战争中大伤元气，在设计发展中已不再占据主导地位。取而代之的是，二战后初期每个国家都形成了自己的设计理论和形式语言，以向世人展示自己的新面貌。至 20 世纪 50 年代，垄断的跨国公司出现，国际交往日益频繁。市场的国界已消失，逐渐产生了一种国际化的发展趋势，形成了国际式现代风格。20 世纪 50 年代后期，欧洲现代设计在此基础上深化发展，在西方各国形成了各具特色的设计理论和形式语言，呈现出设计上的多元化格局。

2.3.1　第二次世界大战后欧洲的工业设计

1. 德国的现代设计

　　德国是现代主义设计的发源地。它的工业设计在战前就有坚实的基础，然而自从 1933 年纳粹政府上台，德国的现代主义设计遭受了毁灭性的打击。经过二战后很长时间的恢复，随着经济的复兴，直到 20 世纪 60 年代，联邦德国成为世界上先进的工业化国家之一，现代设计也才得以全面恢复。由于德意志制造同盟促进艺术与工业结合的理想和包豪斯的机器美学仍影响着二战后的工业设计，德国发展了一种以强调技术表现为特征的工业设计风格。

1953 年成立的乌尔姆设计学院（The Hochschule Fur Gestaltung in Ulm, HFG）是联邦德国在设计教育上最重大的探索。目的是通过教育，力求找到通过设计来解决问题、促进设计文化发展的一条新途径。在许多问题上，乌尔姆设计学院与二战前的包豪斯是一脉相承的，而其中一个很大的要点，就是将设计视为社会工程的组成部分，避免美国的设计出现简单、赤裸裸的商业主义发展倾向，严肃地提出设计是解决问题，而不仅仅是提供外形；设计是一个科学的过程，而不是或者不仅仅是个人的艺术表现。

乌尔姆设计学院的重要贡献：一是确定了工业设计的理性、技术型方向；二是奠定了一个适应发展大方向的教学体制来实施设计教育；三是通过和德国电器制造厂商布劳恩公司的密切合作将系统设计概念贯穿到设计实践上；四是影响了整个德国以及其他国家的工业产品设计。

乌尔姆设计学院的影响十分广泛，它所培养的大批设计人才在工作中取得了显著的经济效益，促进了乌尔姆设计方法的普及与实施，其成果就是联邦德国的设计有了合理的、统一的表现，它真实地反映了德国发达的技术文化。

联邦德国设计史上的另一里程碑是发展了以系统思想为基础的系统设计方法。系统设计是对功能主义的扩充，它以产品功能单元的组合实现产品功能的灵活性和组合性。系统设计的奠基者是乌尔姆设计学院产品设计系主任古戈洛特（Hans Gugelot，1920—1965）和布劳恩公司设计师拉姆斯（Dieter Rams，1932— ）。1956 年拉姆斯与古戈洛特共同设计了一种收音机和电唱机的组合装置，一个全封闭白色金属外壳，加上一个有机玻璃的盖子，称 "白雪公主之匣"（图 2-47）。其中的电唱机和收音机是可分可合的标准部件，使用十分方便。这种积木式的设计是以后高保真音响设备设计的开端。到了 20 世纪 70 年代，几乎所有的公司都采用这种积木式的组合体系。

图 2-47　白雪公主之匣

在古戈洛特等教师的协助下，布劳恩公司设计生产了大量的优秀产品，并成为世界上生产家用电器的重要厂家之一，例如，生产电动剃须刀、电吹风、电风扇、电子计算器等产品，都以均衡、精炼和无装饰为特点，造型直截了当地反映出产品在功能和结构上的特征，色彩上多用黑、白、灰等。这些一致性的设计语言构成布劳恩产品的独有风格。

与德国布劳恩公司的密切合作，不仅使乌尔姆设计学院发展出的理性主义设计风格成为二战后联邦德国的设计风格，也使布劳恩的设计至今被认为是优良产品造型的代表和德国文化的成就之一。如果说包豪斯代表了现代设计的艺术化体系，那么乌尔姆设计学院则发展了工业设计中的科学化体系，将设计建立在科学的基础之上，并产生了巨大的影响。

2. 意大利设计

今天在人们的意识中意大利设计就是"杰出设计"的同义词，那些时尚的家具、服装、电子产品、办公用具、汽车等，为意大利赢得了广泛的赞誉。二战后意大利设计的发展被人们称为"现代文艺复兴"，对整个设计界产生了巨大冲击。意大利设计是一种一致性的设计文化，这种设计文化是植根于意大利悠久而丰富多彩的艺术传统之中的，并反映了意大利民族热情奔放的性格特征。

尽管二战后美国的设计风格成为世界设计风格的标准，但是意大利设计依然保持了自己的鲜明形象。设计师通过借鉴与自己的传统进行综合，创造出完全意大利式的设计。1951年的"米兰设计三年展"通过打字机、汽车、摩托车、灯具等意大利产品设计的展示，第一次向世界宣告：意大利设计风格基本形成（图2-48）。

图 2-48　VESPA 摩托车（达斯卡尼奥）

奥利维蒂（Olivetti）公司是当时意大利工业设计的中心。这是一家生产办公机器的厂家，几乎每一个有名的意大利工业设计师都为其工作过。1945年尼佐里（Macello Nizzoli，1887—1969）为该公司设计了 LEXIKON 80 打字机（图2-49）。1950年他又从工程、材料、人机工程以及外观等方面考虑设计出了"拉特拉22"型手提打字机（图2-50）。设计师设计的这种机身扁平、键盘清晰、外形优美的打字机对美国的办公机器设计产生了重大影响。

图 2-49　LEXIKON 80 打字机

图 2-50　"拉特拉22"型手提打字机

工业设计概论

20世纪50年代，许多设计师与特定的厂家结合，进行了工业与艺术富有生命力的联姻。1956年尼佐里为尼奇缝纫机公司设计的"米里拉"牌缝纫机，机身线条流畅、形态优美，是二战后意大利重建时期典型的工业设计产品。意大利的公司往往要求设计师采用新材料探索新形式。例如，1948年皮列利（Pirelli）公司要求扎努索[①]利用泡沫塑料设计新产品。设计成功后，该公司特为生产新产品成立了分公司。这就是意大利特有的"设计引导型生产方式"。

从20世纪60年代开始，塑料和先进的成型技术使意大利设计创造出了一种更富有个性和表现力的风格。大量低成本的塑料家具、灯具及其他消费品以其轻巧、透明和艳丽的色彩展示了新的风格。索特萨斯[②]是60年代以来意大利设计的明星。他也曾为奥利维蒂公司设计了大量的办公机器与办公家具。从60年代后期起，他的设计从严格的功能主义转变为更为人性化和更加的色彩斑斓。即使是一些严肃的办公机器，索特萨斯也把它们装扮得颇有情趣，与其他国家办公机器的冷峻与严肃形成鲜明对比。1969年他为奥利维蒂公司设计的"情人节"打字机（图2-51）就是如此，采用了大红的塑料机壳和提箱。

意大利的工业设计师设计了许多非常成功的汽车。平尼法里那（Pinfarina）设计公司曾设计了阿尔法·罗密欧、菲亚特、法拉利（图2-52）等诸多名车。意大利设计公司是由工业设计师乔治·阿罗（Giorgio Giugiaro，1938—）与工程师门托凡尼（Aldo Mantovani）共同创建的。他们也设计了许多成功的产品，包括大众"高尔夫"、菲亚特"潘达"、奥迪80、沙巴9000、BMW-MI等驰名世界的小汽车。不少车型都是为国外公司设计的，这标志着意大利设计已经走向世界，并开始引领世界潮流。

图2-51 "情人节"打字机

图2-52 法拉利赛车

3. 斯堪的纳维亚设计

二战后斯堪的纳维亚半岛有着独特的地理位置，悠久的民族文化。斯堪的纳维亚的设计组织实行了一种合作政策，展示出了全新的面貌。随着在1954年米兰三年一度的国际设计展览中的成功以及"斯堪的纳维亚设计"展览在北美洲22个城市的巡回展出，"斯

[①] 扎努索（Marco Zanuso，1916—2001），意大利现代设计学派的领头人，1939年毕业于米兰理工大学建筑系，1945年在米兰创办设计事务所，1946～1947年与罗杰斯（Ernesto Rogers）共同主编《多姆斯》杂志，1947～1949年主编《卡萨贝拉》（Casabella）杂志，他与庞蒂为推动意大利设计学派的形成和培养新一代设计师做出了杰出的贡献。

[②] 索特萨斯（Ettore Sottsass，1917—2007），意大利后现代主义产品设计的主要代表人物，"激进设计"领军人物，孟菲斯设计集团重要成员。他为奥利维蒂公司设计了一系列符号式的电器。

堪的纳维亚设计"的形象在国际广为流行。

斯堪的纳维亚设计是在功能主义的基础上，将现代工业设计的理性原则与其传统文化特征相融合，并结合自然环境与资源特色形成了经济、合理、大众化、富有人情味的独特风格。在斯堪的纳维亚设计中几何形式被柔化了，常常描述为"有机形"。

瑞典是北欧现代工业基础最雄厚的，也是最先发展工业设计的国家。在 20 世纪 30 年代末，瑞典的家具设计就已引起国际的普遍欣赏与关注。二战后，瑞典的汽车、家用电器及通信等现代产业迅速发展，出现了很多优秀的工业产品设计，例如，由著名设计师沙逊①为沙巴（Saab）公司设计的小汽车（图 2-53）。

图 2-53 "沙巴 92"型小汽车（沙逊）

丹麦的家具设计、建筑设计、工业设计、日用工艺品设计，无处不体现着独特的设计理念及周围环境对设计的影响。丹麦在缺乏资源的情况下，丹麦人从古代起就探索如何充分利用现有资源，寻求适合自己的生活方式。另外，北方恶劣的气候使丹麦人更加注重室内的舒适环境，讲究生活质量，对建筑、工业品、日用品的设计给予特别的关注。

丹麦的设计特点是朴素、简洁且实用，丹麦的设计师自豪地称这种设计风格为"不朽的设计"。它将材料、功能和造型融合在一起，形成平衡与协调的高度统一。丹麦设计以丹麦的文化、传统和生活方式为基础，在发展过程中注重与世界的交流并从其他文化中吸取创作的灵感。

二战后丹麦最重要的设计师之一是维纳（Hans Wegner，1914—2007），他是一位手艺高超的细木工，因而对家具的材料、质感、结构和工艺有深入的了解，这正是他成功的基础。维纳最有名的设计是 1949 年设计的一把扶手椅（图 2-54）。它使得维纳的设计走向世界，并成为丹麦家具的经典之作。维纳的设计极少有生硬的棱角，转角处一般都处理成圆滑的曲线给人以亲近之感。他从 1945 年起设计的系列"中国椅"（图 2-55）吸取了中国明代椅的一些设计特征。1947 年，他设计的"孔雀椅"（图 2-56），被放置在联合国大厦。

---

① 沙逊（Sixten Sason，1912—1967），瑞典工业设计师，Saab 早期汽车产品的设计者（从最初的 Saab 92 一直到极致创新的 Saab 99），他是新兴工业设计理念的著名倡导者。作为一名自由职业者，他也设计了第一台哈苏相机、胡斯克瓦那摩托车和伊莱克斯家电产品。

图 2-54　椅子（维纳）

图 2-55　中国椅（维纳）

图 2-56　孔雀椅（维纳）

　　雅各布森（Arne Jacobsen，1902—1971）是 20 世纪 50 年代另一位具有国际性影响的丹麦设计师。他在 50 年代设计了三种经典的椅子："蚁"椅、"天鹅"椅和"蛋"椅（图 2-57）。这三种椅子都是热压胶合板整体成型的，具有雕塑般的美感。

图 2-57　"蚁"椅、"天鹅"椅和"蛋"椅（雅各布森）

　　丹麦的灯具和玻璃器皿的设计也颇具国际声望，保罗·汉宁森（Poul Henningsen，1894—1967）设计的"PH"系列灯具（图 2-58），至今畅销不衰。"PH"灯具不仅是斯堪的纳维亚设计风格的典型代表，也体现了艺术设计的根本原则：科学技术与艺术的完美统一。汉宁森是第一位以照明的科学功能原理为基础进行灯具设计的设计师。他设计的灯具都有极高的美学价值，但这种质量来自对照明要求的科学分析，而不是附加的装饰。灯具可以是一件雕塑般的艺术品，但更重要的是它能提供一种无眩光的、舒适的光线，并营造出一种适当的氛围。

　　芬兰的现代设计起步较晚，但随着二战后芬兰工业的快速发展，其工业设计水平迅速提高，并出现了几位具有广泛国际影响的设计师。阿尔瓦·阿尔托（Alvar Aalto，1898—1976）是一名影响力深远的多产建筑师，同时也是一位设计天才。他最重要的作品，包括玛利亚别墅、珊纳特赛罗市政中心、麻省理工学院贝克宿舍以及"阿尔托花瓶"等（图 2-59 和图 2-60）。

图 2-58　PH 洋蓟吊灯

图 2-59　阿尔托花瓶

图 2-60　赫尔辛基芬兰大厦（阿尔托）

2.3.2　第二次世界大战后美国的工业设计

第二次世界大战后，世界工业设计中心从战前的欧洲转移到了美国，这在很大程度上归功于早年包豪斯的领袖人物格罗皮乌斯等到了美国，并把二战前欧洲的现代主义传播到了美国。另外，成立于 1929 年的美国纽约现代艺术博物馆也起了非常大的作用。

20 世纪 30 年代后期，现代艺术博物馆举办了几次"实用物品"展览，旨在向公众推荐实用的、批量生产的、精心设计的和价格合理的产品。这些实用物品被誉为"优良设计"。现代艺术博物馆工业设计部第一任主任，即著名工业设计师诺伊斯（Eliot Noyes，1910—1977）和他的继任者考夫曼（Edgar Kaufmann Jr.，1910—1989）都竭力推崇"优良设计"，而反对"商业性设计"。商业性设计是指把设计完全看作一种商业竞争的手段，设计改型不考虑产品的功能因素或内部结构，只追求视觉上的新奇与刺激。

20 世纪 40 年代，现代艺术博物馆举办了几次设计竞赛，以促进低成本家具、灯具、染织品、娱乐设施及其他用品的设计，并在现代技术基础上创造出一种自然形式的现代风格——以"优良设计"为特点的风格。这种风格具有简洁无装饰的形态，可以批量生产以获得合理的价格，并探索了新的塑料材料和黏结技术。特别是家具轻巧而移动方便，有时还具有多种功能，它以严格的人机工程学和功能主义原则取代了"流线型"的单纯商业目的。这种设计风格实质上反映了当时材料的匮乏和资金的限制，也适于战后住宅较小的生活空间。

这期间美国设计师将包豪斯的理论与 20 世纪的斯堪的纳维亚设计美学相结合，形成了

"有机现代主义"风格,创造出了许多有影响的作品,其中最有代表性的人物是伊姆斯(Charles Eames,1907—1978)和埃罗·沙里宁(Eero Saarinen,1910—1961)。

伊姆斯成功地进行了一系列新结构和新材料的试验:胶合板的成型技术、铸铝、玻璃纤维增强塑料、钢条、钢管等新材料的使用,产生了许多极富个性但又适于批量生产的设计(图2-61和图2-62)。他于1946年为米勒公司设计的餐椅,就是他早年研究胶合板的结果。椅子的坐垫及靠背模压成微妙的曲面,给人以舒适的支撑。1955年,他设计了椅面用塑料整体成型的可重叠椅。1958年,又设计了铸铝结构、发泡海绵作为面料的转椅。这些设计都产生了较大影响。

图2-61　餐椅(伊姆斯)　　　　图2-62　安乐椅和脚凳(伊姆斯)

沙里宁最著名的设计有"胎"椅(图2-63)及"郁金香"椅(图2-64)。"胎"椅采用玻璃纤维增强塑料模压成型,"郁金香"椅采用塑料和铝两种材料,平而圆的支撑对地面有保护作用。这两个设计都作为20世纪50～60年代"有机"设计的典范;这些形式是仔细考虑了生产技术和人体姿势才获得的,并不是故作离奇,它们的自由形式是其功能的产物,并与新材料、新技术联系在一起。

图2-63　"胎"椅(沙里宁)　　　　图2-64　"郁金香"椅(沙里宁)

但是由于资本主义社会要求把设计作为一种刺激高消费的手段,所以功能上好的设计往往是与"经济奇迹"背道而驰的。随着经济的发展,现代主义越来越受到资本主义商业规律的压力,到20世纪50年代现代主义不得不放弃先前一些激进的理想,使自己能与资本主义商品经济合拍。甚至格罗皮乌斯来到美国之后也修正了他在包豪斯时期的主张,更加强调设计的艺术性与象征性。

　　商业性设计的本质是形式主义的，它在设计中强调形式第一，功能第二。设计师为了促进商品销售，增加经济效益，不断花样翻新，以流行的时尚来博得消费者的青睐，但这种商业性设计有时是以牺牲部分使用功能为代价的。

　　工业设计师职业化是美国 20 世纪 20～30 年代激烈商品竞争的产物，所以工业设计一开始就带有浓厚的商业色彩。随着经济的繁荣，20 世纪 50 年代出现了消费的高潮，这进一步刺激了商业性设计的发展。在商品经济规律的支配下，现代主义的信条"形式追随功能"被"设计追随销售"所取代。

　　美国商业性设计的核心是"有计划的商品废止制"，即通过人为的方式使产品在较短时间内失效，从而迫使消费者不断地购买新产品。对于有计划的商品废止制有两种截然不同的观点，厄尔等认为这是对设计的最大鞭策，是经济发展的动力，并且在自己的设计活动中实际应用它；另一些人则认为有计划的商品废止制是社会资源的浪费和对消费者的不负责任，因而是不道德的。

　　美国汽车设计是商业性设计的最好体现。20 世纪 50 年代通用汽车公司、克莱斯勒公司和福特公司不断推出新奇、夸张的设计，以纯粹视觉化的手法来满足人们把汽车作为力量和地位标志的心理，反映美国人对于权力、流动和速度的向往，取得了巨大的商业成效。

　　有计划的商品废止制在汽车行业中得到了最彻底的实现，通过年度换型计划，设计师源源不断地推出只在造型上有变化，内部功能结构并无多大改变的新车型。例如，美国通用汽车公司的工业设计师厄尔的创造——给小汽车加上尾鳍，这种造型在 20 世纪 50 年代曾流行一时（图 2-65 和图 2-66）。

图 2-65　小汽车（克莱斯勒公司）　　　　图 2-66　Cadillac Eldorado 轿车（通用公司）

　　有计划的商品废止制随着经济的衰退、能源危机的出现而不得不终止。从 20 世纪 50 年代末起，美国商业性设计走向衰落，工业设计更加紧密地与行为学、经济学、生态学、人机工程学、材料科学及心理学等现代学科相结合，逐步形成了一门以科学为基础的独立完整的学科，并开始由产品设计扩展到企业的视觉识别计划。20 世纪 60 年代以来，美国工业设计师积极参与政府和国家的设计工作，同时向尖端科学领域发展，工业设计的地位达到了前所未有的高度，罗维的设计实践就说明了这一点。

　　罗维在二战后仍活跃于美国的设计界，并从 20 世纪 60 年代进入辉煌时期。他直接参与国家级的设计和咨询活动，为肯尼迪总统的座机"空军一号"（图 2-67）设计了标志、座舱等，并被肯尼迪总统委任为国家宇航局的设计顾问，从事有关宇宙飞船内部设计、宇航服设计及有关飞行心理方面的研究工作。另外，他也先后参加了阿波罗登月计划、太空实验室、航天飞机的设计。他的一生是美国工业设计开始和发展过程的一个缩影。

图 2-67　肯尼迪总统的座机"空军一号"

2.3.3　第二次世界大战后日本的工业设计

　　第一次世界大战前，日本将全部精力投注于扩张军备，国家、企业和民众的设计意识十分淡薄，第二次世界大战之后日本的工业和经济经历了恢复期（1945～1952 年）、成长期（1953～1960 年）和发展期（1961 年至今）三个阶段，其工业设计也经历了这三个阶段同步发展，使日本很快成为现代设计大国之一。

　　在恢复期，日本工业设计的发展首先是从学习和借鉴欧美设计开始的。日本设计界利用各种宣传手段介绍欧美文化和生活方式、美国工业产品设计，同时设计教育也开始兴办，日本千叶大学、艺术大学等院校相继成立了工业设计系。1951 年，日本政府邀请美国著名设计师罗维赴日讲授工业设计，这极大地促进了日本工业设计的进步。1952 年，日本工业设计协会成立，并举行了战后日本第一次工业设计展览——新日本工业设计展。这两件事是日本工业设计发展史上的里程碑。尽管恢复期日本的工业设计尚处于启蒙阶段，但许多产品仍是工程师设计的，比较粗糙，如索尼公司生产的技术上相当先进的"G"形磁带录音机看上去像台原型机，但它毕竟迈出了重要的一步。

　　在成长期，日本的经济与工业都在持续发展。日本电视台 1953 年开始播送电视节目，随之家庭电气化到来，各种家用电器迅速普及；摩托车从 1958 年开始流行；日本的汽车工业也在同期发展起来。科学与技术的新突破对工业设计提出了新要求，也促进了工业设计的发展。这个时期，日本的不少产品都具有明显的模仿痕迹。例如，本田公司 20 世纪 50 年代的摩托车（图 2-68）显然脱胎于意大利"维斯柏"轻型摩托车。日本早期的汽车也多是模仿国外流行的名牌车，主要的产品设计工作依然是由工程师完成。

图 2-68　本田摩托车

1957 年起，日本各大百货公司纷纷设立优秀设计之角，向市民普及工业设计知识。同年设立了 G-Mark 奖[①]，以奖励优秀的设计作品。1958 年日本政府在通产省内设立工业设计课，主管工业设计，积极扶持设计的发展。

从 1961 年起日本工业生产和经济进入了发展期，工业设计也得到了极大的发展，由模仿逐渐走向创造"日本风格"，从而成为居于世界领先地位的设计大国之一。

1973 年国际工业设计协会联合会在日本举行了一次展览，使日本设计师看到了布劳恩公司的产品。他们吸取了这些产品的风格特点，并且在新兴的电子产品设计中发展了一种高技术风格，即强调技术魅力的象征表现。在音响设计中，高技术风格尤其突出，许多音响产品采用全黑的外壳，面板上布满各种按钮和五颜六色的指示灯，看上去颇似科学仪器。

到 20 世纪 70 年代，日本形成了自己独特的设计方法，汽车、摩托车设计十分强调技术和生产因素，在国际上取得了很大成功。铃木牌摩托车、雅马哈牌摩托车、日产牌卡车、小汽车等，都是十分出色的作品。照相机是典型的日本产品，它几乎独占了国际业余用照相机的市场。由日本 GK 工业设计研究所于 1982 年设计的奥林巴斯 XA 型照相机是日本小型相机设计的代表作（图 2-69），其荣获了当年的 G-Mark 奖。这种照相机的设计目标是使相机适于装在口袋之中，而依然使用 135 胶卷。该设计以一个碗状的盖子在结构上完成了保护镜头的功能，赋予相机一个与众不同的形态。

与欧美的职业设计师不同，日本的大型公司多实行终身雇佣制，并且十分重视合作精神，设计成果被视为集体智慧的结晶，并以公司的名义推出。在日本的企业设计中，索尼公司作为典型代表而享誉国际设计界。索尼公司将设计与技术、科研的突破结合起来，用全新的产品创造市场，引导消费，而不是被动地去适应市场。索尼公司创造了很多第一：1955 年生产了日本第一台晶体管收音机，1958 年生产了第一种能放入衣袋中的小型收音机，1959 年生产了世界上第一台全半导体电视机……索尼的设计强调简练，体量上尽量小型化，而且在外观上也尽可能减少无谓的细节。1979 年开始生产的"随身听"放音机就是这一设计政策的典型，取得了极大的成功（图 2-70）。

图 2-69　奥林巴斯 XA 型照相机

图 2-70　索尼 Walkman TPS-L2 随身听

日本 GK 工业设计研究所是日本为数不多的优秀设计公司之一，其形成于 20 世纪 50 年代，由于多次在重要的设计竞赛中获奖，所以逐步实施了许多具体的设计项目，包括从产品

---

① G-Mark 奖，"Good Design Award"，创立于 1957 年，是日本国内唯一综合性的设计评价与推荐制度，通称为 G-Mark，中文称为日本优良设计大奖。

设计、产品规划、建筑与环境设计、平面设计等诸多领域（图 2-71 和图 2-72）。

图 2-71　包装设计（日本 GK 工业设计研究所）　　图 2-72　VI 设计（日本 GK 工业设计研究所）

　　日本不但在高技术产品的设计上取得很多成就，而且还是一个集传统与现代设计思维于一体的国家，日本的包装设计常采用简洁、单色图形表现日本的传统审美观（图 2-73），日本的建筑设计也常常体现出浓郁的民族风格（图 2-74）。这种高技术与传统文化的平衡正是日本现代设计的一个特色。

图 2-73　日本的包装设计　　　　　　图 2-74　日本东京代代木国立综合体育馆

2.4　后现代时期的工业设计

　　后现代时期的设计体现出了一种多元化的格局，形形色色的设计风格和流派此起彼伏，令人目不暇接，但大体可以分为两个主要的发展脉络：一个是以"后现代主义"为代表的、从形式上对抗现代主义的设计，如波普运动、反主流设计等；另一个则是从现代主义设计演变而来的，是对现代主义的补充与丰富，如新理性主义、高技术风格和解构主义。

2.4.1　波普风格

　　波普（Pop）一词来源于英语的"大众化"（Popular），波普风格又称流行风格。波普设计运动实质是一场反现代主义设计传统的运动，它代表着 20 世纪 60 年代工业设计追求形式上的异化及娱乐化的表现主义倾向，在轻松的形式中蕴含着讽刺性和批判性。波普运动起源于英国，并以英国为中心延伸到美国、德国、意大利等许多国家和地区。

波普风格并不是一种单纯的、一致性的风格，而是多种风格的混杂。波普风格在不同国家有不同的形式，如美国电话公司就采用了美国最流行的米老鼠形象来设计电话机。意大利的波普设计则表现为违反主流设计，含有反叛现代主义、国际主义等主流设计之意，体现出软雕塑的特点，家具的设计在体型上含混不清，并通过视觉上与其他物品的联想来强调其非功能性，如把沙发设计成嘴唇状（图 2-75），或者做成一只大手套的样式（图 2-76）。到 20 世纪 60 年代末，英国波普设计走向了形式主义的极端。例如，琼斯（Allen Jones，1937—）在 1969 年设计的衣帽架、茶几和椅子。

图 2-75　意大利的波普设计（一）

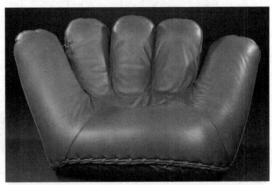

图 2-76　意大利的波普设计（二）

"波普"基本上是一场自发的运动，其本质是形式主义的，追求新颖、奇异的宗旨，缺乏坚实的基础，因而昙花一现便销声匿迹了。但是波普设计的影响是广泛的，特别是在利用色彩和表现形式方面为设计领域吹进了一股新鲜空气，并对后现代主义产生了重要影响。

2.4.2　高技术风格

20 世纪 50 年代末以来，以电子工业为代表的高科技迅速发展，并影响了整个社会生产的发展以及人们的思想、意识和审美观念。"高技术"风格正是在这种社会背景下产生的，是当代社会人们对科学技术赞赏与崇尚之情的反映。

"高技术"风格是一种运用当代技术的形式特点，充分肯定科学技术之美并凸现工业化象征内容的设计风格。它将现代主义设计中的技术成分加以提炼、夸张，使其形成象征性的符号效果，从而获得美学价值，这就是高技术风格的核心内容。

"高技术"风格也最先在建筑学中得到充分的发挥，并对工业设计产生重大影响。英国建筑师皮阿诺[①]和罗杰斯[②]于 1976 年在巴黎设计建成的乔治·蓬皮杜国家艺术文化中心是"高技

---

① 皮阿诺（Reuzo Piano，1937—），意大利当代著名建筑师。1998 年第二十届普利兹克奖得主。因对热那亚古城保护的贡献，他也获选联合国教育、科学及文化组织亲善大使。1977 年，他与理查德·罗杰斯共同设计了巴黎的乔治·蓬皮杜国家艺术文化中心。

② 罗杰斯（Riched Rogers，1933—），英国建筑师。代表作有著名的"千年穹顶"，与福斯特合作设计的香港汇丰银行和与意大利建筑师皮阿诺共同设计的乔治·蓬皮杜国家艺术文化中心等。

术"风格的代表作。乔治·蓬皮杜国家艺术文化中心的大楼不仅直率地表现了结构，而且连设备也全部暴露了。面向街道的东立面上挂满了五颜六色的各种"管道"，红色的为交通通道，绿色的为供水系统，蓝色的为空调系统，黄色的为供电系统。面向广场的西立面是几条有机玻璃的巨龙，一条由底层蜿蜒而上的是自动扶梯，几条水平方向的是外走廊（图2-77）。

一些设计师在室内设计、家具设计、家用电器上也采用了"高技术"风格，德国设计大师理查德·萨帕（Richard Sapper）设计的Tizio台灯就是典型的例子（图2-78），该设计获得了1979年金圆规奖①，它以冷峻的色彩、高技术的造型语言呈现出一种理性、优雅的气质面貌。

图2-77 乔治·蓬皮杜国家艺术文化中心的西立面　　　图2-78 Tizio台灯

"高技术"风格在20世纪80年代初逐渐走向衰落，更富有表现力和更有趣味的设计语言取代了纯技术体现，"高技术"与"高情趣"结合了起来。

2.4.3 理性主义与"无名性"设计

理性主义实际上是现代主义的延续和发展，但它与早期现代主义不同，它关注的核心问题并非艺术与技术的结合，而是更加注重设计中的技术因素，更加注重用设计科学来指导设计，从而减少设计中的主观意识。理性主义强调设计是一项集体的活动，强调对设计过程的理性分析，而不追求任何表面的个人风格，因而体现出一种"无名性"的设计特征。

技术越来越复杂，这决定了需要由多学科专家组成的设计队伍来共同完成产品的设计。飞利浦、索尼、布劳恩等大公司都建立了自己的设计部门，设计一般都是按一定程序以集体合作的形式完成的，设计的最终成果体现了集体的智慧，而不是个人风格。此外，20世纪80年代以来，许多企业开始希望通过设计树立企业形象，这就要求企业的产品必须体现出一贯的特色。即使聘请自由设计师设计的产品也必须纳入公司设计管理的框架之内，以保持设计的连续性，这些都推动了理性主义和"无名性"设计的发展，并且成为80～90年代工业设计发展的主流方向，至今仍具有影响。

在办公机器设计上"无名性"最为明显，无论是复印机（图2-79和图2-80）还是计算机，

---

① 意大利金圆规奖（Compasso d'Oro），为了鼓励扶植优秀工业设计，由意大利米兰的著名拉里纳契纳（La Rinascente）百货公司1945年设立。现今每年由工业设计协会（ADI）评定，以奖励每年有创意、有技术突破的产品设计，成为设计界最高荣誉指标。

造型上都十分稳健，没有任何夸张的成分以体现设计师的个性风格，因而使同类产品在造型上彼此雷同，若非内行，很难从外观造型上判别出生产厂家。

图 2-79　夏普复印机

图 2-80　理光复印机

2.4.4　后现代主义

后现代主义是 20 世纪 60 年代出现于欧美国家的一种反叛现代主义的文化思潮，它的影响首先体现于建筑界，然后迅速波及其他设计领域。现代主义在战后发展为国际主义风格，形式简单、强调功能、高度理性化、系统化的特点更为明显。后现代主义则主张用装饰的手法来丰富产品的视觉效果，提倡关照人的心理需求，注重社会历史的文脉关系，大量使用符号语义，为设计注入了幽默、人性化的成分。

1977 年，美国建筑评论家詹克斯（Charles Jencks，1939—2019）在他的《后现代建筑的语言》一书中明确地提出了后现代的概念，使"后现代主义"这一名词成为国际通用的术语，并为后现代主义奠定了理论基础。另一位后现代主义理论的奠基人斯特恩（Robert Stern，1939—）把后现代主义的主要特征归结为文脉主义、引喻主义和装饰主义。

后现代主义时期的许多设计师既从事建筑设计，也担任产品设计工作，例如，美国著名建筑家罗伯特·文丘里（Robert Venturi，1925—2018）、迈克尔·格雷夫斯（Michael Graves，1934—2015），他们设计了许多经典的后现代主义风格的建筑、家具及日用产品（图 2-81 和图 2-82）。

图 2-81　文丘里住宅（罗伯特·文丘里）

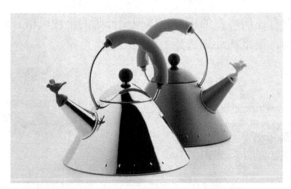

图 2-82　自鸣式水壶（迈克尔·格雷夫斯）

　　成立于 1980 年的意大利"孟菲斯"设计师集团是后现代主义设计运动中最有影响的组织。由著名设计师索特萨斯和 7 名年轻设计师组成。它开创了一种无视一切模式的开放性设计思想。孟菲斯强调设计的个性化和丰富的文化内涵，表达了从天真滑稽直到怪诞、离奇等不同的情趣，喜欢用一些明快、风趣、彩度高的明亮色调，其风趣、诙谐的风格令 20 世纪 80 年代的新潮一族为之倾倒。1981 年索特萨斯设计的一件博古架（图 2-83）是孟菲斯的经典作品。

图 2-83　博古架（索特萨斯）

2.4.5　解构主义

　　20 世纪 80 年代，随着后现代主义的日渐式微，出现了一种激进的设计风格和设计方法——解构主义设计。解构主义是对正统原则、正统秩序的批判与否定，它不仅否定了和谐、统一等传统美学原则，而且对现代主义的重要组成部分——构成主义提出了挑战。尽管不少解构主义的设计貌似零乱，但并不是随心所欲的设计，它们都必须考虑到结构因素的可能性和功能要求。从这个意义上说，解构主义不过是另一种形式的构成主义。

　　盖里（Frank Owen Gehry，1929—）是解构主义最具影响力的建筑师，他在 20 世纪 90 年代末完成的毕尔巴鄂古根海姆博物馆（图 2-84）引起了很大的轰动。他的设计手法似乎是将建筑的整体肢解，然后重新组合，形成不完整，甚至支离破碎的空间造型。这种破碎产生了一种新的形式，具有更加丰富，也更为独特的表现力。德国设计师英戈·莫瑞尔（Ingo Maurer，

1932—）设计的一盏名为波卡·米塞里亚的吊灯，以瓷器爆炸的慢动作影片为蓝本，也是解构主义的经典作品（图 2-85）

图 2-84 毕尔巴鄂古根海姆博物馆

图 2-85 波卡·米塞里亚吊灯

2.5 走向未来的工业设计

21 世纪初，人类社会迎来了第四次工业革命，这是继蒸汽技术革命（第一次工业革命）、电力技术革命（第二次工业革命）、计算机及信息技术革命（第三次工业革命）的又一次科技革命。新科技革命将通信的数字技术与软件、传感器和纳米技术结合起来，以石墨烯、基因、虚拟现实、量子信息技术、可控核聚变、清洁能源以及生物技术为技术突破口的工业革命。这些新技术正在从根本上改变人们的社会经济生活，也带动了工业设计的进步和发展。

2.5.1 计算机与工业设计

计算机及网络技术的发展给设计带来了巨大的冲击和挑战。一方面，计算机的应用极大地改变了设计的技术手段和设计的程序与方法。另一方面，又开辟了设计的崭新领域。

计算机辅助工业设计广泛应用于工业设计的各个领域。设计的方式发生了根本性的变化，也大大提高了设计的效率。基于计算机的三维建模、快速原型技术代替了各种设计图的绘制和油泥模型。基于网络技术的并行结构的设计系统，使不同专业的人员能及时相互反馈信息，从而缩短开发周期，并保证设计、制造的高质量。

新兴的信息产业开始取代钢铁、汽车、石油化工、机械等传统产业，工业设计的主要方向也开始了战略性的转移，开始转向以计算机为代表的高新技术产品和服务，在将高新技术商品化、人性化的过程中起到了极其重要的作用，并产生了许多经典性的作品。

美国苹果公司在世界上最先推出了塑料机壳的一体化个人计算机，而且采用连贯的工业设计语言不断推出令人耳目一新的计算机，如著名的苹果Ⅱ型机、Mac 系列机、牛顿掌上电脑、Powerbook 笔记本电脑、eMate 学生电脑等，这些努力使计算机成为一种非常人机的工具。1998 年苹果公司推出了全新的 iMac 计算机，其采用了半透明糖果色塑料机壳，造型雅致而又略带童趣，完全打破了先前个人计算机严谨的造型和乳白色调的传统，高技术、高情趣在这里得到了完美的体现。在 iMac 计算机的基础上，苹果又相继推出了新 iMac、ibook 笔记本电脑和 G3、G4、G5 等专业型计算机，对 IT 产业产生了很大的冲击，使更多的企业看到了工业设计的巨大能量。

美国是最早进入信息时代的国家，从 20 世纪 80 年代末开始，一批新型的独立设计事务所紧紧把握住了信息时代的脉搏，设计业务迅速扩展，在工业界建立了良好的声誉，如 ZIBA、IDEO、Smart Design、Design Logic、Lunar Design 等。另外，还有原本是欧洲著名的青蛙设计公司和费奇（Fitch）设计公司。它们向企业提供更加全面的服务：产品的外形设计和工程设计、市场研究、消费者调查、人机学研究、公关策划等诸方面的服务，大大地扩大了工业设计的应用范围。

高技术产品，包括计算机、现代办公设备、医疗设备、通信设备等成为工业设计的主要领域。工业设计在使高科技人性化、商品化的过程中起到了重要的桥梁作用。正是设计师的努力，使先前令人望而生畏的高技术成为人们日常工作和生活不可缺少的伙伴。

德国的青蛙设计公司以其富有情趣的前卫设计代表了欧洲充满人文和艺术情调的设计风格。该公司的业务遍及世界各地，设计范围也非常广泛，但 20 世纪 90 年代以来该公司最重要的领域是计算机及相关的电子产品，并取得了极大的成功。青蛙设计公司的设计理念是"形式追随激情"，因此青蛙设计公司的许多设计都有一种欢快、幽默的情调。图 2-86 给出了青蛙设计公司设计的一款儿童鼠标器，其外形诙谐有趣，逗人喜爱。青蛙设计公司通过自己的实践成功地诠释了信息时代的设计意义，大大提高了工业设计职业的社会地位。

图 2-86 儿童鼠标器（青蛙设计公司）

荷兰的飞利浦公司、意大利的奥利维蒂公司、德国的西门子和 AEG 公司、瑞典的爱立信公司、芬兰的诺基亚公司都在高科技产品的开发与设计方面成就不凡。日本的消费类电子产品在国际上有很强的竞争力。

2.5.2　绿色设计

绿色设计（Green Design）又称生态设计、环境意识设计，是 20 世纪 90 年代兴起的一股国际设计思潮，反映了人们对于现代科技所引起的生态破坏的反思，体现了设计师道德和社会责任心的回归。青藏铁路穿越了可可西里、三江源、羌塘等中国国家级自然保护区，因地处世界"第三极"青藏高原，生态环境敏感而脆弱。对此，青藏铁路从设计、施工建设到运营维护，始终秉持"绿色设计、环保先行"的理念，例如，为保障藏羚羊等野生动物的生存环境，铁路全线建立了 33 个野生动物专用通道；为保护湿地，在高寒地带建成世界上首个人造湿地；为保护沿线景观，实现地面和列车的"污物零排放"；为改善沿线生态环境，打造出一条千里"绿色长廊"。这些独具特色的环保设计和建设运营理念，也使青藏铁路成为中国第一条"环保铁路"。

今天，如果没有充分重视绿色设计理念，就无法对任何一件工业设计作品做出正确的评价，绿色设计已成为当今设计发展的主导方向之一（关于绿色设计的详细叙述，详见本书第5章）。

2.5.3　工业设计的发展趋势

随着科学技术的进步，工业设计的内容与方式、设计的观念都在不断地变革。制造方式的柔性化使得小批量生产成为可能，设计向着个性化、多元化、小批量的方向发展。社会的进步和人们生活水平的提高，使人们对一个产品的要求不仅仅满足于其使用价值，设计满足人的生理、心理需求被提高到新的层次，"人性化"设计得到广泛的倡导；计算机及其网络技术的普及使得产品显示出更多的数字特征，产品智能化的程度越来越高，智能化设计成为一种趋势；信息化也扩大了设计的领域，出现了网络设计、界面设计、虚拟现实设计、数字媒体设计、数字娱乐设计、三维数字动画设计等新的设计领域；以信息设计为主的设计，是基于服务的设计，而并非基于物质的设计，出现了"非物质设计"的概念。

工业设计的发展历史形象地反映了人类文明的演进，工业设计的未来发展趋势也必定不会脱离社会、经济、文化及科学技术的发展。

设计创造市场，是这一飞速发展时代的必然，是经济发展的大趋势。无论是一个企业，还是一个国家，忽视设计，必然失去市场。

2.6　我国工业设计的发展及现状

我国探索自主创新之路方兴未艾，工业设计必将成为创新之路上的重要力量。数百年的工业文明发展已经证明，工业设计的蓬勃兴起，是创造自主品牌的必由之路，也是创新品牌的一条有效且便捷的途径。

2.6.1　工业设计的引入与认识

改革开放后，国门重新打开，中国工业化和现代化进程迅速推进，作为提升企业核心竞争力的工业设计进入了大众消费市场，并得到了长足的发展。20 世纪 90 年代以后，中国开始逐步融入信息社会的巨型网络中，工业设计在后工业时代的特点在中国更是曙光初现。

20 世纪 70 年代末 80 年代初，工业设计概念开始从国外引入中国。90 年代，工业设计逐渐被重视，尤其是加入世界贸易组织（World Trade Organization，WTO）之后，中国企业又面临着国际的激烈竞争和知识产权保护，迫使企业不得不放弃一味模仿，开始自主创新。

同时，工业设计也越来越受到政府部门的重视。2007 年 2 月 12 日，时任中国工业设计协会理事长的朱焘向温家宝总理呈送了《关于我国应大力发展工业设计的建议》，2 月 13 日温总理在《建议》上批示："要高度重视工业设计"。可见，工业设计在中国的认可程度逐步提高，创新在各个领域已凸现，且成必然趋势。

2.6.2 制造业创新与工业设计发展

制造业设计能力是制造业创新能力的重要组成部分。提升制造业设计能力，能够为产品植入更高品质、更加绿色、更可持续的设计理念；能够综合应用新材料、新技术、新工艺、新模式，促进科技成果转化应用；能够推动集成创新和原始创新，助力解决制造业短板领域设计问题。

20 世纪 80 年代初，工业设计思想导入中国，1957 年成立了全国工业美术协会，后为与国际接轨更名为中国工业设计协会。

在整个 20 世纪 80 年代，中国市场尚未出现"供大于求"的局面，制造业缺乏高度竞争的生存压力，政府忙于铺垫规模化经济格局。数十年经济发展的滞后造成中国制造业重新起飞时的低起点，注定了中国企业在产品开发上无法绕过对西方产品"模仿"的过程。这种模仿虽然在启动制造业运转的初期阶段产生过积极效用，但随着时间的推移和中国市场格局的变化，其巨大的负面作用到了 90 年代日益显露出来。多年的模仿必然表现为漠视并排斥自身设计力量的成长。这种形势下对工业设计的倡导更多地带有"超现实"的色彩。工业设计总体上无法从实践上取得突破，客观原因是企业和社会还没有切身体会到真正的市场竞争与完善的法制社会规范下，现代企业在技术创新与产品开发问题上必须采取的战略重要性，更不可能像发达国家那样，把工业设计视作企业长期发展的生命线。

在理论导向上，设计理论家对中国社会结构、大众价值理念、企业架构知之甚少，使工业设计思想在中国的导入，肤浅为纯粹的理论说教，弱化了其解决现实问题的价值，夸大了其塑造未来的幻想作用，赋予了太多的理想色彩。客观上也延误了企业对工业设计经济价值的尽早认知。周而复始地清谈必然日益乏味，连设计界本身也逐渐失去了兴趣。到 20 世纪 90 年代初，80 年代中后期那种繁荣的空洞理论研讨景象就日渐式微了。

20 世纪 80 年代末，以广州为核心的珠江三角洲地区的部分企业家最先感悟"设计"的价值，尝试将其作为竞争手段引入自己的企业，拉开了国内工业设计发展由理论融入实践的序幕，珠江三角洲地区成为工业设计师最早的实验场。迄今为止，这里仍旧是国内聚集工业设计实体机构最多、职业设计师最多和实践机会最多的地区。

20 世纪 90 年代，中国以廉价的劳动力和巨大的消费市场的优势，迅速发展成为"世界工厂"，国外企业纷纷在华设立分支机构。伴随着各大企业在中国市场的丰厚利润和广阔前景，诺基亚、摩托罗拉、索尼、通用等许多跨国公司都陆续在中国设立了设计研发部门，并组建了实力较强的本土化设计团队。外企的中国研发中心，有效地解决了自身企业的本土化设计问题，同时这些相对前沿的设计中心，也一定程度上带动了中国的设计公司和设计团队的发展。

虽然最初的实体创建是由高校与企业合作开始的，但是在随后近十年进程中，完全由职业设计师创办和组成的合作经营、私营体制的设计公司则逐渐成为主角。少数企业在危机面前开始认知工业设计的价值，表现出对创新的需求。同时，政府对私营及各种形式的经济实体政策的日益宽松，客观上也为职业设计师走上实践舞台提供了基本社会条件。

随着中国加入世界贸易组织，工业设计迎来了一个转折点。当绝大多数设计水准较高的国外产品以减免关税后的较低售价进入中国市场时，靠产品设计、先进技术、优良品质竞争的新时期也就到来了。能否具备独立自主的创新设计能力则成为衡量企业竞争实力的第一条件。

进入 21 世纪以来，珠江三角洲地区部分家用电器、电子产品生产龙头企业，在创新开发工作中开始有工业设计师参与，其电视机、空调器、洗衣机、电风扇、燃气热水器、抽油烟机、消毒碗柜、电饭锅、组合音响、VCD 机等目前大众消费的主流产品，已基本摆脱以往对海外产品的模仿。在少数组建工业设计中心的企业内部和有一定影响的职业设计师周围，已聚集起大小不等的设计队伍，产生了少则数十件、多则上百件以批量化生产方式进入市场的新产品设计。

海尔、联想、华旗等一批重视工业设计的企业取得了卓有成效的业绩，北京、上海、广州、深圳、青岛、无锡、东莞、宁波等城市的工业设计活动较多并把工业设计列入国民经济发展的重要产业。然而，从设计行业各领域发展的横向比较来看，工业设计还远远滞后于广告设计、CI 设计、环境艺术设计。

近年来，设计创新有力地促进了制造业转型升级，也带动了设计自身从理念到方法，以及实现方式等方面的持续进步，信息革命的每一秒都令我们激动不已，与互联网同时改变世界的就是工业设计——站在未来定义现在的全新力量。以设计创造产业发展价值，以设计培育产业新兴活力，以设计驱动升级动能，以设计的力量构建产业未来格局，这是新的商业文明和企业家精神。设计驱动创新与技术驱动创新、市场驱动创新共同成为重塑动能的三种力量，并在最近 10 年引发了全球范围内的设计竞争。

在我国，国家高度重视创新驱动，工业设计成为重要的创新战略，在高端装备、消费升级、生态环境、乡村振兴、脱贫攻坚等各方面发挥重要作用。全国工业设计专业公司超过 10000 家，有 8000 多个企业设立了企业工业设计中心，工业和信息化部设立了国家工业设计奖并已认定了 171 家国家级工业设计中心，全国有 860 多所高等院校设立了工业设计相关专业，"十三五"规划明确部署成立"国家工业设计研究院"。

时代的车轮改变了社会经济应有的资源配置和运行规律，工业设计由原来的设计服务快速向创新产业转变，工业设计创新链、供应链、产业链在全球范围日渐成熟，创新动能不断喷涌，一个崭新的产业蕴变完成。"设计产业"出现在世人面前，不断创造着奇迹，更为这个世界带来持续的美好和未来。

本 章 小 结

工业设计是在批量生产的现代化大工业和激烈的市场竞争的条件下产生的，它伴随着工业革命的爆发而萌芽，又随着工业文明的发展而逐步确立并走向成熟。通过对形形色色的工业产品的设计以及围绕产品进行的视觉传达设计和环境设计，工业设计对现代社会的人类生活产生了巨大的影响，提高了人们的生活水平，也必将在社会生活的各个方面发挥更大的作用。

第3章 工业设计与文化

①理解文化的概念和特点；

②熟悉企业文化包含的内容，了解具有企业文化的产品特征；

③理解工业设计与文化的关系，明确工业设计的文化生成作用。

文化是一个非常广泛的概念，给它下一个严格和精确的定义是一件非常困难的事情。不少哲学家、社会学家、人类学家、历史学家和语言学家一直努力，试图从各自学科的角度来界定文化的概念。然而，迄今为止仍没有获得一个公认的、令人满意的定义。笼统地说，文化是一种社会现象，是人们长期创造形成的产物，同时又是一种历史现象，是社会历史的积淀物。确切地说，文化是凝结在物质之中又游离于物质之外的，能够被传承的国家或民族的历史、地理、风土人情、传统习俗、生活方式、文学艺术、行为规范、思维方式、价值观念等，是人类之间进行交流的普遍认可的一种能够传承的意识形态。

一部人类的文化史，无论哪个地方和民族，都是从制造生产工具和生活用品开始的。随着生产力的发展，人类的物质丰富了，文化的内涵就由简而繁、由单一到多样，文化的概念也随着时代的进步而被赋予越来越复杂的内涵。文化诞生于人类最初的"造物"活动之中，可以称为"造物文化"。文化的精髓表现在创造物上，形成的是共同的风格和形态。工业设计也是人类创造的物化形态，它已经成为一种综合艺术语言。作为人类造物活动的延续和发展，同样是一种文化。在技术手段上，它拥有以往任何一个时代都无可比拟的现代工业文明；在审美精神上，它又是不断传承的人类创造力和文化传统的延伸与发展。于是，工业设计将人类完善制造产品的劳动从个体性的劳动转变为专业化的社会性劳动，转变为运用社会的宏观力量控制和优化人类生活与生存环境的浩大工程。这意味着，人类已觉悟到，并有意识地运用现代工业技术和艺术手段去拓展文化生活中的精神空间，以求得人类自身的不断完善。

3.1 文化的内涵

3.1.1 文化的概念

广义的文化指的是人类社会在漫长的发展过程中所创造的物质财富和精神财富的总和。

它包括物质文化、制度文化和心理文化三个方面。物质文化是指人类创造的种种物质文明，包括交通工具、服饰、日常用品等，是一种可见的显性文化；制度文化和心理文化分别指生活制度、家庭制度、社会制度以及思维方式、宗教信仰、审美情趣等，它们属于不可见的隐性文化，包括文学、哲学、政治等方面内容。

广义的文化，着眼于人类与一般动物、人类社会与自然界的本质区别，着眼于人类卓立于自然的独特的生存方式，其涵盖面非常广泛，所以又称为大文化。随着人类科学技术的发展，人类认识世界的方法和观点也在发生着根本改变。

狭义的文化指的是社会的意识形态以及与之相适应的制度和组织机构。如我们所讲的服饰文化、饮食文化、武侠文化、道家文化、伦理道德等，以及在这些范畴中形成并世代流传的风俗习惯、价值观念、行为规范、处世态度、生活方式、伦理道德观念、信仰等。

狭义的文化排除了人类社会中关于物质创造活动及其结果的部分，专注于精神创造活动及其结果，所以又称为"小文化"。

3.1.2　文化的主要特征

简单来说，文化具有以下主要特性。

（1）普同性。文化的普同性表现为社会实践活动中普同的文化形式，其特点是各个不同民族的意识和行为具有共同的、同一的样式。世界文化的崇高理想自古以来一直使文化有可能超越边界和国界。文化的诸多领域，如哲学、道德、文学、艺术和教育等不但包含阶级的内容，而且包含全人类的、普同的原则。这些原则促成各国人民的相互接近，各民族文化的相互融合。目前，高新技术迅速普及，经济全球化进程加快，各民族生活方式的差距逐渐缩小，各地域独一无二的文化特征正在慢慢消融，民族特点正在淡化，整个世界文化更加趋向普同。

（2）多样性。不同的自然、历史和社会条件，形成了不同的文化种类和文化模式，使得世界文化从整体上呈现出多样性的特征。各民族文化各具特色，相互之间不可替代，它们都是全人类的共同财富。任何一个民族，即使是人数最少的民族，其文化成果如果遭到破坏都会是整个人类文化的损失。

（3）民族性。文化总是根植于民族之中，与民族的发展相伴相生。一个民族有一个民族的文化，不同民族有不同的民族文化。民族文化是民族的表现形式之一，是各民族在长期历史发展过程中自然创造和发展起来的，具有本民族特色的文化。民族文化就其内涵而言是极其丰富的，就其形式而言是多姿多彩的。常常是民族的社会生产力水平越高，历史越长，其文化内涵就越丰富，文化精神就越强烈，因而其民族性也就越突出、越鲜明。例如，美国十分强调个人的重要性，是一个高度个人主义的国家。于是，美国也是一个高度实用主义的国家，强调利润、组织效率和生产效率。它重视民主领导方式，倾向于集体决策与参与。它对风险具有高度的承受性，具有低程度的不确定性的规避倾向。日本文化则具有深厚的东方文化色彩，具有群体至上和整体献身的忘我精神。它注重人际关系，有强烈的家庭意识和等级观念。日本文化还具有对优秀文化兼收并蓄的包容能力和强烈的理性精神。英国文化的典型特征是经验的、现实主义的，法国文化则是崇尚理性的，由此导致英国人重视经验，保持传统，讲求实际，法国人喜欢能够象征人的个性、风格和反映人精神意念上的东西。

（4）继承性。人类生息繁衍，向前发展，文化也连绵不断，世代相传。继承性是文化的基础，如果没有继承性，也就没有文化可言。在文化的历史发展进程中，每一个新的阶段在否定前一个阶段的同时，必须吸收它的所有进步内容，以及人类此前所取得的全部优秀成果。

（5）发展性。文化就其本质而言是不断发展变化的。19世纪的进化论人类学者认为，人类文化是由低级向高级、由简单到复杂不断进化的。从早期的茹毛饮血，到今天的时尚生活，从早期的刀耕火种，到今天的自动化、信息化，这些都是文化发展的结果。没有文化的发展，人类至今还是猿猴的堂兄弟，也就没有现代社会和现代文明。以马林诺夫斯基[①]为代表的功能学派认为，文化过程就是文化变迁。文化变迁是现存的社会秩序，包括组织、信仰、知识以及工具和消费者的目的，或多或少地发生改变的过程。总体来说，文化稳定是相对的，变化发展是绝对的。

（6）时代性。在人类发展的历史进程中，每一个时代都有自己典型的文化类型。例如，以生产力和科技水平为标志的石器时代的文化、青铜器时代的文化、铁器时代的文化、蒸汽机时代的文化、电力时代的文化和信息时代的文化。又如，作为文化的有机组成部分，赋、诗、词、曲分别成为我国汉、唐、宋、元各朝最具代表性的文学样式。时代的更迭必然导致文化类型的变异，新的类型取代旧的类型。但这并不否定文化的继承性，也并不意味着作为完整体系的文化发展的断裂。相反，人类演进的每一个新时代，都必须继承前人优秀的文化成果，将其纳入自己的社会体系，同时又创造出新的文化类型，作为这个时代的标志性特征。

3.1.3　社会文化

文化属于历史的范畴，每一社会都有和自己社会形态相适应的社会文化，并随着社会物质生产的发展变化而不断演变。作为观念形态的社会文化，都是一定社会经济和政治的反映，并又给社会的经济、政治等各方面以巨大的影响作用。在阶级社会里，观念形态的文化有着阶级性。随着民族的产生和发展，文化又具有民族性，形成传统的民族文化。社会物质生产发展的历史延续性，决定着社会文化的历史连续性。社会文化就是随着社会的发展，通过社会文化自身的不断扬弃来获得发展的。

社会文化体现着一个国家或地区的社会文明程度。社会文化包括价值观、宗教信仰、民族传统、审美观等社会所公认的各种行为规范。

（1）价值观。价值观，是人们基于某种功利性或道义性的追求而对人们（个人、组织）本身的存在、行为和行为结果进行评价的基本观点。可以说，人生就是为了价值的追求，价值观决定着人生追求行为。价值观不是人们在一时一事上的体现，而是在长期实践活动中形成的关于价值的观念体系。不同国家、不同民族和宗教信仰的人，在价值观上有明显的差异，消费者对商品的需求和购买行为深受价值观的影响。

美国人喜欢标新立异，爱冒险，因此对新产品、新事物愿意去尝试，对不同国家的产品也抱着开放的心态；而日本民族相对保守持重，甚至许多年长者认为购买外国货就是不爱国。在时间观念上，发达国家往往比某些发展中国家更具有时间意识，"时间即金钱"，因此快餐食品、速溶饮料、半成品食品往往在发达国家受到欢迎。

（2）宗教信仰。宗教属于文化中深层的东西。对于人的信仰、价值观和生活方式的形成有深刻影响。宗教上的禁忌制约着人们的消费选择，企业必须了解市场上喜欢什么，忌讳什

---

① 马林诺夫斯基（Bronislaw Malinowski，1884—1942），英国著名社会人类学家，现代人类学的奠基人之一，倡导以功能论的思想和方法论从事文化的研究，著有《文化论》，讲述功能派的文化理论。

么，如果能迎合需要，就能占领市场，否则会触犯宗教禁忌，失去市场。

许多企业根据宗教习俗发展的需要，制造出适应这些需要的畅销产品，受到人们的欢迎并取得了极大的成功。

（3）民族传统。民族传统是指一个国家或整个民族的文化传统和风俗习惯，对人们的消费嗜好、消费方式起着决定性作用。消费者对图案、颜色、花卉、动物、食品等的偏好常常制约着其对产品的选择，由此在不同国家销售产品、设计品种及其图案、选择促销工具等都要充分考虑该国特殊的风俗习惯。中国人有赏菊之好，认为荷花出淤泥而不染，梅花高洁，而意大利人却认为菊花是不祥之兆，日本人忌讳荷花和梅花。

（4）审美观。人们在市场上挑选、购买商品的过程，实际上也就是一次审美活动。近年来，我国人民的审美观念随着物质水平的提高发生了以下变化：一是追求健康的美、体现在对体育用品和运动服装的需求消费呈上升趋势；二是追求形式的美，服装市场的异军突起，不仅美化了人们的生活，更重要的是迎合了消费者的求美心愿；三是追求环境美，消费者对环境的美感体验，在购买活动中表现得最为明显。

设计的核心是人，所有的设计其实都是围绕着人的需要展开的。设计承载了对人类精神和心灵慰藉的重任。产品是反映物质功能及精神追求的各种文化要素的总和，是产品价值、使用价值和文化附加值的统一。随着知识经济时代的到来，文化与企业、文化与社会经济的互动关系愈益密切，文化的力量愈益突出。

文化对于设计的影响是广泛而深远的，既有物质的，也有精神的。文艺思潮、历史政治、地理环境、风俗习惯、个人修养的不同，都会使设计的形式和风格产生重大的差异。生活在一定时间和空间范围之内的设计师总是力求通过设计来体现和引导大众的需求与价值观念，从而使自己成为社会生活的一部分。文化上的差异也会导致社会对于设计评判标准的相对不同，从而使设计风格、设计思想之间产生差别。

例如，古希腊的神话是古希腊艺术的土壤。其建筑的样式是对人体的崇拜和模仿，以及对严密模数关系的追求，不仅反映出古希腊神话的平民人本主义世界观及其重要美学观念——"人体是最美的东西"，也反映出其受自然科学和相应理性思维影响的美学观念。设计往往能够反映出特定民族的精神特质，从精致考究的奔驰车、宝马车，可以看到德国人严谨正统的精神和对工艺、技术的完美追求；法国雷诺公司开发的概念汽车，映射出法兰西民族的高贵典雅和浪漫情怀；美国的哈雷机车称作"牛仔文化的演绎"，它很好地迎合了美国人追求自由、崇尚平等的文化观和价值取向。

设计与文化是辩证统一的关系，设计是文化的一个部分，一个种类，因此文化包含设计。设计是一种文化现象，设计问题又是一种文化问题，同时设计的发展又在一定程度上反映或促进文化的整体发展。

3.2　企 业 文 化

3.2.1　企业文化概述

企业文化，或称组织文化，是在一个企业中形成的某种文化观念和历史传统，共同的价值准则、道德规范和生活信息，将各种内部力量统一于共同的指导思想和经营哲学之下，汇聚到一个共同的方向。随着企业文化的不断建设和发展，它已成为社会公众认知的企业理念和企业形象，是社会公众认知企业的重要途径和企业传播的重要手段。

根据企业文化的定义，企业文化的内容是十分广泛的，但其中最主要的应包括以下几点。

（1）经营哲学。经营哲学也称企业哲学，是一个企业特有的从事生产经营和管理活动的方法论原则，它是指导企业行为的基础。一个企业在激烈的市场竞争环境中，面临着各种矛盾和多种选择，要求企业有一个科学的方法论来指导，有一套逻辑思维的程序来决定自己的行为，这就是经营哲学。例如，日本松下公司"讲求经济效益，重视生存的意志，事事谋求生存和发展"，这就是它的战略决策哲学。

（2）企业价值观。企业价值观，是指企业职工对企业存在的意义、经营目的、经营宗旨的价值评价和为之追求的整体化、各异化的群体意识，是企业全体职工共同的价值准则，是企业或企业中的员工在从事商品生产与经营中所持有的价值观念。企业价值观决定着职工行为的取向，关系企业的生死存亡。

（3）企业精神。企业精神是指企业基于自身特定的性质、任务、宗旨、时代要求和发展方向，并经过精心培养而形成的企业成员群体的精神风貌。企业精神是企业文化的核心，在整个企业文化中起着支配的地位。企业精神以价值观念为基础，以价值目标为动力，对企业经营哲学、管理制度、道德风尚、团体意识和企业形象起着决定性的作用。企业精神是企业的灵魂。

（4）企业道德。企业道德是指调整本企业与其他企业之间、企业与顾客之间、企业内部职工之间关系的行为规范的总和。它是从伦理关系的角度，以善与恶、公与私、荣与辱、诚实与虚伪等道德范畴为标准来评价和规范企业。

（5）团体意识。团体即组织，团体意识是指组织成员的集体观念。团体意识是企业内部凝聚力形成的重要心理因素。企业团体意识的形成使企业的每个职工把自己的工作和行为都看成实现企业目标的一个组成部分，使他们对自己作为企业的成员而感到自豪，对企业的成就产生荣誉感，从而把企业看成自己利益的共同体和归属。因此，他们就会为实现企业的目标而努力奋斗，自觉地克服与实现企业目标不一致的行为。

（6）企业形象。企业形象是企业通过外部特征和经营实力表现出来的，被消费者和公众所认同的企业总体印象。由外部特征表现出来的企业形象称为表层形象，如招牌、门面、徽标、广告、商标、服饰、营业环境等，这些都给人以直观的感觉，容易形成印象；通过经营实力表现出来的形象称为深层形象，它是企业内部要素的集中体现，如人员素质、生产经营能力、管理水平、资本实力、产品质量等。

（7）企业制度。企业制度是在生产经营实践活动中所形成的，对人的行为带有强制性，并能保障一定权利的各种规定。从企业文化的层次结构看，企业制度属中间层次，它是精神文化的表现形式，是物质文化实现的保证。

3.2.2　企业文化与产品设计

企业文化的本质内容是企业精神。企业精神包括坚定的企业追求（企业目标）、强烈的团体意识、正确的激励原则、鲜明的社会责任感、可靠的价值观和方法论。企业精神是企业文化的灵魂，企业文化是精神产品，企业文化的体现要以物质产品为载体。因此，用企业产品诠释企业文化，企业文化丰富产品内涵，使产品和企业文化之间形成互动影响，互为体现，互为促进。

企业文化与产品设计结合的作用，主要体现在以下几个方面。

（1）将精神文明向物质文明转化，实现物质文明和精神文明的双向发展。

（2）弥补了设计中文化领域的空白。

（3）有利于识别企业产品和促进产品的推广、扩大。

（4）丰富和深化产品的语言与含义。

（5）企业文化的统一性和独特性有利于产品设计的系列化与弹性化。

（6）达到和满足人的特定的文化心理需求。

（7）产品是企业的产品，产品中蕴涵着丰富的企业信息。

设计师应该本着严肃认真的态度，深入到企业中，领会企业精神，体会企业文化给企业带来的巨大和深远的影响，同时要对企业文化中最具代表意义的、最深邃的、最体现灵魂的思想和观点，用简洁、生动的设计语言提炼出来，将之概念化、抽象化，然后赋予企业产品以最具代表性的语态和形态。

将企业文化引入产品设计，从根本上可以考虑将其文化内涵变分为产品的各组成要素，即将企业文化运用各种丰富生动、灵活多变的设计语言将其归纳为富于企业特征、体现企业精神的构成要素。例如，著名的飞利浦公司，在公司国际化发展的进程中，为了公司产品的统一，推出了产品外形的标准化、系列化，强调设计的一致性和连续性，色彩、标识、造型风格的整齐划一，使产品从外观形式上形成了独特的飞利浦风格。

在设计界，对于任何一种设计都认为是与特定的历史环境、经济科技发展状况、人类文明发展，以及人类文化发展相结合的。文化作为人文思想中的重要组成部分，在现今的设计领域与产品的结合更为密切，它是一个时代、一个民族、一种观念与信仰的体现物。企业文化同样如此。因此，在产品设计过程中或多或少地融入了人文的思想与潜在的文化意识，这一点在当今风格繁多的设计思想领域中已得到充分体现，并日趋发展。显然，产品设计在满足基本功能的基础上，转向文化精神功能发展，而企业文化的成长和逐渐成熟丰满，一旦与产品设计相结合，无疑又为产品设计增加了一个新的机遇和挑战。

3.2.3　导入企业文化的产品设计特征

导入企业文化的产品设计特征，体现在以下几个方面。

（1）系列化。包含企业文化特征的产品必定是在造型、功能、色彩、形态等要素的某一方面或某几方面体现出企业文化的信息传达，这就使得产品设计本身的拓展和外延的可能性有很强的操作性，并可以形成产品开发的系列化，即设计的包容性和延展性。产品的系列化不仅满足了企业文化的传达需求，同时也有利于整个企业产品、企业文化的传播与交流。因此，大大地缩短了设计周期，提高了设计效率，给设计师以最大的空间来思索和探究深层次的设计理念与方法。

（2）独特性。包含企业文化特征的产品的根本特点是其个性化及创造性。企业文化的独特性就决定了产品设计的独特性。没有个性和创造的产品设计是没有任何意义的。

（3）可持续性。设计师要有可持续性的眼光，使企业文化的产品设计与时俱进，与企业同进，在实践中不断更新、整合设计，以体现企业的文化本质。

任何一个企业的产品设计都是企业文化的综合体现，它以视觉的形式与实用的功能体现了企业的精神和价值观，特别是企业对消费者的态度，这对树立企业的社会形象是极其重要的。因此，好的产品设计不仅有利于企业文化的传播，也对企业文化向更深处进化提供了精神力量与物质上的坚实基础。优秀的产品使企业在消费者心中建立良好的信誉，不仅提高企业的地位，而且使企业内部士气振奋，凝结企业员工的向心力和战斗力。其次，产品设计是一个不断追求、创新的过程，是企业中最具活力和最具创造力的活动，它使企业永远保持进取精神和青春活力，这对企业文化的不断向前发展、毫不懈怠的改善改进和积极向上的探索追求起到了巨大的推动与促进作用。

以企业文化为指导的产品设计，恰恰体现了产品设计的文化本质，并使设计上升到文化的高度，赋予产品以内在和气质的美感。产品设计与企业文化联系在一起，并不是偶然。企业文化以其先进性、时代性、深刻性和统一性迎合了产品设计的文化本质，产品设计以企业文化为其指导思想，将设计技术与文化相互融合，使产品富于文化色彩；另外，企业文化所要传达的企业价值观、哲学观，在产品中得到体现，产品成为企业观念与信仰的代表物，传达了企业思想与理念，更好地成为公众消费的诉求对象。更进一步而言，产品的企业文化设计就是产品对企业信息传达的过程，结合企业文化的产品设计在文化精神的指引下，进一步完善自身的设计文化表达与自我深化。

3.3　工业设计的文化生成

3.3.1　文化与设计

文化与设计之间不可分割的联系，使得文化一直是设计界瞩目的话题。设计将人类的精神意志体现在造物中，并通过造物，具体设计人们的物质生活方式，而生活方式就是文化的载体。一切文化的物质层面、制度层面、行为层面、精神层面最终都会在人的某种生活方式中得到体现，即在具体的人的层面得到体现。所以，设计在为人类创造新的物质生活方式的同时，就是在创造一种新的文化。

既然设计是在创造新的文化，由于文化的延续性，就需要从文化的传统中找到创造的依据。这或许就是设计灵感的源泉之一和设计者关心文化的动机所在。

作为设计者应该以什么样的角度看待文化呢？

设计创造本不存在的具体器物，体现着人们对生活的不同认识和态度，并在体现这种精神因素的同时，以具体器物存在设定人们的日常行为，从而引起人们生活方式的变化。可以说，文化的沿革正是经过有意或无意的"设计"而实际进行的。

人类社会的发展是建立在客观物质的基础之上，并以对客观世界的认识和改造为前提，因此人类社会的文化发展体现了客观的规律性。这种客观规律性正是通过人的主观意识活动来体现的。

设计作为人的主观意志的体现，一方面基于对客观世界物的因素的认识，这种认识来源于人类的科学和生产实践；另一方面基于对人的因素的认识，即对人的物质、精神需求的认识以及对人与环境关系的认识。设计通过对物与人两方面的认识，然后将这种认识体现在具体的造物中，即将人的意志又相应地返回到实践中。

文化正是通过人有意识或无意识地对自己生活世界的设计，而不断发展并体现出不同的风格。以这种发展观看待文化，使文化与设计之间有了共同的语言，从而更符合我们从文化中汲取设计营养的目的；使设计在文化发展中的作用得到体现，从而更能在我们的设计中体现对文化的发展——合乎历史逻辑的发展——从实践中来，到实践中去。

任何生活方式的变化都有其深层的思想精神因素，这种精神因素来自人们的实践，并取决于人类对自己的认识。因此，设计就扮演了这样一个角色——把人们的精神追求在造物中加以体现，把人们对物质的追求体现为富有文化艺术气息和理性意味的独特形式。这正是文化的发展在设计这一文化现象中的具体角色体现。设计的这一文化角色，体现了其在价值追求上与文化发展的一致性，即为了人的发展和完善。

在石器时代，自然崇拜是远古文化的主要特征。人们把凶猛的动物形象作为强者的象征；把动物的骨骼、羽毛及贝壳作为美的象征；在反映古人渔猎生活的壁画、器物彩绘中，主体是自然界的动物与植物，而人只是作为从自然界中受恩惠的形象，表达对自然的崇敬与依赖情怀。

在农耕时代，这一时期的造物，包括大型工程、建筑及日常用具。从博大精深的器物文明中，反映出当时的技术水平和审美情趣的同时，也透射着对人的价值肯定和情感关怀。

在工业时代，造物的发展使设计逐渐成为独立于制造的创造行为。但设计一开始只是作为解决制造问题与功能问题的工程设计，只关注对物的认识和改造。在工业社会早期，工程与功能的问题是造物的主要矛盾，人们无暇顾及深层的需求。没有对主体自身的关怀，设计只能是造物的附属。

当人类的认识和创造能力达到足够高度的时候，人类开始思考：人与自然是什么关系？人类往何处去？人们迫切需要在与自然的对话中找到真正属于自己的价值归宿。

人类对自然的认识和改造，不断从外部物质世界向文化中引入新质，但物质实践只能在技术的狭窄视野中以物的特性和标准做出判断，而缺乏人类自我的哲学精神的宽广视野和以人的终极价值为准则的权威判断力。设计即要在对人类自我精神的领悟中去拥有这种视野和判断力。人类社会存在的外部物质环境为人类的发展和归宿提供了各种可能性，而人类的前途到底是光明还是黑暗，人的最终归宿到底在哪里还要取决于人类对自身价值的认识和判断。设计对这种价值认识和判断的领悟应用于造物实践，不仅仅是对造物的关怀，更是对人类文明的关怀。

设计在联系人与物、人与自然的同时，也沟通着历史与现实、现实与未来。设计使人类从对物的实践中认识自我，推动着文化由物向人的回归的同时，也用人文精神设定物质实践的方向，推动文明在实践的革命中前进。

设计体现文化的发展，设计的主观意志应体现在对文化发展的客观规律的认识和把握上。

文化的发展遵循什么样的客观规律？文化的发展就是人类不断从实践中认识，不断发展的自我，并以这种对自我的认识来关怀自己的实践过程。这正是从事设计的人应有的文化发展观。

有了这样的文化发展观，现今已逐步回归到对人的关怀上来的设计，就应该能在整个人类文明发展、进化的大背景下，深刻理解自己的文化特质和历史使命；有了这样的文化发展观，现今的设计在向传统追寻文化血脉和灵感启迪时，就应该能从文化的发展动因上解读文化，从而具有相应的洞察力、理解力，在设计实践中体现为应有的创造力。这就是说，设计不应再把文化当作提高身价的装饰，只满足于从传统中套用文化符号，而是能够站在更高的地方，理解前人的文化创造，看到前人文化行为中的历史必然性，真正从文化现象中体会到当时创造者对世界、对自己的理解。我们从文化中汲取的正是前人具体创作背后的这种对世界、对自己的理解，而不是具体的形式造化。

工业设计是涉及众多领域的综合性、创造性、高度整合的意识和行为，它不仅涉及自然科学及技术，还涉及社会科学与人文科学。其中，设计哲学与设计文化学站在设计的最高点，从探讨作为人的工具的产品与人之间的基本关系入手，揭示出产品设计的实质，从而正确把握设计的方向，真正使工业设计达到设计的最高顶点，体现出设计人性化的光辉一面。从这一点而言，工业设计既不是艺术设计，也不是技术设计，而是产品的一种文化创造。

3.3.2　工业设计的文化生成作用

设计的文化生成作用，即指设计对人类文化的影响。人类生活在一个经过精细设计且被不断设计着的文化环境与文化氛围之中。设计的文化与文化的设计，作为设计文化的两个方面，相辅相成，互相促进，不断提升着人类文化的水平。现有的文化从各个方面影响、制约着设计，设计又不断创造着具有新内容的文化。

把任何一件产品的设计，看作新的文化的符号、象征与载体的创造，是理解"设计是新的文化创造"的前提。有了这一个前提，设计就不是一种单纯的"商业行为"，也不是单纯的"实用功能的满足"与"审美趣味的体现"，它是人类文化的创造。

工业设计的文化生成作用，体现在以下方面。

（1）创造新的物质文化。作为人类创造的物化形态，工业产品是人类文化的物化形式、静态形式。工业设计创造的物质文化比人类以前的任何物质文化，都更具理性与规范性。

工业产品作为人类物质文化的典型代表，其结构与文化的构成有一定的对应关系，因此产品设计是人类物质文化的创造。

如前所述，文化是包括物质文化层、制度文化层、行为文化层和精神文化层四个不同层面内容的整体。而物质文化特指可触知的具有物质实体的文化事物，包括人类创造的一切物化形态，如城市、建筑、飞机、铅笔、计算机、汽车等。一切人类在生产生活中所依赖的用品，都体现着当时的物质文化成就，反映着当时的物质文化面貌，支撑着当时的社会发展基础。

（2）改变人类的生活方式。生活方式包括劳动生活方式、消费生活方式、社会、政治生活方式、学习和其他文化生活方式，以及生活交往方式等。生活方式的变化，标志着文化的发展。工业设计所创造的一切物质形态的产品都深刻地影响着人们的生活方式。

（3）更新人类的精神观念。设计所创造的文化，强烈地作用于人的意识，促使人的精神观念不断地发展与更新。设计更新着人的精神观念，主要表现在消费观念与审美意识的扩展两个方面。

①消费观念。消费观念是使用一种价值判断来衡量事物、指导消费的观念，它是价值观

的一个组成部分。设计的特定背景,通过其特定的设计语言,传递着一定的观念,在风尚的影响下,可导致社会某一群体,甚至这个社会对某一类设计特征的偏爱。例如,近年被广大消费者所认可和接受的环保概念,在很多产品设计领域都有直接的案例表现。

②审美意识的扩展。长期以来,人们的审美意识一直都指向艺术品,认为只有艺术品才能使人们产生美感。当技术发展成为人类社会前进的主导动力时,技术产品体现出的特有的审美要素与对人产生的审美意识的影响,使美学形态领域增加了技术美的概念。技术美的构成包括功能美、结构美、肌理材质美与形式美等。它们在产品的物质功能设计、操作功能设计、经济功能设计、结构设计、肌理与材质设计,以及形式设计等方面,体现出现代技术所创造的审美要素与审美特征。人类生活在几乎全部由工业技术品组成的生存空间中,技术品的审美要素和审美特征不断培养与强化着人的审美意识,使人们的审美意识从艺术领域扩展到技术领域。

随着现代科学技术的发展,现代人的生活方式发生了根本的变化,而现代设计的发展趋势更是依赖于科技的发展。同时,也促进了科技的发展,它受人们生活需求和欲望变化的牵制,同时也引导生活方式的转换。科技的进步为产品设计提供新材料和新方法,设计使科技成果成为生活财富为人们所享有。社会的发展、科技的进步、人类文明程度的提高,设计在满足市场需求的同时,也将越来越多地考虑满足与自然相协调,与人类的本性、本能需求相协调,从而使人类生活变得更完美。

设计文化,作为人类经验、教训的总结,是认识的升华、积淀,也是在历史的基础上对未来的向往;作为一种方式,它是人类文明、文化的具体化形态。设计的价值,在于促进和激发人类无尽的创造潜能,并使之转化为现实。

信息化社会给设计所带来的冲击,将彻底改变设计文化的形态,并引起设计理念和设计方法的重构,但设计的本质不变,设计仍将始终致力于对人类生活方式和生存环境的创造。

3.3.3 工业设计中的文化元素

21 世纪是设计的时代,市场的竞争就是设计的竞争,而设计竞争的背后则是文化的较量。文化是现代工业设计的源泉,而设计本身又是一种文化现象,是文化成果的缩影和载体。这种文化既是对西方民族文化的理解,更是对中国传统文化的智慧、意境以及内在精神的深层次的领悟、继承和发扬。现代的工业设计与文化之间是一种互动的关系,我们应当在设计实践中,理性但又不缺乏创造性地应用文化,在对文化的继承、交融和创新中不断地发展现代的工业设计。

随着经济的全球化,东西方文化、民族风格不断接触交流,必然会带来不同文化的冲突与磨合。不同文化在寻求相互认同的同时,仍然保留着各自的特色,在相互理解的基础上吸收、借鉴外来文化资源,其最终目的是发展自己的文化艺术。社会文化结构步入了一个多元文化并存发展的时期,许多工业设计作品展现出东西方文化相互融合的艺术效果,这是全球化背景下形成的一个显著的文化现象。这就对我国设计师提出了更高的要求——既要研究传统文化并领会其深刻内涵,又要感受西方的民族文化、设计语言和表达方式,将现代工业设计与各种文化元素交融、创新,形成一种有别于西方设计而又不失中国传统文化精髓的现代工业设计文化。人类的设计行为是一种感性与理性和谐结合的文化创造行为。

过去的工业设计紧随科技发展，是处于以机械工程为导向的设计时代，现代产品的时代则是以市场为导向、满足不同消费者需求的时代，而未来产品的时代将是基于不同文化背景，以文化为导向的设计时代。当前增加产品的文化价值保证产品的文化特色对于工业设计而言是至关重要的。

工业设计创造的是一种新的生活方式，提供新的产品以满足人们不断提高的生活需求。工业设计把市场需求和消费者的利益放在首位，从消费者的角度出发，是其开发、研究新产品的一个重要的参考因素。好的设计将会给人们的生活带来前所未有的方便和惊喜。工业设计行业能够创造、实现产品中的文化价值，并向消费者传达文化价值。作为一种文化现象，工业设计必须具有高附加值的文化与艺术含量，这一点在产品设计中是不能忽视的。

工业设计发展的原动力在于人们对和谐的不懈追求。这种追求是自发的，是与生俱来的，因此无论是消费者还是设计师都会遵循这一原则，并使设计的产品在市场上具有旺盛的生命力。未来的工业设计不管以什么风格、什么形式来实现为人类服务这一目的，它都无法脱离文化元素对它的影响。工业设计本身就是一种文化，我们要把这种文化渗透到产品开发和企业发展的理念中，对提高人们的生活质量，以及提高民族、社会的整体文化素质起到积极作用。

社会文明不断提高，工业设计必须保持与文化元素的血脉联系才能得到持续性的发展，不然便成了无源之水，失去了创新的动力。懂得如何将积淀五千年的中国文化融入现代设计的潮流之中是中国工业设计者的必备前提。未来将是基于不同文化背景，并以文化为导向的设计时代。工业设计增加产品的文化价值，保证产品的文化特色尤为重要。要想使我国的工业设计具有创新性，能别具一格，具有世界竞争力，必须认真研究探讨中国文化，将其重新阐释并运用到工业设计中。

本 章 小 结

工业设计本身就是一种文化，并对文化艺术起着一种整合作用。通过设计能提高产品的附加值，提高企业的经济效益；随着人们生活水平的不断提高，人们对精神享受的需求日益增加，人们对商品的要求也在变化，要求更多的文化艺术含量。未来工业设计的文化艺术含量的比例将不断增加。

第4章
工业设计与市场

【教学目标】

①了解企业与市场的概念及其相互关系；
②掌握工业设计的市场作用。

企业要在市场竞争中生存发展，需要合理地利用自身掌握的资源，在良好的企业管理机制下，制造出自己的产品，并向市场推销自己的产品，使自己的产品既要为企业实现最大利润，又要为社会创造最大的社会效益。在不久的将来，成功的企业是最大限度地发挥工业设计作用的企业，是追求产品、企业、市场三位一体最佳化的企业。这就要求企业一方面要主动地认识市场、分析市场，从而能够引领市场的发展方向，而不是被动地趋从于市场的潮流，促使工业设计对企业进行全方位的参与，全方位的设计；另一方面要高度地重视工业设计，为工业设计的发展创造良好的内部环境。

4.1 企业与市场

4.1.1 企业

企业是社会生产力发展到一定水平的成果，是商品生产与商品交换的产物。企业一般是指以营利为目的，运用各种生产要素（土地、劳动力、资本、技术和企业家才能等），向市场提供商品或服务，实行自主经营、自负盈亏、独立核算的法人或其他社会经济组织。这一定义的基本含义是：企业是经济组织；企业是人的要素和物的要素的结合；企业具有经营自主权；企业具有营利性。企业的基本职能就是从事生产、流通和服务等经济活动，向社会提供产品与服务，以满足社会需要。

工业设计对企业在市场竞争中具有不可忽视的作用，工业设计的精髓是以人为本。工业设计的实现条件是现代工业化，存在的条件是现代社会，服务的对象是现代人。它满足用户与生产商的要求，使产品实现最大商业利润，最终被社会认可。由此可见，工业设计在企业中的特殊地位不言而喻。现在，工业设计已由设计产品发展到设计企业，引导市场的发展潮流。因此，工业设计对企业发展壮大具有重要的意义，它可以使企业步入快车道，真正做大做强，在市场经济中立于不败之地。工业设计的水平是企业综合素质的体现，它与开发团队的品位、经验、知识以及企业的产品策略、文化背景有关。一个真正成功的优秀产品，会产生极大的影响力，不仅给企业发展指出新的战略方向，还给企业带来巨大的市场和商业利润。

4.1.2　市场

市场是商品交换的场所，市场是买方与卖方的结合，是商品供求双方相互作用的总和，市场是商品流通领域反映商品关系的总和。市场通常是由一群有不同欲望和需求的消费者组成的。无论什么样的企业，什么样的产品，都是服务于市场，受市场支配、制约的。市场的微观环境，由企业、供应者、营销人员、顾客、竞争者和公众所构成。这些因素同企业市场营销活动有着密切的联系，是企业内在的动力源。是企业发展的基本条件。

依据市场生命周期理论，市场可以分为初创、畅销、饱和、衰落四个阶段。

市场是连接生产与消费的纽带，它决定企业进行的是否是适从的有价值的企业生产。企业只有进行市场调查、市场预测，充分了解认识市场，再对市场进行分析研究，实现并利用好市场的交换功能、价值实现功能、供给功能、反馈功能、调节功能、服务功能，才能在真正的市场竞争中生存。

1. 市场调查

随着时代的变化，社会经济向市场经济转移及扩大，企业内承担设计开发的设计人员的部分工作内容也随之产生了较大变化，对产品市场的研究与不断的再认识成为产品设计开发过程中的重要环节。工业设计在企业中的地位迅速提高，工业设计师的工作内容及所涉及的领域也在扩大，产品的开发设计过程中，设计师的作用得到充分发挥。以产品市场为中心展开的设计内容成为企业关注的重点。在进行产品设计时，首先就是市场调研，然后根据市场分析进行目标定位，即确定什么样的产品可以打开市场，什么档次、什么功能的产品受欢迎。

在产品设计开发实施的过程中，产品设计师所解决的一些主要问题，如确立产品设计开发方向、建立产品设计概念、对产品设计方案的市场评价、消费者对产品设计方案的评价等，都需通过对产品市场及产品消费者的调查分析寻求明确的方向。因此，为产品设计开发所进行的市场调查，贯穿于产品设计开发的全过程。

产品设计开发中，不同类型的问题，所采用的调查分析方法有所不同。

（1）寻找产品设计开发的突破点、对产品市场现状的认识、市场目前的形势及企业的产品设计如何进入市场等问题，所采用的分析理论，主要有统计学中的标本抽样调查及统计分析。该调研是为了寻找和预演产品使用过程中的问题，为产品新功能的设计和改进提供依据。

（2）随着社会经济的发展，消费者的经济收入、生活习惯、消费心理等发生变化，对产品设计开发满足不同消费群体及消费层的需求，所采用的调查分析理论主要有"因果关系理论""动机调查""数量化分析""近似分析"等。对消费者的收入、生活意识形态及价值观等进行充分翔实的调查研究，以找出未满足的消费群，并考虑其市场规模，从而决定该产品开发的可行性。

（3）为了解产品市场发展趋势，确定企业今后的战略发展方向，引导产品市场的发展，采用对应关系理论、多元解析分析、预测分析、推论分析等。

（4）竞争对手调研的方法。对竞争环境有所了解，以找出自己产品的卖点。市场竞争是激烈的，只有找出竞争对手的优点及不足之处，才能确定自己的研发方向。有时设计概念的提出是从竞争对手的弱处产生的。这有助于企业通过产品的差异化建立自己的竞争优势。

（5）自身能力研究的方法。把企业的优势、弱势以及它所处外部环境提供的机遇和造成的威胁放在一起进行分析。这种分析可采用SWOT分析法[①]。

通过上述市场调研需完成以下目标：①掌握同类产品的市场信息；②发现潜在的市场需求；③产品的定位分析与预测；④找出本企业产品的卖点。

为了适应或满足产品的市场环境变化，企业在决定产品设计开发到产品进入市场要经历一段相当长的时间。这期间影响产品设计的因素很多，如现阶段社会经济各方面对产品市场及消费者的影响，产品技术发展趋势的相关因素以及影响程度，或由于企业的客观因素使得产品进入市场的时间推迟等，都会影响产品的设计开发达到预先的目标。产品市场环境产生变化的因素主要有经济环境的变化、生活方式的变化、社会生活环境的变化等。经济环境的变化是影响产品购买的直接因素。产业结构的调整、国家产业大环境的变化会使人们的实际所得产生变化，家庭收入的增减导致消费的增减，这与人们购买产品的能力有密切的关系，同时还可能左右人们的消费方向，并对人们的生活意识产生作用。

人们的生活方式是伴随着社会经济发展而发生变化的，然而发生变化的趋势是在诸多客观因素的前提下慢慢形成的。作为产品开发设计的设计人员，该如何把握发展变化的大趋势呢?为了更好地把握人们生活方式的变化，就要从消费者的个体特征、属性、社会行为、价值观等方面着手，用科学的方法分析理解人们的社会生活，通过产品市场的调查分析对人的生活方式进行分类，建立生活系统模型，研究产品市场的需求。

2. 市场营销

市场营销作为一种计划及执行活动，其过程包括对一个产品或一项服务的开发制作、定价、促销和流通等活动，其目的是经由交换及交易的过程达到满足组织或个人的需求目标。

市场营销是指在以顾客需求为中心的思想指导下，企业所进行的有关产品生产、流通和售后服务等与市场有关的一系列经营活动。

对企业来说，市场营销与产品设计的相互促进成为核心竞争力。对产品设计师来说，必须具有把握市场和消费者需求信息的能力，必须具有识别企业长期战略和制定设计定位策略的能力，必须具有了解企业市场营销组合策略的能力，才有可能实现完整且成功的新产品开发过程。因此，具有商品化的设计思想和营销思维对产品设计人员是非常重要的。

在当今世界的商品市场竞争中，技术和设计成为商品占据市场及市场营销战略成败的关键因素。在技术、质量、功能等条件无明显差别的情况下，产品设计成为决定胜负的关键，世界正由过去"谁控制技术质量就控制市场"，逐步向"谁控制设计就控制市场"的方向发展。企业的新产品开发也正由技术优先逐步转向设计优先。一个企业只有设计处于领先水平，才能赢得市场。市场研究的目的就是把握设计与消费的结合点。设计为消费服务，意味着设计要研究消费、研究消费者，了解消费心理方式和消费需求，研究开发什么样的新产品，如

---

① SWOT分析法是用来确定企业自身的竞争优势(Strengths)、竞争劣势(Weaknesses)、机会(Opportunities)和威胁(Threats)，从而将公司的战略与公司内部资源、外部环境有机地结合起来的一种科学的分析方法。

何改进产品包装等。企业只有在了解消费者和市场动向的前提下，才能制定市场营销策略，包括制定广告政策、销售政策、决定市场需求等。

从市场发展的趋势来看，现代意义上的"市场营销"已不再是简单地等同于广告、销售或促销。美国营销学专家菲利普·科特勒认为：企业营销是个人和群体通过创造及同其他个人和群体交换产品与价值，来满足需求与欲望的一种社会的和管理的过程。简单地说，企业营销是企业从市场调查入手，了解消费者的需要，确定目标市场，进行产品定位，进而完成产品的开发、价格的确定、销售渠道的选择、促销策略的制定等一系列活动，引导产品流向消费者或用户的一项复杂严密的系统工程。从这个角度出发，产品设计只是企业营销过程中进行产品开发的一个主要手段，或者说是市场营销过程中的一个主要环节。换句话说，成功的设计应以市场为导向，将产品的设计完全融入产品的企业市场营销中。

具体而言，产品设计与企业营销融为一体的主要措施有以下方面。

（1）充分掌握市场信息，把握市场动向。了解市场信息以及把握消费需求，这是企业或设计师应该掌握的最基本的信息，如果企业或设计师并不知道主体市场现有产品的销售情况，就进行新产品设计，这无疑是空中楼阁，更谈不上设计出能推动流行的产品。

（2）在产品设计之前，必须对自己企业及企业的销售产品进行营销分析。

（3）由市场决定设计方案。一般来说，在设计定位之后，应详细考证目标市场的人文环境、经济水平、消费状况、气候条件及消费者的喜好。通过以上调研情况给新产品设计的风格定位、选材及价格定位。

（4）合理的媒体宣传引导。这是新产品走向市场的催化剂，合理的媒体宣传引导会扩大流行范围，实现产品设计的最终目标。

4.2 工业设计的市场作用

4.2.1 工业设计促进消费

对于消费者来说，消费者购买某种产品主要取决于消费者对功能的需求。需求是指人们为延续和发展生命所必需的对客观事物的欲望。人的一生有多种需求，但是对于消费来说，仅仅把消费的原因归结为消费者的需求是不够的，市场上的商品林林总总，可以满足消费者需求的产品有很多，如手表，其有难以计数的款式。消费者所选的特定商品，有它自身的推动因素，尽管这些推动因素有很多种，形成的过程也十分复杂，但是有某种因素会起主导作用，这种因素就是动机。动机是人们基于某种愿望而引起的一种心理活动，它是直接驱使人们进行某种活动的内在动力，体现了客观需求对人的激励作用。而购买动机，就是为了满足一定的要求，引起人们购买某种商品或劳务的愿望或意念。所以，购买行为的产生和实现是建立在需求的基础上的，对产品功能等的需求是消费者购买的内因。而产品功能之外的其他特性，如产品的造型和品牌等是促使消费者产生购买欲望的外部因素，这些外部因素造就购买动机的形成，即消费需求—购买动机—购买行为—需求满足—新的需求。

工业设计产品的造型、材质、色彩、装饰等，是人对产品最直观的了解，是促成消费的最大动机。

4.2.2　工业设计引导消费

工业设计对消费的引导作用体现在以下三个方面。

（1）工业设计研究消费者的需求，开发产品，促进产品销售。工业设计对大工业产品或系统进行规划，解决产品的需求问题。工业设计思想指导下的规划、研发分为两种类型：完全创新研发和差异化创新研发。这两种研发方式对开辟新市场有不同的作用。完全创新研发设计立足于引导新型产业的发展，开发全新的产品，占据空白市场。因为实际中这种产品市场可能不存在，企业在推行此类型的业务时，要承担巨大的风险，而一旦定位准确，高回报的可能性极大。工业设计正是准确研究这种需求的发起者和实施者。索尼公司通过市场调查研究，在毫无市场先例的情况下推出了 Walkman 产品，获得了巨大的成功。差异化创新研发在现有业已存在的市场中开发某种立足求新的产品，并突出产品的个性差异化概念，其目的是吸引消费者眼球，挤进原有市场，抢占市场份额。例如，奇瑞汽车公司在中国家用轿车市场上另辟蹊径，推出专门为年轻人设计的小型车奇瑞 QQ，并以其低端的价格、可爱的笑脸造型赢得了消费者的喜爱。正是工业设计的前期调查，使产品在创意阶段，就为满足消费者的某种显性的或隐性的需求而进行设计。工业设计在研发过程中倡导以人为本的思想，这和单纯的工程研发是不一样的。从市场学角度上讲，这种产品规划主要是对核心产品的规划，也就是对产品功能的规划。

（2）工业设计改良调整产品，使产品再生。改良可以调整产品与用户需求不相契合之处，使产品满足消费者的需要。创新研发设计的目的就是发掘新的销售市场。企业前期市场调查再广泛、再准确，也不可能完全保证产品的成功。新式产品投入市场后可能成为"热销产品"或"问题产品"。经验证明，产品直接成为"热销产品"占有大部分市场的可能性少之又少。当"问题产品"出现时，就需要企业根据市场反应，分析做出是否投资的决定，以让工业设计部门研发改良产品来提升市场占有率。很多成功的创新性产品都是从这样的"问题产品"开始的。在通常情况下，企业会尽量使一个具有增长潜质的"问题产品"发展为"热销产品"以夺得市场，这便是公司对其产品的一般发展策略。针对这一策略要求，工业设计部门在产品推出之初，就和其他市场分析部门一同对产品保持密切的跟踪调查，关注产品在市场中的反应，并利用市场的反馈信息摸清用户的需求及产品存在的问题。在以市场为导向的原则下，针对市场的实际需要，在企业允许的最大范围内对产品加以改进，发扬产品优点，引导消费，同时从使用者的角度弥补现有产品的不足，消除企业和消费者在产品认识上的差距，改良开发出市场满意的产品，赢回企业以前的研发成本投资，并为公司创造利润。

（3）工业设计开发推出产品系列，使研发效益最大化。设计师针对消费者喜好，开发出产品的不同系列，延长单一产品在激烈的市场竞争中的短暂生存时间，使单位成本投入产出最优化。在生产力发达、物质丰富的社会里，在科技进步、市场需求变化以及企业间竞争三种合力作用下，产品的生命周期越来越短。美国学者塔弗勒的研究资料表明，1920 年以前，美国家用消费品从投入期到衰退期需要 30 年，到 1939 年就已经缩短为 10 年，1959 年以后缩短为 3 年，甚至 1 年，而到 2005 年，多数消费品的流行时间只有几个月。

为了延长产品在市场中的生命，工业设计部门需准确把握产品在市场中所处的生命阶段，根据市场变化不断对其进行局部改良，如增加产品的个别功能、更换产品颜色、调整产品外观等，再次勾起消费者对产品的兴趣。这种重新激发消费者的热情来延续产品生命的方法称为延续型设计，其再次将市场细分，利用产品系列来满足不同人群对不同类型产品的需求，开拓市场空白，并优化资源配置，达到公司成本效益最大化。

4.2.3　工业设计提升产品价值

1. 工业设计增加产品价值和提高产品价格

产品价值由主体价值和附加价值（以下简称附加值）构成，提高产品附加值是提高产品整体价值、增强产品市场竞争力的一种十分有效的途径。在需求多样化、产品更新换代速度快、竞争日趋激烈的市场条件下，如何通过提高产品附加值来增强产品的市场竞争力，是现代企业所面临的一个重要课题。

产品附加值独立于产品主体价值之外，能够给产品价值带来增值，给客户与厂商（泛指有形产品制造商和无形产品供应商）带来额外利益的满足，并可以激发客户购买欲望、购买行为以及厂商产销的积极性。

从政治经济学角度来看，商品的价值取决于投入到产品中的社会平均劳动时间。但从消费心理学的角度分析，消费者认为的产品价值是消费者自己所认为该产品所包含的社会平均劳动时间。从这个角度来讲，这种产品价值是一个主观的概念，包含消费者许多的心理因素。由于商品只有出售给消费者才可以实现其价格和价值，而消费者是否愿意购买成为关键。在价格制订时，需注意制订出的价格是否符合消费者的心理，如果一种商品本身价值虽然不大，但迎合了消费者某种心理需要，价格即使定得高，消费者也乐意购买。但如果消费者认为某种价格购买某种商品不值得，即使这个价格是低于产品成本的，消费者也会拒绝购买。这说明，消费心理学意义上的产品价值，是以消费者心理上是否乐意接受为出发点的，是随消费者的购买心理状态的变化而变化的。

工业设计可通过品牌的力量来提高产品的价值。工业设计可以建立起良好的品牌，而良好的品牌是良好质量和良好设计的代名词，深受消费者的喜爱，也是促成消费者产生购买的主要动机之一。

2. 品牌与产品价格间的关系

讨论品牌和产品价格的关系，中间需加入一个辅助数，这个辅助数就是产品价值。品牌与产品价值之间，产品价值与产品价格之间相互影响，导致的最终结果是品牌间接地影响产品的价格，产品价值在品牌与产品价格之间的关系中起到一个桥梁作用。

品牌与产品价值的关系，分为以下三种情况。

（1）品牌建立的阶段，产品价值提升品牌价值。在品牌刚刚投入市场时，消费者对品牌还不是很了解，对其并没有充分的信任，但产品本身是消费者确实可以体验和感觉到的。在这个阶段，良好的产品质量和设计，即高的产品价值可以提升消费者对品牌的认知和信赖，从而建立起对品牌的信任，即产品价值提升品牌价值。

（2）品牌发育到一定阶段，品牌价值与产品价值等值。随着品牌的建立与传播，品牌的影响力越来越大。到一定程度以后，品牌不再单单依附于产品，而是与产品一样有相同的力量，在消费者心中有一定的影响力。这时，品牌可以促进产品的销售，同时良好的产品质量还可以为品牌赢得美誉。在这个阶段，品牌与产品一起合力开拓市场，企业不仅会因产品优良的品质赢得顾客美誉，而且还以独特的品牌形象和品牌个性赢得顾客的好感与认同。

（3）品牌成熟后，品牌价值可以赋予产品价值。品牌由初始阶段从属于产品，经品牌的定位和一定时间的使用后，品牌逐渐确立自己的个性和形象，这时品牌的地位和作用就会逐渐强化，成为公司的一面旗帜，发挥其市场的号召力。品牌成为公司经营理念的集中体现，可产生一种称为品牌文化的东西。

例如，iPhone 在世界产生了越来越大的影响力，《纽约时报》专栏作家 Jeff Sommer 撰文指出，"iPhone 铃音一响，全球经济都在聆听。"iPhone 的销售金额已经在美国 GDP 的总量中占据 0.25%～0.33%的份额。iPhone 已经成为手机行业最强研发实力，最强设计的象征，它的"被咬了一口的苹果"标识已经深入全球每一个手机使用者的心中。消费者已经对 iPhone 的质量和功能相当放心，因为 iPhone 给人在使用过程中的美好感觉已经深入消费者的心中，这时品牌的力量对产品的销售起到极大的推动作用。

优秀的品牌对企业发展的促进作用是巨大的，即使产品再优异，但产品总是有生命周期的，而品牌却可以超越产品生命周期的限制而持久存在。

3. 工业设计与品牌提升之间的关系

产品品牌的提升，意味着产品价格的提升。优良设计的产品可以从诸多方面满足使用者的功能和心理需求，赢得消费者口碑，提升公司品牌价值。消费者对产品的评价是主观的，这种评价并不取决于他们对成本与价格之间关系的估计，而是以产品在其心中的感受、估价和产品的实际价格的比较值为基础的，但消费者对产品的需求并不仅仅停留在功能上。消费者在使用产品的同时，还期待着产品能为其生活带来诸如愉悦、美感、品质、地位等审美和象征意义上的关怀与体验。在生活中，能充分满足使用者功能和社会需求，而价格适中的产品在消费者心中就会留下良好的印象。因此，在企业生产中，从提高产品的美誉度的角度出发，在工业设计上投入较少的成本，就会使产品在美感、创意、思想等人文社会元素价值上得以大幅度地增加。这些产品的外在表现，以及由其所反映出的产品的内在品质和企业的人文精神，较明显地强化了产品在消费者心目中的印象，增加了使用者对产品的愉悦感，塑造了产品和企业的魅力。这种印象增加了消费者对企业的信赖值，也就提升了企业的品牌美誉，创造了企业的设计品牌。

工业设计是提升企业品牌形象、创造特色品牌、增加产品价格、获得品牌效益的重要渠道之一。相反地，如果为了短期利益，缩减产品策划和设计资源，就会错过运用工业设计提升竞争力的机会，制造出来的低质量、低附加值的产品最终损害企业在消费者心目中的形象和自身的长远利益。

企业在经营中，必须注重产品品牌的提升。产品品牌的提升主要包括两个方面：一是营销支持提升产品影响力；二是研发支持提升产品品质。

（1）营销支持。营销支持主要是利用广告等营销手段对企业产品进行宣传，这些营销手段包括广告、定价、渠道和产品表现等。

按照品牌学的理论，营销支持对品牌的建立和维护有重要作用。通常，营销支持只能使消费者认识产品，这在产品推广的初级阶段起作用。企业要维护其品牌，必须一贯地进行品牌的营销支持。例如，可口可乐等一些品牌历经百年仍未衰落，主要靠的就是企业强大的营销支持。

（2）研发支持。营销支持固然重要，但主要还是起到了维护品牌的作用。提升品牌强势地位的唯一方法就是生产适合消费者需求的高质量产品，这需要工业设计师在内的所有研发力量的共同努力。在产品的开发过程中，工业设计涵盖了从产品策划定位、最佳的工程实现、模具开发到产品外观定型等所有环节。这些环节中，企业对工业设计师的投资相对来说并不高，但工业设计师的脑力劳动却可对以后产品的生产产生直接的影响。一个早期的设计构思足以影响后期的工程设计细节、原型制造难度、生产程序的复杂程度，以至物流分销的策略等。

一个企业若能在前期有效地控制设计元素，就能在后期相应的大规模地节省成本。反之，如果一个企业在前期不重视产品设计，则可能会在后期的生产中造成严重的工艺及质量问题，给企业造成重大损失和浪费。工业设计是提升和维持产品品牌的关键，恰当利用工业设计研发，可以提升品牌，创造产品高价格；不恰当利用，会造成企业经营失败。

4.2.4 工业设计倡导优秀设计理念

现代企业都把企业形象战略视为崭新而又具体的经营要素，工业设计可以提升企业形象，引导消费潮流，促进产品的销售。在市场经济下，社会生产力水平的不断提高，使消费者的需求大部分都能够得到充分的满足，这样就造成市场的相对饱和。针对这种情况，企业的经营决策部门在制定企业的经营战略和计划时，可以通过对新产品的开发和设计，有意识地引导人们的消费倾向，通过新产品树立企业形象，占领市场、巩固市场，达到增加产品销售的目的。产品的规划研发思想属于企业战略，也属于工业设计范畴，优秀的研发引导了企业的良好公共形象。以下是几种企业在公共关系宣传中的设计策略推广途径。

（1）文化设计理念。文化设计理念将人类的精神意志体现在造物之中，并通过造物影响人们的物质生活方式。设计在为人类创造新的物质生活方式的同时，也是在创造一种新的文化。企业的文化设计理念体现了公司作为社会文化中的客观存在，并对社会文化的发展起到推动作用。设计对民族文化传统的传承发扬是设计文化的重要体现方式，在这样的设计里，文化被蕴含在新的设计中而得以继承和流传。

（2）人本设计理念。人本设计是指以人为主体的设计宗旨。其核心是"设计"，其目的是"人文关怀"。人文关怀在设计中主要表现在人性化的设计方面，就是要设计出更符合人性，使用更便利的产品。在信息社会，快速的工作节奏使人们感到压力越来越大，人们希望能够通过产品得到更多的人性化关怀，在私人空间里得到舒适和放松。在这里，产品促使人产生的情感与人们内心深处的愿望紧密联系起来。人本设计已经成为工业设计中的一个重要方面，宣传企业的人本设计理念也是企业进行公共关系策划的重要手段。

（3）绿色设计理念。绿色设计源于人们对现代技术文化所引起的环境及生态破坏的反思。企业支持设计师从深层次上探索工业设计与人类可持续发展的关系，通过他们的设计活动，在人—社会—环境之间建立一种协调发展机制，体现企业的社会责任感，也增加公众对企业和其产品的好感。绿色设计着眼于人与自然的生态平衡关系，在设计过程的每一个决策中，都充分考虑到环境效益，尽量减少对环境的破坏。绿色设计考虑新产品在生产全过程以及使用全过程中对自然环境和人的影响，以有效地利用地球的资源与能源。绿色设计既是企业塑造完美企业形象的一种公关策略，也迎合了消费者日益增强的环保意识，体现出企业的公德心。

本 章 小 结

　　工业设计的核心是满足人们的需求，设计人们的生活方式，引导人们消费的新潮流。人类消费需求的更新和变化是无止境的，新产品的开发设计也是无止境的。企业只有抓好工业设计，才能增强产品开发的能力，向市场推出受消费者欢迎的、价廉物美的和功能与外形统一的产品。工业设计是满足市场和消费需求的源泉，是企业活力的保证。良好的工业设计运行机制将不断促进企业产品结构的优化和调整，带来市场的繁荣和经济的发展。

第 5 章 工业设计方法

【教学目标】

①了解创造性思维的内涵及其特征；
②理解系统在工业设计中的作用及其产品设计方法；
③理解功能主义的设计思想和人性化理念；
④明确可持续发展设计思想的含义及其对工业设计的作用。

现如今，工业设计的飞速发展正在逐步将技术与艺术紧密结合起来，在技术与艺术结合的过程中，设计科学得到"软"化，而艺术得到物化。技术与艺术的结合正是工业设计方法论中首先研究的问题。第二次世界大战后，随着科学技术的发展，产业结构、生活消费结构、社会结构、自然环境及人的意识形态等都发生了巨大变化。传统的功能主义的设计样式和设计原理发生了变化，即形成了多元化的设计，功能不再是单一的结构功能，而呈现为复合形态，即物质功能、信息功能、环境功能和社会功能的综合。工业设计发展的历程表明，没有功能，形式就无从产生。因此，正确处理功能与形式的关系是工业设计方法论研究的第二个基本问题。

工业设计研究的对象是"人—机—环境—社会"。工业设计不仅研究人—机的关系，而且涉及整个人类的人造环境。不仅对机器、设备和产品进行设计，还需将环境（人造环境和自然环境）作为一个整体来规划设计。工业设计应注重人类社会和生存环境在总体上的和谐，这是工业设计发展的大趋势，也是工业设计方法论的第三个基本问题。

5.1 创造性思维

古往今来，人类所有的文明成果都来源于人的创造性思维。人类社会发展中，创造性思维方式是人类思维方式中最关键、最重要的思维方式。对哲学、经济、文化、宗教、军事等各个学科的发展起到最关键、主导和决定性的作用。设计中的创造性思维指的是，根据设计项目内容的要求，以一切已知的信息和经验为基础，在良好的创造性思维支持下，运用各种思维形态和思维方式进行有效的综合处理，按照美的形式法则，创造出具有新颖性、辩证性和综合性的新观点、新方法和新设计。

5.1.1 创造性思维的内涵

创造性思维是一种开创性地探索未知事物的高级复杂的思维，是一种有自己的特点、具有创见性的思维，是扩散思维和集中思维的辩证统一，是创造想象和现实定向的有机结合，是抽象思维和灵感思维的对立统一。创造性思维是创新人才的智力结构的核心，是社会乃至个人都不可或缺的要素。创造性思维是人类独有的高级心理活动过程，人类所创造的成果，就是创造性思维的外化与物化。创造性思维是在一般思维基础上发展起来的，是人类思维的最高形式。创造性思维强调开拓性和突破性，在解决问题时带有鲜明的主动性，这种思维与创造活动联系在一起，体现着新颖性和独特性的社会价值。创造性思维是以感知、记忆、思考、联想、理解等能力为基础，具有综合性、探索性和求新性特征的高级心理活动。创造性思维并非游离于其他思维形式而存在，它包括各种思维形式。

（1）抽象思维：也称逻辑思维，是认识事物过程中，用反映事物共同属性和本质属性的概念作为基本思维形式，在概念的基础上进行判断、推理，反映现实的一种思维方式。

（2）形象思维：是用直观形象和表象解决问题的思维，其特点是具体形象性。

（3）直觉思维：是指对一个问题未经逐步分析，仅依据内因的感知，迅速地对问题答案做出判断、猜想、设想，或者在对疑难百思不得其解中，突然对问题有"灵感"和"顿悟"。甚至对未来事物的结果有"预感""预言"等都是直觉思维。

（4）灵感思维：是指凭借直觉而进行的快速、顿悟性的思维。它不是一种简单逻辑或非逻辑的单向思维运动，是逻辑性与非逻辑性相统一的理性思维整体过程。

（5）发散思维：是指从一个目标出发，沿着各种不同的途径思考，探求多种答案的思维。

（6）收敛思维：是指在解决问题的过程中，尽可能利用已有的知识和经验，把众多的信息和解题的可能性逐步引导到条理化的逻辑序列中，最终得出一个合乎逻辑规范的结论。

（7）逆向思维：是对司空见惯的，似乎已成定论的事物或观点反过来思考的一种思维方式。

（8）联想思维：是指人脑记忆表象系统中，由于某种诱因使不同表象之间发生联系的一种没有固定思维方向的自由思维活动。

通过创造性思维，不仅可以提示客观事物的本质和规律性，而且能在此基础上产生新颖的、独特的、有社会意义的思维成果，开拓人类知识的新领域。创造性思维是创造成果产生的必要前提和条件，而创造则是历史进步的动力，创造性思维能力是个人推动社会前进的必要手段，特别是在知识经济时代，创造性思维的培养训练更显得重要。其途径在于丰富的知识结构、培养联想思维的能力、克服习惯思维对新构思的抗拒性，培养思维的变通性，加强讨论，经常进行思想碰撞。

5.1.2 创造性思维的特性

1. 思维的求实性

创造源于发展的需求，社会发展的需求是创造的第一动力。思维的求实性就体现在善于发现社会的需求，发现人们在理想与现实之间的差距。从满足社会的需求出发，拓展思维的空间。社会的需求是多方面的，有显性的和隐性的。显性的需求已被世人关注，若再研究，易步人后尘而难以创新；隐性的需求则需要创造性发现。

2. 思维的批判性

我们原有的知识是有限的，其真理性是相对的，而世界上的事物是无限的，其发展又是无止境的。无论认识原有的事物还是未来的事物，原有的知识都是远远不够的。因此，思维的批判性首先体现在敢于用科学的怀疑精神，对待自己和他人的原有知识，包括权威的论断，敢于独立地发现问题、分析问题、解决问题。

习惯思维是人们思维方式的一种惯性，致使人们不敢想、不敢改、不愿改，墨守成规，大大阻碍了新事物的产生和发展。因此，思维的批判性还体现在敢于冲破习惯思维的束缚，敢于打破常规思维，敢于另辟蹊径、独立思考，运用丰富的知识和经验，充分展开想象的翅膀，这样才能迸射出创造性的火花，发现前所未有的东西。

3. 思维的连贯性

一个日常勤于思考的人，易于进入创造性思维的状态，易激活潜意识，从而产生灵感。创新者在平时就要善于从小事做起，进行思维训练，不断提出新的构想，使思维具有连贯性，保持活跃的态势。

托马斯·阿尔瓦·爱迪生[①]一生拥有 1039 项专利，这个纪录迄今仍无人打破。他就是给自己和助手确立了创新的定额，每 10 天有一项小发明，每半年有一项大发明。有一次他无意将一根绳子在手上绕来绕去，便由此想起可否用这种方法缠绕碳丝。如果没有思维的连贯性，没有良好的思维态势，是不会有如此灵敏的反应。可见，只有勤于思维才能善于思维，才能及时捕捉住具有突破性思维的灵感。

4. 思维的灵活性

创造性思维思路开阔，善于从全方位思考，思路若遇难题受阻，不拘泥于一种模式，能灵活变换某种因素，从新角度去思考，调整思路，从一个思路到另一个思路，从一个意境到另一个意境，善于巧妙地转变思维方向，随机应变，产生适合时宜的办法。创造性思维善于寻优，选择最佳方案，机动灵活，富有成效地解决问题。举例如下。

（1）辐射思维：以一个问题为中心，思维路线向四面八方扩散，形成辐射状，找出尽可能多的答案，扩大优化选择的余地。人们在从事某项工作、解决某个问题时，往往也是多比较、多权衡，多几个思路、多几个方案，以增强解决问题的应变能力。

（2）多向思维：从不同的方向对一个事物进行思考，更注意从他人没有注意到的角度去思考。数学中的"三点找圆心法"，就是从三个角度去探试。古人看庐山："横看成岭侧成峰，远近高低各不同"角度就更多一些。这样才能对事物有更全面、更透彻的了解，才能抓住事物的本质，发现他人不曾发现的规律。

（3）换元思维：根据事物多种构成因素的特点，变换其中某一要素，以打开新思路与新途径。在自然科学领域，一项科学实验，常常变换不同的材料和数据反复进行。在社会科学

---

① 托马斯·阿尔瓦·爱迪生（Thomas Alva Edison, 1847—1931），美国发明家、企业家，拥有众多重要的发明专利，并被传媒授予"门洛帕克的奇才"称号。他是历史上第一个利用大量生产原则和工业研究实验室来从事发明专利的人。

领域，这种方式的应用也是很普遍的，如文学创作中人物、情节、语句的变换等。

（4）转向思维：思维在一个方向停滞时，及时转换到另一个方向。大画家达·芬奇[①]在绘画创作过程中观察人物、景物和事物时，就善于从一个角度不停地转向另一个角度，对创作对象、题材的理解随着视角的每一次转换而逐渐加深，最终抓住创作对象的本质，创作出一幅幅传世之作。当今，学科的发展日益呈现出既高度综合又高度分化的趋势，各种交叉学科、边缘学科和横断性学科层出不穷，跨学科研究已成为一种趋势，转向思维应用广泛。

（5）对立思维：从对立的方向去思维，从而将两者有机地统一起来。邓小平同志就是将社会主义制度和资本主义制度两种不同的社会制度，结合起来进行思考，提出了香港回归后"一国两制"的构想。

（6）反向思维：从相反的方向去思维，寻找突破的新途径。吸尘器的发明者，就是从"吹"灰尘的反向角度"吸"灰尘去思考，从而运用真空负压原理，制成了电动吸尘器。

（7）原点思维：从事物的原点出发，从而找出问题的答案。在探究事物时，我们常常会遇到这样的情况：百思不得其解的问题，最终回到问题的原点去思考，答案迅即出现。我国的古语"解铃还需系铃人"讲的就是这个道理。

（8）连动思维：由此及彼的思维。连动方向有三：一是纵向，看到一种现象就向纵深思考，探究其产生的原因；二是逆向，发现一种现象，则想到它的反面；三是横向，发现一种现象，能联想到与其相似或相关的事物。即由浅入深，由小及大，推己及人，触类旁通，举一反三，从而获得新的认识和发现。

5. 思维的跨越性

创造性思维的进程带有很大的省略性，其思维步骤、思维跨度较大，具有明显的跳跃性。创造性思维的跨越性表现为跨越事物"可见度"的限制，能迅速完成"虚体"与"实体"之间的转化，加大思维前进的"转化跨度"。

6. 思维的综合性

任何事物都是作为系统而存在的，都是由相互联系、相互依存、相互制约的多层次、多方面的因素，按照一定结构组成的有机整体。这就要求创新者在思维时，将事物放在系统中进行思考，进行全方位、多层次、多方面的分析与综合，找出与事物相关的、相互作用、相互制约、相互影响的内在联系。而不是孤立地观察事物，也不只是利用单一思维方式，应是多种思维方式的综合运用。不是只凭借一知半解、道听途说，而是详尽地占有大量的事实、材料及相关知识，运用智慧杂交优势，发挥思维统摄作用，深入分析、把握特点、找出规律。

这种"由综合而创造"的思维方式，体现了对已有智慧、知识的杂交和升华，而不是简单的相加、拼凑。综合后的整体大于原来部分之和，综合可以变不利因素为有利因素，变平凡为神奇。从个别到一般，由局部到全面，由静态到动态的矛盾转化过程，是辩证思维运动过程，使认识、观念得以突破，从而形成更具普遍意义的新成果的过程。例如，摩托车的诞

---

① 达·芬奇（Leonardo di ser Piero da Vinci, 1452—1519），意大利文艺复兴三杰之一，也是整个欧洲文艺复兴时期最完美的代表。他是一位思想深邃，学识渊博、多才多艺的画家、寓言家、雕塑家、发明家、哲学家、音乐家、医学家、生物学家、地理学家、建筑工程师和军事工程师。

生是将自行车的灵活性、轻便性和汽车的机动性、高速度合二为一的结果。后来，日本的本田株式会社又综合了世界上九十多种各具特色的发动机优点，研制出世界上综合性能最佳的发动机，用以装配出世界一流的摩托车，成为世界摩托车行业的领头羊。可见，将众多的优点集中起来，这绝非简单的凑合、堆积，而是协调、兼容和创造。

人类社会总是从低级向高级发展，总是向着有利于人类健康文明的方向发展，这是一个不以任何人的意志为转移的客观规律。人类社会已进入信息时代，社会发展呈现加速之势，首先归功于现代科学、计算机科学的高速发展，新软件、新产品层出不穷。最大的功劳在于计算机网络的运用，人们通过网络，缩短了彼此的距离，可以在网络上查询任何信息资料，并进行科学研究。思想的交流促使新的技术不断产生，这是当今社会加速发展的主要根源，其根本的原因在于人们创造性思维的运用。不同知识背景的人相互切磋、交流，思想相互碰撞融合、取长补短，不断产生新的灵感、新的技术。

总之，创造性思维方式是人类社会发展的最先进、最科学、最基本的方法和规律。善于掌握并使用创造性思维方式，就会促进科学技术的发展，促进生产力的提高，促进经济发展和社会产品的极大丰富，加速人类社会进步的发展进程，以及促进社会经济、文化、科技、宗教、文学、艺术各个学科的高速、可持续健康发展。

5.2　系统设计方法

5.2.1　系统论

系统一词，来源于古希腊语，是由部分构成整体的意思。今天人们从各种角度研究系统，对系统下的定义不下几十种，如"系统是诸元素及其顺常行为的给定集合""系统是有组织的和被组织化的全体""系统是有联系的物质和过程的集合""系统是许多要素保持有机的秩序，向同一目的行动的东西"等。一般系统论试图给一个能描述各种系统共同特征的一般系统定义，通常把系统定义为：由若干要素以一定结构形式联结构成的具有某种功能的有机整体。在这个定义中包括系统、要素、结构、功能四个概念，表明了要素与要素、要素与系统、系统与环境三方面的关系。

系统论是研究系统的一般模式、结构和规律的学问，它研究各种系统的共同特征，用数学方法定量地描述其功能，寻求并确立适用于一切系统的原理、原则和数学模型，是具有逻辑和数学性质的一门新兴的学科。系统论的核心思想是系统的整体观念。贝塔朗菲[1]强调：任何系统都是一个有机的整体，它不是各个部分的机械组合或简单相加，系统的整体功能是各要素在孤立状态下所没有的性质。同时认为，系统中各要素不是孤立地存在着，每个要素在系统中都处于一定的位置上，起着特定的作用。要素之间相互关联，构成了一个不可分割的整体。要素是整体中的要素，如果将要素从系统整体中割离出来，它将失去要素的作用。

系统论的基本思想方法，就是把所研究和处理的对象，当作一个系统，分析系统的结构

---

① 贝塔朗菲（Bertalanffy ludwig von，1901—1972），美籍奥地利生物学家，一般系统论和理论生物学创始人，20世纪50年代提出抗体系统论以及生物学和物理学中的系统论，并倡导系统、整体和计算机数学建模方法和把生物看作开放系统研究的概念，奠基了生态系统、器官系统等层次的系统生物学研究。

和功能，研究系统、要素、环境三者的相互关系和变动的规律性，并优化系统观点看问题，世界上任何事物都可以看成一个系统，系统是普遍存在的。大至渺茫的宇宙，小至微观的原子，一粒种子、一群蜜蜂、一台机器、一个工厂、一个产品等都是系统，整个世界就是系统的集合。

　　系统论的出现，使人类的思维方式发生了深刻的变化。以往研究问题，一般是把事物分解成若干部分，抽象出最简单的因素，然后再以部分的性质说明复杂事物。这种方法的着眼点在局部或要素，遵循的是单项因果决定论，虽然这是几百年来在特定范围内行之有效、人们最熟悉的思维方法，但是它不能如实地说明事物的整体性，不能反映事物之间的联系和相互作用，它只适应认识较为简单的事物，而不胜任于对复杂问题的研究。在现代科学的整体化和高度综合化发展的趋势下，在人类面临许多规模巨大、关系复杂、参数众多的复杂问题面前，就显得无能为力了。正当传统分析方法束手无策时，系统分析方法却能站在时代前列，高屋建瓴，综观全局，别开生面地为现代复杂问题提供有效的思维方式。

　　系统论既反映了现代科学发展的趋势，也反映了现代社会化大生产的特点，同时也反映了现代社会生活的复杂性，所以它的理论和方法能够得到广泛的应用。系统论不仅为现代科学的发展提供了理论和方法，而且也为解决现代社会中的政治、经济、军事、科学、文化等方面的各种复杂问题提供了方法论的基础，系统观念正渗透到每个领域。

5.2.2　系统论应用于工业设计

　　现在系统论思想形成了一股重要的思潮，在各个学科领域发挥着重大而深远的影响。现代工业设计由于面对的设计对象和设计环境日益复杂，从而有必要站在一定的高度来认识工业设计及其与环境之间的相互关系。以产品设计为核心，可以看到两个系统，即产品的内部系统与外部系统。按照系统论的观点，一件工业产品本身就是一个典型的系统，它是由若干要素以一定的结构形式联结构成的具有某种功能的有机整体，可以称为产品系统。产品的外部系统包括与产品的生产、销售、使用相关的一切外部要素，产品与这些要素的结合构成广义的工业设计系统。产品系统隶属于工业设计系统，并且是它的核心子系统。通常我们将人和环境（包括自然环境和社会环境）作为产品的外部环境要素来考虑，从而形成人—机—环境这样一个关联形式，作为工业设计系统的基本框架。

　　工业设计在今天已不仅是一项有组织、有计划、有目标的活动，而且与社会、经济和科技的发展密切相关。它最终所要满足的正是人们生理、心理、价值标准以及符合社会伦理道德等诸多组合。我们熟识的色彩、图案、造型等手段只成为一种角度的回答，技术中的材料、加工、构造和质量也只会在某一程度、某一侧面解决问题，设计的目的不只是赋予事物这单一角度的工作就可以实现的，它所要做的实质上是设计事物所有相关意义上的诸因素协调与综合，是为在特定环境下的人所适合。

　　工业设计发生、发展的历史是一个由简单到复杂的演进过程。由于其所具有的时代背景和文化特征不同，它的变化映衬着时代的物质生产和科学技术水平的特色，也体现着社会意识形态，并与社会的政治、文化、经济、艺术等方面密切相关。工业设计的系统观念正是在这样的背景和作用中提出并形成的，也成为今天设计领域中较为科学地回答设计行为的一种思维方法和设计实践理论。系统设计不是描述系统本身，也不是将事物的方方面面相加起来或是简单地罗列，而是设计的认识论和方法论。它以系统的方法来指导设计全过程，将设计对象置于整体环境中去认识、分析和研究，从环境的制约和要求条件所提供的可能与局限，如何能动地适合各个方面的反馈和需求进行深层次的探索，并强调在目标系统的定位中生存方式、环境、生态、人文因素的决定作用，研讨一种系统概念下的事物最佳状态——适合状态。系统设计观念是工业设计领域中思维方法的变革，它确保设计师的目光趋向事物的整体和本质，为创造更为完善的设计事物奠定了基础。

系统分析与综合是系统论的基本方法。分析是对现有已知系统进行分析，并对其性能和所能达到的指标进行评价。综合是根据对系统性能、指标的要求来构建系统。通常把系统分析和系统综合的方法结合起来，从系统的观点出发把设计对象及有关问题当作系统，对构成系统的各要素及有关问题进行分析，明确系统的特点、规律，在评价、归纳、改进的基础上，进行创造性思维，以确定新系统的结构、参数和特点，完成新的设计。下面以工业设计流程系统（图 5-1）为例，说明系统分析与综合的应用。

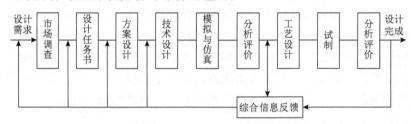

图 5-1　工业设计流程系统

在图 5-1 所示的设计流程系统中，设计流程始于社会需求。首先进行设计调查，即对设计问题进行市场调查。在调查社会需求、社会经济状况、消费者对产品的要求、消费能力、消费合理、市场价格、新技术、新材料和新工艺等技术状况的基础上，进行产品功能、人机工程分析和系统分析，确定产品设计定位。之后，编写设计任务书。设计任务书是调研系统分析的结果。然后，根据设计任务书所规定的产品目标、系统的各项要求和设计师丰富的知识经验，通过推理创新从产品结构、造型、色彩、功能、环境等诸设计变量和各子系统之间的相互关系上，全面系统地、创造性地进行研究构建设计方案，这是系统的综合。其后对设计方案进行分析评价，根据分析评价结果，调整设计方案，这是系统内的信息反馈和调节。它是一个局部的闭环系统，这种信息反馈调节往往要反复多次，至少要几个循环，这是方案优化的过程，其系统框图如图 5-2 所示。

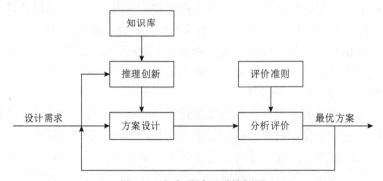

图 5-2　方案设计子系统框图

在系统分析与综合时，应该从全局的观点、系统的角度出发，把各设计变量及内部的、外部的各种影响因素统筹考虑，采取相应的定性或定量的分析方法，从设计系统和各子系统的不同层次上分析、归纳、研究。工业设计系统的分析和系统综合交织在一起，系统分析是系统综合的前提，通过分析为设计提供解决问题的依据，通过对分析结果的归纳、整理、完善和改进，在创新的基础上进行新的综合。

　　如前所述，系统论的分析与综合方法已被应用于工业设计产品开发流程系统，以及方案设计、技术设计子系统、设计资料的搜集分析子系统，如图 5-2 所示。系统论的思想和方法能为工业设计提供必要的理性分析依据，并能在初步方案设计后进一步从技术、造型艺术与各方面的关系中使设计具体化，再通过信息反馈，反复进行系统分析和系统综合的方法，使设计进一步优化。以系统的观点，在科学与艺术、功能与形式、性能与价格、人机与环境、宏观与微观等各方面的联系中寻求一种适宜的平衡。系统论在工业设计应用中主要是体现一种观念，这是一种指导思想，一种看问题的立场和观点，它并不着重于说明事物本身是什么，而是强调应该如何认识和创新事物，因此系统论是一种思想方法论，是一种设计哲学观。对工业设计师来说，主要应掌握系统论的基本思想和方法，树立对设计系统的整体、全局、辩证的观念，并将其应用于实际设计系统。

5.2.3　系统论的产品设计方法

　　在进入知识经济时代和网络信息社会的今天，为了使精神文明建设和物质文明建设同步发展，人们不但需要将设计提升为创新设计，更需要通过创新实践将创新设计的有关目标予以实现。以系统的观念进行产品设计，将大大提高设计效率，使产品更多地满足人们的使用需求和社会发展对产品的要求。

　　产品以某些物质因素成形后是固定不变的，人们选择产品和消费产品的过程是人的需求和产品之间的接触过程，因此产品生产者极力夸大产品的性能，以此来削弱不同的人对产品的客观因素，从而形成产品至上、一切以产品为中心的状态。这样就形成一种简单的人与物、物与物之间的联系，这种观念称为"单一产品观"。

　　与"单一产品观"对立的就是"产品系统观"，它基于人类社会的变化因素，关注产品从为何生产到如何消费的全过程。即探讨产品为何产生，为何变化，如何变化，在社会流通中所产生的关系，技术与艺术等各种人类社会的因素变化对其发展所造成的影响，产品以何种背景进行其形态的变迁等。

　　运用"系统产品观"来指导产品设计，就是把产品设计规划为一个巨大的系统，分析产品设计所涉及的各种因素，因为这些因素之间是相互影响、相互制约的关系，这些关系满足系统概念的要求，因此它们是构成产品设计系统的各个要素。将这些要素依据它们在系统中的性质和作用进行划分与归类，组建成产品设计系统下属的各个子系统，这样就形成以系统的形式来体现产品设计。

　　以系统的形式进行产品设计，能够贯通物质形成和社会中的运转，反映人的作用与反应，把产品所涉及的各项关联因素进行系统分层研究，操纵时刻有可能发生变化的产品构成实体。因此，这种产品设计系统观更适合现代社会构成的整体发展，更能以人为中心进行产品的规划和设计。

　　作为一定功能的物质载体，产品本身就具备多种要素和合理结构、功能。从工业设计的角度看，这些要素包括产品的形态、功能、结构、色彩、材料、人机工程学等内容。产品的设计则是从这些要素出发，结合现代设计理论与技术，在充分考虑人的因素和社会因素的前提下，所进行的创造性活动。将产品设计看作一个系统，将改变产品设计概念被局限于单纯的技能与方法的认识，而将产品设计纳入系统思维和系统操作的过程。

产品设计系统是指以系统论为指导，结合现代理论与技术，在充分考虑人与社会环境因素的前提下，将产品设计的相关过程中的创新设计理论和方法作为相互联系、相互制约的元素，而建立起来的一个产品设计有机整体。产品设计系统是一个并行运行模式的系统。

产品设计系统包含的内容非常广泛，从设计任务和途径的角度来看，主要包括以下几个方面。

（1）明确市场现状、市场需求与消费者意识观念。

（2）明确设计目标。

（3）明确设计方法、思维方法。

（4）达到目标的途径与策略。

（5）为达到目标而必须运用的工具。

（6）设计所必须遵从的程序方式和原理。

市场现状、市场需求和消费者意识观念是产品设计的基本出发点。市场现状即在现有技术条件下所形成的各种产品，认识与分析它们，可以更加明确产品设计的目标。产品是否能够满足消费者需求，一是要看产品是否满足当前社会因素下，人们对于产品的功能要求；二是看产品的造型、色彩、肌理等是否能够满足人们的审美观念；三是看产品的造型和结构是否满足人机工程学的要求，是否能够给使用者带来舒适和方便。这些都需要对消费者的意识观念和市场环境进行研究。明确设计目标主要是确定设计出的产品应具备的功能，其次是造型、结构、色彩、肌理等内容。在对市场需求和消费者意识观念准确把握后，产品设计的标准也就基本明确。根据这个标准，产品的设计目标就可以被总体规划出来。产品设计要顺利完成，除了采用较好的设计方法和充分发挥创造性思维之外，还需要一些辅助工具，这些工具包含计算机软件、各种虚拟设备以及一些辅助性的设计技术等。它们具有提高设计效率、减少设计失误、降低设计成本等优势。

系统化的产品设计是形成产品最有效的方式，通过系统分析，系统的要素和结构需要较好的协调才能创造出多样化的设计方案，在多种方案之间通过系统综合和优化，寻求最佳方案。因此，可以应用系统论建立产品设计系统，并将它以模型的形式确定下来，将有利于系统的综合与优化，有利于寻求产品创新的最优解决方案。

5.3　功能主义设计思想

"功能主义"一词早在 18 世纪就已出现，当时指的是一种哲学思想。然而，随着工业革命带来的设计史上的巨大变革，现代主义设计开始萌芽、发生和发展，功能主义也随之被赋予了新的意义。作为现代主义设计的核心与特征，它以崭新的面貌在 19 世纪 40 年代确立了其历史地位。第一个在艺术理论中使用"功能主义"术语的，是意大利建筑师阿尔贝托·萨托里斯[①]。1923 年，他在《功能主义建筑的因素》一书中阐述未来主义时，提出了功能主义

---

① 阿尔贝托·萨托里斯（Alberto Sartoris，1901—1998），是现代建筑主要创始人，也是国际现代建筑联盟（CIAM）的奠基人之一，意大利第一座理性主义建筑的设计人，他还协助成立意大利现代建筑运动（MIAR）并发起功能主义建筑运动。他对于欧洲现代主义建筑运动的重要贡献以及他一生的建筑实践工作，使他在 20 世纪建筑历史上占据了重要地位。

概念。功能主义就是要在设计中注重功能性与实用性，即任何设计都必须保障功能及其用途的充分体现，其次才是审美感觉。

今天，与第一代大师讨论的"功能"相比，它的意义绝不仅仅只是为满足标准化大工业生产的需要，满足低廉的造价，新材料的使用，提供完善的使用。今天的"功能"应符合人类追求体力解放与精神自由的双重要求，应研究科学技术对人和人生存方式的影响，应面对高科技的发展和知识经济结构社会给设计带来的又一次新的革命与挑战。

现代设计采用新的工业材料，讲究经济目的，强调功能要素，其高度功能化、理性化的特点非常易于吻合国际交往日益频繁的商业社会。无论建筑、家具、用品、平面设计或字体设计，功能主义提供了虽然单调但非常有效的设计基础，在网络时代的信息社会里，这一点显得尤为重要。全球经济一体化，设计资源的共享，知识经济时代的到来，这一切无疑为功能主义得以继续发展提供了广阔的时代背景。

5.3.1　功能主义的内涵

现代人称为"设计"的造物行为区别于远古先辈的造物行为，是因为现代造物行为是在社会发展到当今大规模生产时的一种社会行为，相较远古时代人们朴素和个人化的造物行为，现代造物行为具有更高级的形式和程序，设计者的行为结果往往不是为了满足他自己的需要而进行的，而是为了满足社会需要而进行的。功能主义设计思想很好地体现了这一宗旨，具体表现在以下方面。

1）崇尚理性的设计理念

人类经过长期的劳动，感性经验不断累积，逐渐形成科学系统，于是产品设计中也有了更多的理性参与，但这还是无意识的理性构成，甚至出现反理性的现象。例如，17、18世纪出现的巴洛克和洛可可风格，过度繁琐的装饰甚至损坏了产品的功能。到了近现代，理性主义理论的发展大大影响了产品设计的形态，功能主义思想在这种情况下，更关注产品设计中的理性因素。这种崇尚理性的设计理念现在看来都具有一定的先进性，它虽然隐于无形之中，但是决定着设计成果的前途和命运。

2）为大众服务的意识

现代设计的产生基于大工业的生产方式和以大多数人为消费对象的设计思潮。20世纪现代设计兴起的背景之一，就是在民主化运动进程中，提出为大众服务的口号，要求设计民主化。生产力的逐步发展、生产方式的逐步改进以及社会分工的逐步完善等因素，促使社会变成一个庞大的市场，也正是由于生产力水平的提高，社会关系的重大变化，设计开始重视产品的广大使用者，只有抓住这些人的"心思"，商家才有利可图。随着社会的发展，人们主张创造新的、方便大众的生活方式，这也正符合了在"大众"这样广大的社会群体中出现的"新大众"群体的需求。

3）正确认识技术的思想

功能主义思想的另一个重大突破在于它能够正确认识技术，使技术与艺术结合，这一点最突出地反映在对新材料的开发上。而功能主义对于新材料的开发，又在建筑和家具领域尤为突出。

今天的人们谁也不会认为钢铁和玻璃材料构建的建筑物有什么特别之处，但在1851年的炫耀英国工业革命伟大成就的世界博览会上，由建筑师、园艺家帕克斯顿以玻璃和钢材组合起来作为展览空间的庞大外壳"水晶宫"般的展览厅，使人们惊叹。这个外形如简单的阶梯状长方形，各面只显出铁架和玻璃，没有任何多余的装饰，完全体现了工业生产和机械的本色。透明如水晶般的建筑物彻底改变了人们认为只有红砖和石材结构才可以构筑建筑的观念。这个世界上第一个用钢铁、玻璃建造的空间，另一个引人注目的成就是真实地反映了金属和玻璃材料本身的特性，尊重材料的品格，注重形式与功能的统一。

4）文化特征

在人类的社会生活中，各种现象无不与文化相关联。从衣食住行到人际交往，从风土民俗到社会体制，从科学技术到文学艺术，一切由人所创造的事物，都是一种文化现象。社会文化是产生和吸收设计的环境，而设计则是社会文化的一个有机组成部分，它在文化的参与和制约下展开与完成，并体现出当时文化的风貌。设计依赖于文化，又开拓文化。不同的文化反映出不同的价值和审美观念，它们在工业产品、建筑、服饰、环境建设等设计过程中起到不可忽视的作用。

功能主义设计也不例外。在它所处的时代背景下，社会文化对功能主义设计的影响主要有以下表现：影响设计原则；影响设计师和消费者的思维方式；影响设计的形式体系；影响设计的评价标准。设计无时无处不受文化的影响。设计从来就不是纯个人行为，而是文化建设，是社会性的行动，是一种群体行为。

5.3.2　功能的分类

功能是产品与使用者之间最基本的一个关系。每一件产品均具有不同的功能，人们在使用一件产品的过程中，是经由功能而获得需求的满足。

功能的分类可以从不同的角度出发，如图 5-3 所示。

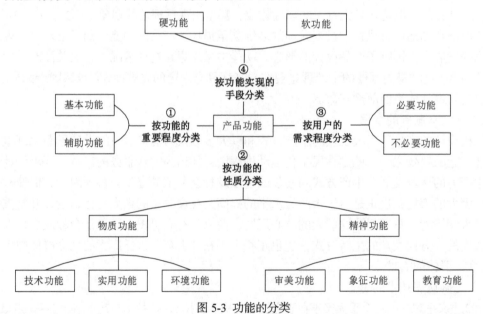

图 5-3　功能的分类

按功能的重要程度，可分为基本功能和辅助功能。基本功能是设计对象最重要的功能，也是用户最关心的功能。

按功能的性质，可分为物质功能和精神功能。物质功能指设计对象的实际用途或使用价值，它是设计者和使用者最关心的东西，一般包括设计对象的适用性、可靠性、安全性和维修性等。精神功能则是指产品的外观造型及产品的物质功能本身所表现出的审美、象征、教育等功能。精神功能的创造与表现是工业设计的目的之一。设计对象的物质功能和精神功能是通过基本功能和辅助功能实现的。所以，在设计产品时，不仅要满足用户的物质功能要求，还要根据不同产品的具体情况，切实考虑精神功能的体现。

按用户的需求程度，可分为必要功能和不必要功能。必要功能是指用户所需要，并承认的功能，如果产品满足不了用户的需求，则它的功能不足；反之，如果有些功能超过了用户需要的范围，则它是多余功能。

按功能实现的手段，可分为硬功能和软功能。硬功能类似于我们平时所说的硬件，是指通过真实存在的机构、实体等实现的功能；而软功能类似我们平时所说的软件，它是随着数字化时代的到来而出现的，是指可通过产品内部程序的设定、应用等实现的功能。

5.3.3　功能论指导下的产品设计

案例 1：功能集成创新饮水机设计

功能是一个整体，是产品设计的各个方面的因素共同产生出来的一种整体效用，既包括物质因素，也包括心理因素，是一个从内到外、从功效价值到审美价值的整体。图 5-4 为多功能饮水机的功能集成创新过程。

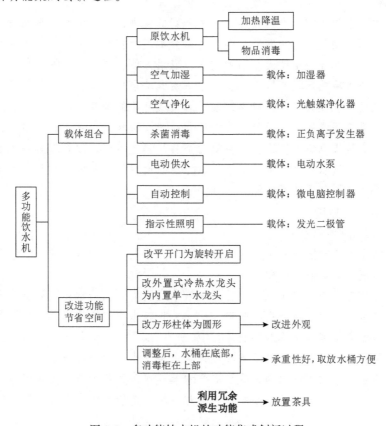

图 5-4　多功能饮水机的功能集成创新过程

1. 功能分析

饮水机是由饮水桶、内置式冷热水罐（加热制冷器）、外置式冷热水龙头、消毒柜、机壳等几部分组成的，基本功能是给饮用水加温、降温和物品消毒。

1）分析需要剔除和改进的功能要素

（1）饮水机功能单一，占用空间较大。1m多高的设备只有给饮用水加热、降温和物品消毒的功能，没有充分利用有限空间，造成了现有功能载体的浪费。

（2）从外观设计角度，用户普遍认为，方形柱体设计呆板生硬，缺乏美感。

（3）饮水机夜间使用很不方便。用户还需要打开卧室的照明，才能完成倒水，再加上机械式的按键使用起来费力、不灵敏，很容易烫伤身体。

（4）由于饮水桶安装太高，用户在装卸时会显得非常费力。

2）剔除和改进的措施

（1）解决空间布局和空间浪费问题。设计人员采用合并同类的概念，考虑到一些相互隔离的产品的结构、电源、外壳等功能载体部分可以"资源共享"，因此给饮水机增加几种概念上相似、技术上相关的功能，把多种产品的功能集成在饮水机这个主体产品上，使原饮水机由单一功能发展成多种功能的紧凑实用型产品。这样，不但可以有效地节约材料和加工成本，而且节省了有限的使用空间。

（2）外观功能、结构特性等方面发生重大变化。把饮水机方形柱体调整为圆形柱体，使饮水机、饮水桶和其他设备内外一致、上下一致，浑然一体。

（3）原饮水机消毒柜的平开门开启后占用一定的空间，容易刮碰。现在设计的玻璃旋转门，是在消毒柜的外圈轨道内旋转开启的，可以分别进行左旋、右旋，并可将其全部转到消毒柜的背面，因而具有开启角度大、不占空间、取用方便、新颖时尚等特点。

（4）剔除外置式冷热水龙头，用内置式单一水龙头取代，减少占用外部空间。另外，用软键式轻触开关代替机械式开关，避免频繁开启造成开关的损坏。

（5）结合人机工程学原理，设计人员把饮水桶与消毒柜的位置重新调整。饮水桶设置在饮水机的底部，安放水桶省力省事，而且重心下移，稳定性好，较好地解决了饮水机的承重问题。消毒柜设置在饮水机的上部，取用水具方便，而且饮水机的顶端为放置茶具等其他轻巧器具创造了条件，增加了使用功能。

2. 功能组合设计过程

1）把加湿器同饮水机组合

饮水机和加湿器在功能关系上没有直接的联系。但是，设计人员通过联想思维、功能载体组合的方法，使它们之间发生联系。

加湿器的工作方式中有其不利的条件。一般家庭没有专门的水处理设备，只好用凉开水或直接使用自来水，作为加热使用的原料。然而，自来水中的杂质容易随加湿器雾化的气体逸出，水中的污垢会损害加湿器的换能片。

空气和水同是生命存在的必要条件。设计人员从饮水机使用纯净水联想到加湿器也需要较纯净的水。饮水机中的水加热沸腾后形成的水蒸气作为冗余功能载体看待，只要通过合理利用，同样能够对室内空气进行全面处理。由此，单一功能的饮水机可以集成空气加湿这一新功能。

那么怎样利用桶装水把饮水功能和加湿功能结合起来？这是一个非常关键的问题。加湿器制造领域中，光触媒空气净化、正负离子杀菌消毒、空气加湿等技术已经相当成熟，它们能够模仿自然的净化过程，对室内空气进行处理，把清新湿润的空气和有益健康的负氧离子引入干燥封闭的室内。

于是，设计人员把加湿器领域的技术移植到饮水机中，把光触媒空气净化器、正负离子发生器同饮水机组合，给饮水机增加了空气净化、杀菌消毒、加湿的功能，从而创造性地提升了饮水机的使用价值，扩大了饮水机的使用范围。

2）其他的组合

把电动水泵组合到饮水机上，用电动水泵供水代替自流式供水，向上端的加湿器及饮水机冷热水罐供水。

调整饮水机的操作方法，把微电脑控制器组合进来，设置微电脑控制程序，变手动操作为自动控制运行。

针对饮水机夜间使用很不方便的缺点，设计人员把数码显屏（高亮度蓝屏）组合到饮水机上，设立了发光二极管和光敏开关。这就可以为饮水机的软键开关、内置式水龙头和消毒柜内进行指示性照明，既方便使用，又美观大方。

经过功能集成创新之后的多功能饮水机突出了人性化、个性化的特征。其人性化特征主要体现在实用功能上，强调"友好的人机界面"，使用户使用时感觉舒适、方便；其个性化特征主要表现在外观造型功能的设计上，既注重标新立异和与众不同，又满足了用户，尤其是年轻人追求时尚、崇尚个性的心理。

功能集成创新将市场看作各种功能市场的组合，某一功能市场中可能有不同产业的替代品相互竞争，功能组合会创造产业市场之外的新的功能市场空间，创新性的功能组合可能超越产业边界，或改变产业之间的关系。

功能集成创新可以利用现有的技术对功能进行创新，也可以借助技术创新的成果对功能集成系统进行激进型的创新。企业需要分析技术需求，选择合适的技术能力整合模式。从技术关联的角度进行功能集成创新的技术选择，有助于实现技术需求。较多的功能集成创新可以建立在通用型技术关联基础上，某些企业的新技术可以顺利地扩展到相关领域，使不同产业原本无关的企业之间产生相互依赖性。而互补性技术关联使各自对应的技术相互融合和发展，产生新的组合，促使功能集成创新的技术能力整合。

案例 2：空调设计

功能论是通过产品功能的分析与综合，结构系统的抽象与具体，造型单元的变化与组合等途径，对问题加以解决的一种设计观念及方法。

1. 空调的用途和构造

空调是一种常见的家用电器，它能自动地调节房间温度、降低湿度、循环和过滤室内空气，为用户提供舒适的工作环境和生活环境，对提高人们的生活品质具有很大意义。随着现代科学技术的发展，空调的功能和种类也越来越多，而这里主要对分体式空调器做一些简要分析。

分体式空调器的构造可分为室内机组、室外机组、室内外连接管和遥控器。室外机组主要部件有压缩机、冷凝器、室外风扇、节流元件、室外机壳。室内机组主要部件有蒸发器、室内风扇、室内机壳等。

2. 空调功能定义

考虑到空调精神功能的重要性，进行功能定义时应同时考虑物质功能和精神功能。除了对空调总功能进行定义外，对各个部件也需定义，见表5-1和表5-2。

表 5-1 空调总功能定义

产品名	物质功能		连词	精神功能	
	动词	名词		动词	名词
空调	降低	温度	和	具有	造型美
	升高	温度		表现	舒适的特性
	洁净	空气		符合	人的感受条件

表 5-2 空调部件功能定义

产品名	物质功能		连词	精神功能	
	动词	名词		动词	名词
压缩机	压缩	制冷剂蒸汽			
冷凝器	冷却	制冷剂			
节流元件	降低	制冷剂液体的压强和温度			
室外风扇	降低	冷凝器温度			
室外机壳	支撑	室外机	和	体现	造型美，与建筑物的融合感和安全感
蒸发器	吸取	室内热量			
室内风扇	排出	冷空气	和	体现	造型美，与室内环境的融合感和舒适感
室内机壳	支撑	室内机			
遥控器	控制	空调的运行	和	体现	造型美，与空调机的整体感、舒适感和友好的操作界面
室内外连接管	支撑	室内机	和	体现	和谐感和整体感

3. 空调功能分类

（1）按功能的重要程度分类，功能可分为基本功能和辅助功能，通过用途和结构分析不难得出，空调的基本功能是实现室内温度的升高和降低。这两个基本功能是发挥空调效用必不可少的条件，也是设计者设计的基础。而洁净空气以及美学功能和象征功能是其辅助功能。

（2）按功能的性质分类，功能可分为物质功能与精神功能。物质功能一般包括空调的舒适性、安全性、可靠性和维修性等。精神功能则是通过空调的外观造型及产品的物质功能本身所表现出的审美、象征、教育等功能。精神功能的创造与表现是工业设计的目的之一。如图 5-5 所示，空调的物质功能和精神功能是通过基本功能与辅助功能来实现的。

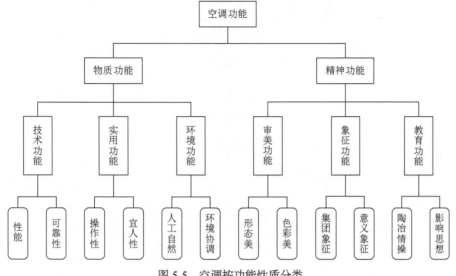

图 5-5　空调按功能性质分类

（3）按用户的要求分类，功能可分为必要功能和不必要功能。我们进行功能分析的目的，就是要保证空调的必要功能，排除不必要功能和多余功能。值得注意的是，从工业设计的角度来看，有些功能具有良好的精神审美以及象征、教育价值，对整个空调的基本功能的发挥具有重要作用，或者其体现出的精神功能是空调的重要要求时，我们就认为这是必要的，而不能仅仅从物质技术的角度来看待。

空调的基本功能对用户来说是必要功能。除此之外，美学功能也应是所考虑的必要功能之一。空调的美学功能是空调对人类心理、人体感官发生的作用，引起人的感受。空调的设计应使所设计的空调通过形态、色彩、材质、肌理、表面加工、装饰等手段符合人的感受条件，维持人类的心理健康，即在满足人们的心理条件下赋予空调这一产品以美学功能。

按功能的内在联系分类，可分为目的功能和手段功能，或者说是上位功能和下位功能。目的功能表示任何一个功能的存在都有其特定目的。空调任何子功能的存在都有其特定目的，而最终的目的功能则是空调的基本功能和辅助功能。但是，任何目的功能的实现都必须通过一定的手段，对实现目的功能起手段作用的功能称为手段功能。

4. 功能整理

功能整理是指用系统的思想，分析各功能间的内在联系，按照功能的逻辑体系编制功能关系图，以掌握必要功能，发现不必要功能。如前所述，在空调的许多功能之间，存在着上下关系和并列关系。功能的上下关系是指在一个功能系统中，功能之间是目的与手段的关系。功能的并列关系是指在复杂的功能系统中，为了实现同一目的功能，需要有两个以上的手段功能，即对于同一上位功能，存在着两个以上并列的下位功能。这样的两个以上的功能之间就是并列关系。这些并列的功能各自形成一个子系统，构成一个功能区域，称为"功能领域"，如图 5-6 和图 5-7 所示。

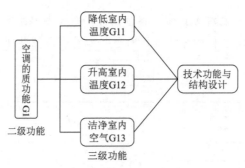

图 5-6　物质功能系统图

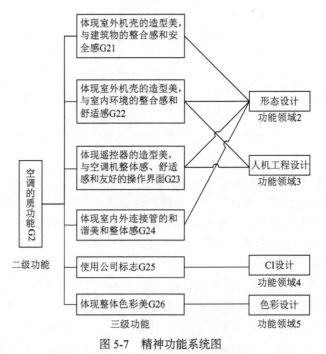

图 5-7　精神功能系统图

5.4　人性化设计理念

在全球经济迅速发展的今天，"人性"这个词备受人们关注。现代工业化社会中的人们在享受物质生活的同时，更加注重消费品在方便、舒适、可靠、有趣、安全和效率等方面的评价，在高科技社会里，人们必然追求一种高科技与高情感的平衡，一种高理性和高人性的平衡，也就是在产品设计中常提到的人性化设计问题。

人性化设计是指在设计过程中，根据人的行为习惯、生理结构、心理情况、思维方式等，在原有设计基本功能和性能的基础上，对设计对象进行优化，是在设计中对人的心理、生理需求和精神追求的尊重与满足，是设计中的人文关怀，是对人性的尊重。

从工业设计的范畴来看，人们的生活中会接触到许许多多、样式各异的产品，产品要想令人满意，让人从心理上去感知、去接受，关键是看产品的人性化设计。人性化设计主要体现在产品功能、人机、材料等方面更适合于人。今天人们在选择产品时，首先要看的是产品的舒适度和质量，其次在造型、色彩上有很高的要求。

设计是人的设计，即满足人生理和心理的需要、物质和精神的需要。人类最初的设计，正是针对人们最普通、最基本的需要展开的。

为了让用户成功地使用产品，使用户能够体验到人性化的设计关怀，产品必须具有和用户同样的思维模式，也就是说设计师的思维模型需要和用户的思维模型一致。这样设计师才能通过产品来与用户交谈，用户才能真正体会到设计师想要通过产品向其传达的情感寓意。因此，设计师在开始进行创意设计前，应该充分了解用户，包括用户的年龄层次、文化背景、审美情趣、时代观念、心理需求等。另外，应充分了解用户的使用环境，以便设计出的产品能够真正融入用户的生活和使用环境中。在设计过程中也应该让使用者参与进来，在不同的设计阶段对产品设计进行评估，这样可以使得设计的中心一直围绕目标用户，设计出来的产品也能更加贴近用户的需求。设计的主体是人，设计的使用者和设计者也是人，因此人是设计的中心和尺度。从这个意义上来说，人性化设计理念的出现完全是设计本质要求使然。

5.4.1 产品的人性化设计

作为人类生产方式的主要载体——设计物，它在满足人类高级的精神需要，协调、平衡情感方面的作用是毋庸置疑的。设计师通过对设计形式和功能等方面的"人性化"因素的注入，赋予设计物以"人性化"的品质，使其具有情感、个性、情趣和生命。人性化设计的实现方式就在于以有形的"物质态"反映和承载无形的"精神态"。

1. 产品造型的人性化设计

造型设计中的造型要素是人们对设计关注点中最重要的一方面，设计的本质和特性必须通过一定的造型而得以明确化、具体化、实体化。在"产品语意学"中，造型成为重要的象征符号。如图 5-8 所示，灯具造型在塑造特定美感的同时，也解决了灯具常见的眩光问题，避免晃眼，体现出对用户使用体验的关注。

图 5-8　灯具设计

2. 产品色彩的人性化设计

在设计中，色彩必须借助和依附于造型才能存在，必须通过形状的体现才具有具体的意义。但色彩一经与具体的形相结合，便具有极强的感情色彩和表现特征，且具有强大的精神影响。针对不同的消费群和不同的使用场合，颜色的选择非常重要。如图 5-9 所示，柔和的产品色彩体现出家居环境所具有的温馨浪漫的生活氛围。

图 5-9　生活用品色彩设计

3. 产品材料的人性化设计

产品设计在为人类创造了新颖、宜人的设计产品的同时，也加速了资源、能源的消耗，并对地球的生态平衡造成了巨大的破坏。设计师面对生态的破坏及对健康的不良反应，提出了绿色设计。绿色材料是指在原料采取、产品制造使用和再循环利用以及废物处理等环节中与生态环境和谐共存，并有利于人类健康的材料，要具备净化吸收和促进健康的功能。在产品设计时选用绿色材料，是着眼于人与自然的生态平衡关系，是人文关怀的体现。可以从不同角度来看材料的作用：①从环境适应性角度选择材料体现人性化；②从文化与审美层面选择材料体现人性化；③从安全的角度选择材料体现人性化。

如图 5-10 所示的华硕竹韵笔记本电脑，它不仅采用源自天然、健康环保的优质竹材为外壳，且集结了优雅外观、柔性质感、效能卓越、节省能源等诸多独家优势于一体，更加符合现代人时尚、绿色的生活需求，是华硕诠释科技环保时尚新风的代表之作。立足于竹材自身的物性基础，这款笔记本电脑将朴素雅然的古风古韵彰显无遗，整片上盖不见丝毫棱与角的凌厉，即使是上下盖边缘、转轴处都被精湛匠心妥帖包裹，于行云流水中轻轻驱走现代都市生活中的浮躁气息。而竹子本身具有金属合金制品所没有的高强承压力，以及华硕数道复杂工艺的处理，都使得竹韵笔记本电脑具备了良好的耐压、耐磨、耐潮和无惧热胀冷缩等特性。

图 5-10　华硕竹韵笔记本电脑

4. 产品功能和结构的人性化设计

好的功能对于一个成功的产品设计来说十分重要。人们之所以有对产品的需求，就是要获得其使用价值——功能。如何使设计的产品的功能更加方便人们的生活，更多、更新考虑到人们的新需求，是未来产品设计的一个重要出发点。例如，送饭或送药品的小车，在它的轮子上设计一个刹车装置，这样就不怕因碰撞而使车子滑动伤害到小孩或老人。产品结构是指产品的外观造型和内部结构。产品的形态一定要符合使用者的心理和审美情趣。美观大方的造型、独特新颖的结构有利于使用者高尚审美情趣的培养，符合当今消费者个性化的需求。如图 5-11 所示的奶瓶，额外增加的把手更便于幼儿喝奶时持握奶瓶。

图 5-11　婴幼儿奶瓶

5. 产品名称的人性化设计

借助语言词汇的妙用，给设计物品一个恰到好处的命名，往往会成为设计人性化的"点睛"之笔，可谓是设计中的"以名诱人"。如同写文章一样，一个绝妙的题目能给读者以无尽的想象，给主题以无言的深化。一种好的设计有时也需要好的名字来点化，诱使人想象和体味，让人心领神会而怦然心动。设计师在展示其设计的实用功能的同时，还给人们提供了许多实用之外的东西，带给人们许多思考和梦想，其给人的心灵震撼和情感体验是不言而喻的，例如，图 5-12 所示名为"雨燕"的铃木汽车。

图 5-12 铃木"雨燕"

6. 产品趣味性和娱乐性的人性化设计

现代产品设计不仅要满足人们的基本需要，而且要满足现代人追求轻松、幽默、愉悦的心理需求。设计师应将设计触角伸向人的心灵深处，通过富有隐喻色彩和审美情调的设计，在设计中赋予更多的意义，让使用者心领神会而倍感亲切，如图 5-13 所示。

图 5-13 趣味化产品设计

5.4.2 人性化设计的技术实现方式——人机工程学

从根本上说，人性化设计应该是功能主义的，它是在保障产品功能的前提下，改进产品的设计，以达到符合人机工程学的一般原理的设计理念。

人机工程学是研究系统中人与其他组成部分交互关系的学科，运用其理论、数据和方法进行设计，应达到系统工效优化及人的健康、舒适的目的。

只要是"人"所使用的产品，都应在人机工程上加以考虑，产品的造型与人机工程无疑是结合在一起的。我们可以将它们描述为：以心理为圆心，生理为半径，用以建立人与物（产品）之间和谐关系的方式，最大限度地挖掘人的潜能，综合平衡地使用人的机能，保护人体健康，从而提高生产率。

对于一件产品如何来评价它在人机工程学方面是否符合规范呢?以德国 Sturigart 设计中心为例，在评选每年优良产品时，人机工程学所设定的标准如下。

（1）产品与人体的尺寸、形状及用力是否配合。

（2）产品是否顺手和好使用。

（3）是否防止了使用人操作时意外伤害和错用时产生的危险。

（4）各操作单元是否实用；各元件在安置上能否使其意义毫无疑问地被辨认。

（5）产品是否便于清洗、保养及修理。

人机工程学的显著特点是，在认真研究人、机、环境三个要素本身特性的基础上，不单纯着眼于个别要素的优良与否，而是将使用"物"的人和所设计的"物"以及人与"物"所共处的环境作为一个系统来研究。在人机工程学中，将这个系统称为"人—机—环境"系统。这个系统中，人、机、环境三个要素之间相互作用、相互依存的关系决定着系统总体的性能。

人机工程学研究内容及其对于设计学科的作用可以概括为以下几方面。

（1）为工业设计中考虑"人的因素"提供人体尺度参数。应用人体测量学、人体力学、生理学、心理学等学科的研究方法，对人体结构特征和机能特征进行研究，提供人体各部分的尺寸、体重、体表面积、比重、重心以及人体各部分在活动时的相互关系和可及范围等人体结构特征参数，提供人体各部分的发力范围、活动范围、动作速度、频率、重心变化以及动作时惯性等动态参数，分析人的视觉、听觉、触觉、嗅觉以及肢体感觉器官的机能特征，分析人在劳动时的生理变化、能量消耗、疲劳程度以及对各种劳动负荷的适应能力，探讨人在工作中影响心理状态的因素以及心理因素对工作效率的影响等。人机工程学的研究，为工业设计全面考虑"人的因素"提供了人体结构尺度、人体生理尺度和人的心理尺度等数据，这些数据可有效地运用到工业设计中。

（2）为工业设计中"产品"的功能合理性提供科学依据。现代工业设计，如搞纯物质功能的创作活动，不考虑人机工程学的需求，那将是创作活动的失败。因此，如何解决"产品"与人相关的各种功能的最优化，创造出与人的生理和心理机能相协调的"产品"，这将是当今工业设计中，在功能问题上的新课题。

（3）为工业设计中考虑"环境因素"提供设计准则。通过研究人体对环境中各种物理因素的反应和适应能力，分析声、光、热、振动、尘埃和有毒气体等环境因素对人体的生理、心理以及工作效率的影响程序，确定了人在生产和生活活动中所处的各种环境的舒适范围与安全限度，从保证人体的健康、安全、合适和高效出发，为工业设计方法中考虑"环境因素"提供了设计方法和设计准则。

以上三点充分体现了人机工程学为工业设计开拓了新设计思路，并提供了独特的设计方法和理论依据。

人机工程学从不同的学科、不同的领域发源，又面向更广泛领域的研究和应用，是因为人机环境问题是人类生产和生活中普遍性的问题。人机工程学的应用则涉及工业设计的各个方面，从铅笔、钳子、杯子，到西装、运动鞋、牙刷，再到汽车驾驶室、电站控制室、宇航员座舱，处处离不开人体工程学。

现代社会物质生产极大丰富，生活节奏日益加快，人们更关心情感上的需求，精神上的需求。而对于工业设计师来说，产品设计始终是以人为核心的设计。这便要求设计师把满足人们内心深处的愿望作为设计的重要考虑因素之一，并努力在产品设计中表现出来。产品设计毕竟不是完全意义的艺术创作，不能完全是设计师自身情绪的宣泄。设计师要充分考虑产品使用群体的审美心理因素，最大限度地满足用户的情感需求，在此前提之下，提倡设计师将自身个性和风格融入进去。毕竟，设计师还担当着引导时尚潮流的角色。

5.5　可持续发展设计思想

人类总是不断地通过发明、设计等创造性活动，从简单到复杂，从低级到高级，一步一步地改造自然和征服自然，推动着文明的发展、社会的进步和科学技术的提高，并享受到了由此带来的各种益处。人类改造自然的这些发明、设计和科技创新犹如一把双刃剑，既为人类带来福音，又在许多方面造成了日益严重的环境和生态问题。人口爆炸、能源危机、温室效应、全球气候变暖、水资源嫌缺、稀有动物濒临灭绝、生物链遭到破坏等各种问题威胁着人类的生存。为了保证我们现在的生活环境和生活质量，为了我们后代能有理想的生活环境和生活质量，不得不采取行动来缓解和改变这种状态。

20 世纪 70 年代以来，人们开始意识到人类高强度消耗自然资源的传统生产方式和过度消费，已经使人类付出了沉重代价。为了人类未来的生活和子孙后代的幸福，人们开始提倡保护自然资源、保护和绿化环境，在设计界更加提倡协调人与自然的设计，保护环境、节约材料能源成为设计中需要考虑的重要因素。

将可持续发展思想纳入设计领域，促成了设计理念的根本性变革，更为深刻地阐明了设计对于认识世界、改造世界的重大意义。

5.5.1　可持续发展设计思想的提出及含义

可持续发展（Sustainable Development）的概念，是 1980 年由自然保护国际联盟（International Union for Conservation of Nature，IUCN）首次提出。1987 年后，各国政府及国际组织广泛接受并使用该词。1983 年，挪威首相格罗·哈伦·布鲁德兰应联合国秘书长之邀，成立了一个由五大洲多国官员、科学家组成的委员会，对全球发展与环境问题进行了两年大跨度、大范围的研究，于 1987 年出版了著名的报告《我们共同的未来》。报告中将可持续发展描述成"满足当代人需要又不损害后代人需要的发展"，它强调环境质量和环境投入在提高人们实际收入和改善生活质量中的重要作用。1992 年，联合国在巴西里约热内卢召开"环境与发展"全球首脑会议，提出了"21 世纪议程"，该文件为经济和环境的可持续发展提供了一个具体的行动指南。

走可持续发展之路必将带来新的设计运动，促进科学的进步和设计艺术的创造。可持续发展包括四个属性，即自然属性、社会属性、经济属性和科技属性。就自然属性而言，它是寻求一种最佳的生态系统，以支持生态的完整性和人类愿望的实现，使人类的生存环境得以持续；就社会属性而言，它是在生存不超过维持生态系统涵容能力的情况下，改善人类的生活质量（或品质）；就经济属性而言，它是在保持自然资源的质量和其所提供服务的前提下，使经济发展的净利益增加到最大限度；就科技属性而言，它是转向更清洁、更有效的技术，尽可能减少能源和其他自然资源的消耗，建立极少产生废料和污染物的工艺与技术系统。

可持续发展设计，就是在生态哲学的指导下，将设计行为纳入"人—机—环境"系统，既实现社会价值又保护自然价值，促进人与自然的共同繁荣，是人们应遵循的一种全新的伦理、道德和价值观念。其本质在于充分利用现代科技，大力开发绿色资源，发展清洁生产，不断改善和优化生态环境，促使人与自然的和谐发展，人口、资源和环境相互协调，相互促进。

设计，作为最接近人类本性——发现问题、解决问题的领域，对人们的认识实践活动起着基础性的作用。同样，可持续发展设计，作为一种真正体现设计的积极意义的限定，理应适用于世界的各个组成元素。将之应用于生产领域，就会赢得生产方式向集约型的转变，解决人类物质生产同自然的冲突；将之应用于生活领域，就会培养起人们适度消费的有利观念，防止需求与生产、心理与外界的失衡问题的产生。

5.5.2　可持续发展战略指导下的工业设计

可持续发展设计是设计观念的又一次演进与发展。在产品达到特定功能的前提下，材料、能源在制造、使用过程中消耗得越少越好，产品在使用过程中或使用后对环境污染越小越好。以快餐盒为例，通常设计中考虑到容积、人机尺度、码放、保温性和开启方便性，加之考虑造型、色彩等因素就可以做出一个好的设计，但从环境保护观念衡量，如果盒材使用后形成白色污染，就不能算是好设计。可持续设计是跳出产品、企业的小圈子，站在人类根本利益基点上全方位的设计观念。

1. 积极应用绿色能源

借助科技力量，人们已经有了更多的能源选择，越来越多的设计师已经意识到，支持可再生能源的发展意味着享受清新的空气和清洁的水。

人们应积极利用清洁、安全、可再生的能量来源，如风能、潮汐能、太阳能以及相对石油、燃煤来说更环保的天然气、生化柴油等。以汽车为例，它带给人类的除便捷和舒适外，也给人类环境造成了巨大的破坏。积极研制开发和推广使用"绿色"交通工具是可持续发展框架下交通运输变革的必然趋势之一。绿色汽车首先要求其使用的能源（如天然气、液氢、电和太阳能等）符合低污染和低排放的原则，还要求灵活运用可持续设计意识，即在开发设计过程中，每一个环节都要充分考虑到环境效益，尽量减少对环境的破坏，这包括尽量减少能量消耗、提高能源使用效率、使用新材料和新结构以降低物质消耗、便于零部件的回收利用、减少城市空间占用、提高交通通行率等。

2. 合理使用材料

可持续发展设计应该考虑合理使用材料，以最贴近自然的、对人体无害的、节省能源的材料满足产品功能的需要，以最少的用料实现最佳的效果。

材料生产和使用的可持续性设计思想应体现在以下方面：①扩大材料范围，实现材料的多样化；②避免对某些材料的过量使用，尽可能少用材料；③尽量选用可回收利用的材料，减少对不可回收利用材料的使用。

3. 注重生态效率

生态效率意味着产品在生产和使用过程中的物质能量消耗要比过去满足同类需求的产品更少。

（1）产品的生产过程占用更少的物质能量资源；从物质产品本身减少材料的使用。积极合理地利用新技术、新材料、新工艺，以及定义新的生活方式来减少用材，降低成本。导入

"无包装"的概念，致力于设计更轻、更洁净、可再用的产品包装，并设想通过某些服务系统直接向顾客提供产品，进而达到无包装的状态。瑞士设计师设想用谷物制造快餐托盘，这样它被使用废弃后不需要再经处理即可作为肥料或饲料。除此之外，设计师还力求使人的废弃行为直接造福于自然环境。

（2）产品的使用过程消耗更少的物质能量资源。利用新技术、新工艺，或者设计新的使用方式，减少产品在使用过程中的物能消耗，也必将提高产品的有效性，整体上使该产品有利于可持续。

（3）产品部件、材料的适用范围（寿命、功能）。产品在出现故障和废弃后易于进行适当的处理，延长产品、部件、材料的生命周期。

4. 关注用户需求

用户需求是一个非常复杂的问题，对产品而言，它一般包括功能需求和审美需求，也可以归类到物质需求和非物质需求。工业设计师应该在自己的设计中表现出应有的人文关怀，有意识地维护用户身心的可持续发展，保护地域传统特色、历史文化传统，加深对文化的理解，重视哲学和人文等领域的研究。

设计师应该通过设计手段增加不同主体间信息和情感的交流机会，同时缩小不同人群、地域、文化、种族、性别间不平等的差距。恰当处理产品与人之间的关系，不应该令产品环境完全占据或主导人的生活，也不提倡人过度地消费和随意处置产品。通过产品设计唤起对环境问题的反思，加强人与环境的亲近感，增强生态意识。产品设计在环境与社会考虑的不同方面间寻求平衡。

在倡导适度消费的原则下，使产品在生命周期的各个阶段得到合理的资源配置。优化设计过程，合理利用材料或资源，尽可能减少对环境的负面影响，这也是一个系统设计的过程。

5.5.3　可持续发展设计的核心——绿色设计

在漫长的人类设计史中，工业设计为人类创造了现代生活方式和生活环境的同时，也加速了资源、能源的消耗，并对地球的生态平衡造成了极大的破坏。特别是工业设计的过度商业化，使设计成为鼓励人们无节制地消费的重要介质，"有计划的商品废止制"就是这种现象的极端表现。正是在这种背景下，设计师不得不重新思考工业设计师的职责和作用，绿色设计也就应运而生。

对绿色设计产生直接影响的是美国设计理论家维克多·巴巴纳克（Victor Papanek），早在20世纪60年代末，他就出版了一本引起极大争议的专著《为真实世界而设计》（*Design for the Real World*）。该书专注于设计师面临的人类需求的最紧迫问题，强调设计师的社会及伦理价值。他认为，设计的最大作用并不是创造商业价值，也不是包装和风格方面的竞争，而是一种适当的社会变革过程中的元素。他同时强调设计应该考虑有限的地球资源的使用问题，并为保护地球的环境服务。自从20世纪70年代"能源危机"爆发，他的"有限资源论"得到人们普遍认可，绿色设计也得到越来越多人的关注和认同。

1. 绿色设计的概念

绿色设计也称为生态设计,其基本思想是:在设计阶段就将环境因素和预防污染的措施纳入产品设计之中,将环境性能作为产品的设计目标和出发点,力求使产品对环境的影响为最小。对工业设计而言,绿色设计的核心是"3R",即 Reduce、Recycle、Reuse,不仅要减少物质和能源的消耗,减少有害物质的排放,而且要使产品及零部件能够方便地分类回收,并再生循环或重新利用。

(1) Reduce 是"减少"的意思,可以理解成物品总量的减少,面积的减少,数量的减少,通过量的减缩而实现生产与流通、消费过程中的节能化,即"少量化设计原则"。它包含从四个方面减少物质浪费与环境破坏可能的内容,这就是:产品设计中的减小体量及精简结构;生产中的减少消耗;流通中的降低成本;消费中的减少污染。减少的概念引申为目前所流行的一种设计方式——"产品的简约设计",它不仅表现在产品体量的"轻、薄、短、小",还体现在产品结构的优化与品质的高性能化。从复杂臃肿的产品结构和产品功能中减去不必要的部分,以求得最精粹的功能与结构形式的设计。微型化的设计风潮,在包含节省资源动机的同时,也包含着商业竞争,以及"新奇特"吸引消费者的因素。

(2) Recycle 是"回收"的意思,即本来已脱离消费轨道的零部件返回到合适的结构中更换影响整体性能的零部件,从而使整个产品返回到使用过程中。这就是"再利用设计原则"。再利用设计是绿色设计中一项亟待开发的新设计课题,这一原则的实现最需要设计思想的突破。它包含三个方面的要求:①产品结构自身的完整性;②产品主体可替换性结构的完整性;③产品功能的系统性。实现"再利用化"的设计原则,上述三个方面的要求是缺一不可的。同时,也因其涉及从产品的具体部件开始,重新设计结构的思路,因此,对于技术的要求、对于设计思路的要求也是最高的,是绿色设计中最难以实现的一部分,也是必须集中最新的科技来克服的。

(3) Reuse,即再生设计原则。它是三原则中呼声最高、反应最热烈,进展也最明显的一个发展趋势,也是最繁杂的一项设计改革。它包括:通过立法,形成全社会对于资源回收与再利用的普遍共识;通过材料供应商与产品销售商的联手,建立材质回收的运行机制。通过产品结构设计的改革,使产品部件与材质的回收运作成为可能。通过回收材料,并进行资源再生产的新颖设计,使得资源再利用的产品得以进入市场。通过宣传与产品开发的成功,使再生产品的消费为消费者接受与欢迎。"资源再生设计",牵动了从社会最上层的立法机构到社会最基层的普通消费者,其中还包括作为社会经济运行命脉的企业生产体系与商品流通体系。

2. 绿色设计的内容

绿色设计的内容包括很多,在产品的设计、经济分析、生产、管理等阶段都有不同的应用,这里着重将设计阶段的内容进行分析。

1)绿色材料的选择与管理

绿色材料指可再生、可回收,并且对环境污染小、能耗低的材料。因此,在设计中,应首选环境兼容性好的材料及零部件,避免选用有毒、有害和辐射性的材料。所用材料应易于再利用、回收、再制造或易于降解,提高资源利用率,实现可持续发展。另外,还要尽量减少材料的种类，以便减少产品废弃后的回收成本。

2）产品的可回收性设计

可回收性设计就是在产品设计时要充分考虑到该产品报废后回收和再利用的问题，即它不仅应便于零部件的拆卸和分离，而且应使可重复利用的零件和材料在所设计的产品中得到充分的重视。资源回收和再利用是回收设计的主要目标，其途径一般有两种，即原材料的再循环和零部件的再利用。鉴于材料再循环的困难和高昂的成本，目前较为合理的资源回收方式是零部件的再利用。

3）产品的装配与拆卸性设计

为了降低产品的装配和拆卸成本，在满足功能要求和使用要求的前提下，要尽可能采用最简单的结构和外形，组成产品的零部件材料种类尽可能少。另外，采用易于拆卸的连接方法，拆卸部位的紧固件数量尽量少。

4）产品的包装设计

产品的绿色包装，主要有以下几个原则。①材料最省，即绿色包装在满足保护、方便、销售、提供信息的功能条件下，应是使用材料最少而又文明的适度包装。②尽量采用可回收或易于降解、对人体无毒害的包装材料。例如，纸包装易于回收再利用，在大自然中也易自然分解，不会污染环境。因此，从总体上看，纸包装是一种对环境友好的包装。③易于回收利用和再循环。采用可回收，重复使用和再循环使用的包装，提高包装物的生命周期，从而减少包装废弃物。

5.5.4　工业产品的可持续发展设计案例

可持续性产品设计可看成面向需求与环境的设计管理——在倡导适度消费的原则下，使产品在生命周期的各个阶段得到合理的资源配置；优化设计过程，合理利用材料或能源，尽可能减少对环境、人体的负面影响。

可持续发展设计在保证与自然协调的同时，绝对要重视起着主导作用的人。可持续发展设计具备更多的设计重点，是对环境、人体生理、心理的综合考虑。产品设计师要把这三点渗入意识中，用以指导产品的整个并行闭环的系统设计流程。下面以一新型电视机的设计为例，进行说明。

1. 项目描述与制订

随着环境与生产矛盾的日益突出，以及绿色观念的盛行，再加上生产技术成熟程度、普及率的提升，电视机作为人们常用的大型家电之一，其传统模式的生产与销售面临着重重压力。为提高产品竞争力和市场占有率，宜采用可持续发展设计观，研制出健康、宜人的绿色电视机。

2. 市场调研

网络调查为主，实地考察为辅，以调查问卷或设计竞赛的形式搜集电视机需求与创意，把握目标对象及大致价格；从专利、新闻资料中搜查科技、法律信息，利于产品材料选择、结构工艺的设计调查生产企业的企业文化、生产能力、设备、绿色程度等。

3. 产品及工艺设计

可持续发展设计观要求产品设计要综合考虑环境、材料、工艺、造型、使用环境、消费者心理等各种因素，而以环境亲和性、使用合理性、消费者心理的满足性为开发重点。

4. 设计定位

经过信息汇总后，将使用人群主要定位于初建家庭的青年身上，价格为 1000～3000 元。他们正处于精力旺盛时期，收入丰厚，精神紧张。电视机对他们来说，既是获得信息、充实生活的工具，更是饭后休息、缓解生活压力的有效渠道。因此，他们对电视机的健康安全性、造型体现的文化性尤其关心。

5. 设计方案

经过创意整合，各部门的共同参与，确立了本套方案。

1）环境因素

（1）材料。以可完全回收的聚碳酸酯类为主，配以木质外壳；因技术所限，部分有毒有害材料集成于模块之中。外包装为可再生纸，内衬泡沫类防震物。

（2）结构工艺。通过可拆卸、可回收的模块化设计，使整个产品成为利于拆卸的几个部分，方便装配、拆卸、维修、回收。

（3）生产加工。注重生产过程的环境、资源属性，对木质材料浅加工。

（4）运输与销售。提高运输效率，适度扩大生产网点；货到后立即拆去包装，运回再使用。

（5）使用。杜绝辐射污染，采用新技术节能节电。

（6）维修与服务。模块化生产零部件，再加上易拆卸结构，遍布网点，为消费者创造优秀的服务。

（7）回收处理。优先重用回收零部件，尽量提高材料回收利用率，革新废弃物的处理工艺，减弱其对环境的影响。

2）生理因素

采用液晶等先进无辐射技术，保证人体健康；设定电视机摆放高度、倾斜度、视距等参考值；遥控器、按键等按人机工程学设计，并保证较大自由度，方便抓握、使用。

3）心理因素

本产品命名以深刻阐释其造型及功能的完美含义：电视机荧屏比例恰当；音箱造型营造出立体声的效果，内设电子器件的木质底座，平衡稳定。另外，彩电的遥控器造型精巧，使用方便。

6. 绿色制造

绿色制造是可持续发展思想在制造领域的体现，主要表现为清洁生产，其理想工艺是在纳米级制造技术基础上从零件到产品的一次净成型。材料、产品生产制造的过程中，不但要采用环保节能型材料加工、零部件制造、装配工艺，还要慎重考虑生产部门的工作环境对人们生理、心理的影响。

7. 运输与销售

大力发展电子商务，加强先进信息技术在传统营销方式上的应用；采用先进光学科技等减少物质宣传投入；革新营销观念，阐述产品综合优点，并着重强调其环保性使用。真正融入消费者的使用过程，保证健康、环保、心灵沟通；可与电视台合作，引入新功能，开展有特色的服务（如节目单预定、互式节目播放等）。

8. 维修与服务

可拆卸、可升级的产品结构设计，为创造更大的服务价值提供了可能；零部件及材料的同化异化的重用与再回收性大幅度降低了生产成本。

9. 回收处理

电视机生产企业要密切联系废弃物处理部门与材料加工企业，协同合作，探索符合可持续发展设计观的物质流、能量流，使生态资本、经济资本、社会资本共同增值。

历史是不断向前推进的，设计每时每刻都在更新着观念。设计紧随时代，每个时期的人眼中都有自己的设计，不断创造着自己的设计，改造着自己的设计，在继承与欣赏设计的同时，又不断注入新的内容，使其发展。真正的绿色设计已经不单单是设计本身了，它已然上升为一种文化和精神，对于一个民族、一个社会乃至整个世界都具有普遍的意义。"绿色设计"给整个设计领域带来了机遇与挑战，它是 21 世纪的风尚，也是所有设计师要努力的方向。真正的绿色设计是永远也不会过时的，它会随着时代的发展而发展，带给人们更加健康的生活。

本 章 小 结

设计方法并非设计的全部，但又是不可缺少的一个环节。设计方法是设计理性的一面，是设计的基本，它是设计师设计程序的指引。

设计方法不能保证创意的呈现，也不能保证一定能找出解决问题的答案。不过，设计方法可帮助设计师更有效、更系统地发挥创造力。

第6章 产品设计

【教学目标】

①了解产品的内涵及产品设计的价值；

②掌握产品设计的程序；

③明确产品设计的美学法则；

④熟悉色彩设计、形态设计、材料选择、表面处理工艺和设计表达等在产品设计中的具体应用。

中国经济的繁荣发展给产品设计带来了新的契机，设计正受到前所未有的关注和重视，创意时代的到来已成为事实。随着物质财富和精神财富的日益丰富，产品设计的目标就自然转变为以对消费者的精神需求为前提，以产品的物质功能为设计焦点，最终实现对消费者生活的再设计。产品设计已演变为对生活方式的设计，从某种意义上说，设计已成为提高生活质量及生活品位的一门艺术。

6.1 产品与产品设计

6.1.1 产品的内涵

人们通常理解的产品具有物质性的功效，同时具有使用价值和交换价值。传统观念认为"产品"就是人们生产出来的物品，这是对产品的一种狭义理解，因此称其为狭义产品。例如，家用电器，生活器具，交通工具中的汽车、飞机、轮船等；还有日常生活中的纽扣、钢笔、房屋等有形实物，都可以理解为狭义产品。

随着社会经济的发展，产品的概念有了进一步扩展，产品的内涵无法再简单地通过"狭义产品"进行定义，由此引出了"广义产品"的概念。广义产品是满足人们需求、具有一定用途的物质产品和非物质形态服务的综合。与狭义产品相比，广义产品包含核心产品、有形产品、附加产品和心理产品四个层次，如图6-1所示。

核心产品也称实质产品，是指消费者购买某种产品时所追求的利益，是顾客真正要买的东西，因而在产品整体概念中也是最基本、最主要的部分。消费者购买某种产品，并不是为

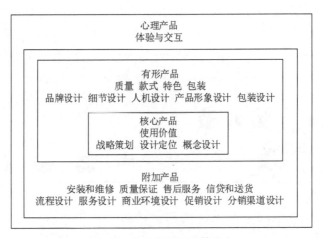

图 6-1　广义产品的整体概念

了占有或获得产品本身，而是为了获得能满足某种需要的效用或利益。例如，买自行车是为了代步，买汉堡包是为了充饥，买化妆品是希望美丽、体现气质、增加魅力等。因此，企业在开发产品、宣传产品时应明确地确定产品能提供的利益，产品才具有吸引力。

有形产品是核心产品借以实现的形式，即向市场提供的实体和服务的形象。如果有形产品是实体物品，则它在市场上通常表现为产品质量水平、外观特色、式样、品牌名称和包装等。产品的基本效用必须通过某些具体的形式才得以实现。产品的有形特征主要指质量、款式、特色、包装。例如，冰箱，有形产品不仅仅指冰箱的制冷功能，还包括它的质量、造型、颜色、容量等。

附加产品是顾客购买有形产品时所获得的全部附加服务和利益，包括提供信贷、免费送货、保证、安装、售后服务等。附加产品的概念来源于对市场需要的深入认识，因为购买者的目的是满足某种需要，所以他们希望得到与满足该项需要有关的一切。美国学者西奥多·莱维特曾经指出，新的竞争不是发生在各个公司的工厂生产什么产品，而是发生在其产品能提供何种附加利益（如包装、服务、广告、顾客咨询、融资、送货、仓储及具有其他价值的形式）。由于产品的消费是一个连续的过程，既需要售前宣传产品，又需要售后持久、稳定地发挥效用，因此服务是不能少的。可以预见，随着市场竞争的激烈展开和用户要求不断提高，附加产品越来越成为竞争获胜的重要手段。

心理产品指产品的品牌和形象提供给顾客心理上的满足。产品的消费往往是生理消费和心理消费相结合的过程，随着人们生活水平的提高，人们对产品的品牌和形象看得越来越重，因而它也是产品整体概念的重要组成部分。

美国哈佛大学市场学教授利维特曾经断言：未来竞争的关键，不在于工厂能生产什么产品，而在于产品提供的附加价值，例如，包装、服务、广告、咨询、购买信贷、及时交货和人们以价值来衡量的一切东西。利维特的这一断言，在目前各类产品的销售过程中已经得到充分体现。以麦当劳公司为例，人们不会仅仅因为喜欢汉堡包而涌向全世界上万个麦当劳快餐店（其他一些快餐店制作的汉堡包也许比麦当劳快餐店的汉堡包味道更好），而是麦当劳快餐店的高标准有效运作系统，即麦当劳公司的 QSCV——质量（Quality）、服务（Service）、清洁（Cleanliness）和价值（Value），使人们愿意走入麦当劳快餐店。麦当劳公司的有效运作在于它和它的供应商、特许经营店业主、店员机器相关人员共同向顾客提供了他们所期望的高附加价值。目前，房屋和汽车等一些大型消费品可以分期付款；家用电器免费送货、免费安装、终身维修已不足为奇；很多房屋装修的大件物品，例如，地板、浴缸、木材、水泥等体积大、重量级高的装修物品多数都提供免费送货的附加价值。

6.1.2 产品设计的价值

随着商品经济的发展，产品设计经历了跨越式的发展，人们更是从琳琅满目的各色商品中感受到了产品设计对生活的巨大冲击力和推动力。产品设计已经渗透到了人类生活的每一个方面，产品设计美化着生活，引导着生活，也潜移默化地影响着人们的生活。每一个蓬勃发展的事物都有其强大的需求主体，那么产品设计的价值是什么呢？

1. 企业需要产品设计

随着现代工业的兴起产生了产品设计，而企业又是现代工业兴起和发展的主体，那么产品设计就必然和企业有着千丝万缕的联系。

任何一个企业不仅要在材料和技术上创新，还要注意把新材料和新技术进一步转化为新产品、新性能以及新的使用方式，注意使用方式和审美功能上的创新与开发，而这一切都是产品设计所要做的工作。材料成本、人工费用、设备折旧、运输管理都是有形的产品"硬"价值，产品的新颖性、实用性、舒适性及产品的整体优良设计则是"软"价值。这种"软"价值所占的比例很高，有关资料表明，在创新产品中，设计占产品总价值的比例为 5%，因为新产品的技术含量高；但在改良产品中，设计的价值约占总价值的 15%，在以设计占领市场的名牌产品中，设计的价值占到 50%以上。

产品设计也使企业有了最直接的和消费者对话的基本要素——产品，企业需要不断进行产品创新，才能保持企业的长久生命力。苹果公司取得的一系列商业成就，一个很重要的因素要归功于产品设计与创新。企业在发展过程中，需要产品设计，企业也正是通过产品设计来达到它的社会效益和经济效益，在市场的激烈竞争中，产品质量是企业成功的关键，而好的设计也正是质量的一个部分，设计赋予产品在审美和象征意义的价值，满足了用户的需要，达到了企业的目的。

2. 消费者需要产品设计

消费者的使用需求是与产品的基本功能和物质利益相联系的需求，如优质、可靠、便于维护和便于使用等。产品设计就是获取消费者的需求信息，进而使产品更符合广大消费者的需求，使所设计的产品让消费者更加满意并乐于购买。

消费者的心理需求可以说是一种情感需求的表现，它来自消费者获得愉悦、尊重与地位及表现自我的愿望，例如，丹麦汉森公司长期生产高档椅子，人们就把汉森公司的产品当作一种地位和品位的象征；而瑞典 IKEA 公司则是一家专门生产大众廉价家具的公司。历史上有经典的例子，汉森公司生产了一种和 IKEA 公司的一款椅子造型极为相似的椅子，虽然椅子坐上去极为舒服，细节处理也极为完美，并按最高技术标准进行了检测，价格也很合理，但销路不佳，究其原因是它使人们太容易联想到 IKEA 公司的椅子了。公司所形成的风格不会因一两件产品而改变，当汉森公司生产出这款产品时，也许有很多人都认为这不是它的产品，而可能是 IKEA 公司的产品。对于高档消费者而言，这种产品当然是没有销路的。与享受相联系的购买决策具有一定的主观体验和情绪化色彩，而在这种选择过程中，消费者更容易受到市场的影响，这也为产品设计的创新创造了广阔的天地，当一种新产品设计出来时，它所代表的是一种潮流和时尚。

产品就是要为使用者和消费者着想，设计师应考虑设计的产品是否实用安全、携带方便、乘坐舒适、尺寸得当等。产品设计应尽最大的努力满足人们的实用和合理需求，尽量表达产品信息，真正为人服务。

3. 社会发展进步需要产品设计

产品设计往往以一种美观和谐的姿态展现于人们眼前，而这种美观与和谐则是产品本身的自然流露，即产品本身所包含的人文意识。产品设计所奉行的原则是为人服务的原则，在人机交流和操控上，强调逻辑操作，同时尽量将产品的高科技特征隐藏在人性化的简洁设计中，减轻操作的复杂程度，以协调一致的细节处理，达到设计上的统一。一些传世的设计经典，它所代表的就是美观和使用的统一和谐，而它的存在也正是社会精神财富的体现，这一切都是产品设计的结果。

在现代工业的大发展过程中，社会环境必然要遭到前所未有的破坏，而这种现象在工业革命发展的初期就初显端倪，现代社会更有愈演愈烈之势，产品设计可系统有序地探索人类发展与社会文明的关系，有效合理地缓解高科技下工业化社会与生态环境的冲突。在产品设计中应考虑新产品再生产全过程及使用全过程中对自然环境的影响，还应考虑产品废弃和处理的事实，尽可能有效地利用地球资源和能源，社会的可持续发展要求产品应当具备相应的可持续性。

6.2 产品设计程序

6.2.1 产品设计计划

产品作为企业的媒体为人们的物质生活、精神生活、社会活动等方面提供了物质基础，现代人们的日常生活与产品密切相关。企业是通过现有产品与人们生活的融合来体现它的社会存在价值的。与此同时，为使企业在社会上存在的可能性不断增强，企业必须根据产品设计计划，不断地开发推出新的产品。因此，产品设计计划是企业一切活动的基础。

企业的产品设计开发是在市场观念的基础上建立开发计划。在人们生活水平不断提高的情况下，产品设计计划的思考方法要与人们的需求价值观、生活意识和新的生活方式等多方面相适应，同时还要与新技术、新加工工艺、新材料及提高产品质量等方面相适应。产品设计计划所包括的是与产品及企业相关的全部设计内容，适用范围很广泛，如产品开发的各环节及产品本身所具有的特性、原理、功能、结构、造型；产品的形象、宣传、媒体；产品的技术、工艺及企业形象、企业的自身环境等，都贯穿于设计，所以产品的计划是整个过程的红线。

产品设计计划的策划主体是以产品设计为中心，充分地、完美地表达出企业的理念，也只有产品才是最典型的表现企业思考方法的媒体，使用者也只有通过产品的使用及产品给自已生活所带来的影响，才能全面地了解企业对使用者、人们生活方式及精神生活等方面的理解程度，以及对社会所承担的责任及带来的益处。

产品设计计划的方针，所要达到的期望是在实施条件具备的情况下，使企业的理念与设计思想融为一体，对于产品设计起到指导作用，其结果是使社会及消费者对企业或产品有很强的信任感。由于社会的经济发展，以创造新生活方式为目的的产品开发计划越来越被接受和实施。当物质产品极大地丰富，人们生活水平达到相当高的程度时，人们在满足产品功能的同时，会不断追求精神上的满足，对于产品价值观的认识从功能的方面逐渐地转移到使用效益上来。因此，企业将面临多样化的产品市场，企业对于人们生活的各个领域多方面的关心与理解，以及通过新产品的设计开发，引导人们追求更丰富的物质社会及美好的精神境界，将是社会关注的焦点。

6.2.2　产品设计流程

一个新产品的设计开发，大概可分为三个阶段：设计问题概念化、设计概念可视化、设计商品化，如图6-2所示。

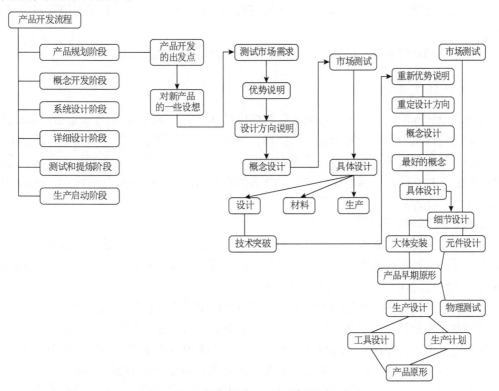

图 6-2　产品开发过程及不同阶段的设计活动

1. 设计问题概念化

首先针对将要设计开发的产品进行全盘性的了解，通过信息收集与市场调查的方法，探询市场上同类产品的竞争态势、销售状况及消费者使用的情形，还有市面上的流行事物。在分析评估后，再加上对产品发展策略的考虑，以企划出新产品的整体"概念"。

这样的概念通常以文字格式进行叙述，将"市场定位"、"目标客户层"、"商品的诉求"、"性能的特色"与"售价定位"进行定义式的条例描述。概念的形成过程需要信息、经验与转换的能力，也就是如何将信息情报转换，产生市场上有意义的创意方向。

通过设计研究即通过调查和材料分析，从设计角度研究与产品相关的市场、流行趋势、使用行为、社会文化以及色彩材质等各方面的信息，并进一步制订产品的设计策略。若客户的产品开发计划中，已提供以上各方面的信息，则设计研究工作更倾向于设计开始之前对产品和设计要求的理解。

设计研究的具体内容包括以下几个方面。

（1）市场分析：市场分类及构架，销售渠道，竞争者调查，市场基准，品牌分析，定义市场机会。

（2）趋势分析：最新流行趋势，趋势引导者，风格导图，色彩和材质分析，本地与全球市场。

（3）使用者调查：好恶，需求，潜在期望，行为导图，目标人群访问，入户访问，跨文化比较，使用者描述。

（4）社会文化分析：技术和人群，环境研究和观察，专家访谈，基于中国市场的资源和经验。

（5）色彩和材质分析：色彩流行趋势，材质流行趋势，交叉知识。

2. 设计概念可视化

此阶段设计师的工作是将市场的信息转换成可视化的具体形态，通常是通过图面或模型，将概念表达设计出来；设计的想法是否能符合目标客户层的需求，抓住消费流行的趋势。图面或模型是其他部门进行沟通与评选最方便的方法，还可以再通过市场调研的方法，将这些具体的结果直接询问目标客户层以收集消费者的喜爱反应，再将所进行的调查、评选结果加以统计分析，作为最终决策的依据。

具体工作内容如下。

（1）在设计要求的基础上，通过头脑风暴、情景模拟等方法，发散性地生成多个设计方案雏形，并视具体产品类别，由手绘草图及简单二维渲染图表现。这一阶段的目标是探讨设计解决方案的可行性，明确产品的发展方向。

（2）细节设计。在已确认的方向上对设计方案的诸多细节进行深入探讨，包括色彩和材质的可能性、界面及尺度的合理性、结构和工艺方式的可行性。最终用二维渲染深入表现产品的各个主要视图，并在需要的情况下，辅以三维电子模型或快速实体模型作为表达。

（3）设计完善。在三维程序中量化完善设计方案，创建产品三维电子模型，再次确认产品结构方式的可行性，并初步讨论生产以及表面处理的工艺方式。在最后的提案中，将展示三维模型赋以色彩和材质的渲染图，并定义配色方案，完成产品表面二维设计的图稿。

（4）设计模型。设计模型是检验设计成果及其品质的有效方法，其直观程度要大大优于最好的渲染图。另外，设计模型也是对产品后续实现的有效指正。

成熟的设计模型通常由专业的模型制造商完成，但不可或缺的是设计师对模型品质的掌控。从最初的数据交接，到成型工艺的探讨，乃至模型表面处理的每一个细节，都需要有设计师与专业模型工人的通力合作，方能保证最终的模型可以完全呈现设计的品质。

（5）结构设计。结构设计是由设计向产品的过渡。在设计公司，结构设计的工作最多的是站在设计的角度，为设计师的创造提供解决方案，使设计想法得以实现。结构设计是从设计到产品的转折。

在项目过程中，工程师一方面全面了解客户的进度控制、成本限制、现有材料、目标人群、生产工艺以及限制性、可靠性、安全性诸多方面的要求；另一方面深入理解设计细节以及实现设计品质的方法。工作重点是通过最合理的方式，在条件限制下实现产品设计，为设计师、客户以及生产商构筑技术沟通的平台。

3. 设计商品化

从市场调查转换成具体的设计成果，最重要的目的便是要赶快将消费者所喜爱的设计方向与具有竞争潜力的商品，大量生产出来并加以销售。量产工作的完成需要机构设计、原型样品的检讨确认与模具的设计开发之间的相互配合，才可将设计付诸实现。由于有上下工程的关联性，因此设计师所设计的成果能否具有生产可行性，并且能否顺利地被后续工程人员直接加以应用，便是一项非常重要的任务。

商品化对设计师而言是非常关键的，其目的是将创意的结果转换成符合生产条件的过程。不能生产的创意，便不能称为"好的设计"。量产上市的产品一开始便应该计划好通过其设计的特色建立其产品形象，并与销售相搭配，让设计更接近市场与消费者。新产品上市后通过营销所产生的消费效应，又可能会形成下一个概念化的因果互动与转换的改变开始。

6.3 产品设计的美学原则

任何一种产品，其物质功能都是通过一定的形式体现出来的，在审美活动中，形式先于内容作用于视觉并直接引起心理感受，形式不美妨碍内容的表达，也无法使人得到愉悦。研究形式美的法则，是为了提高美的创造能力和对形式变化的敏感性，以利于创造出更多更美的工业产品。就纯粹的形式美而言，可以不依赖于其他内容而存在，它具有独立的意义——产品形式美感的产生直接来源于构成形态的基本美学要素，即对形式及其所构成的形式关系的理解而产生的生理与心理反应。当色彩、形态、材质、肌理等形式要素通过不同组合符合形式规则时，使人产生了美的感觉。它是产品造型用以满足消费者的审美趣味的重要方法。

在造型上表现出合理的安排、操控各部分美学元素，使之产生设计构图的方式称为美学原则。

6.3.1 统一与变化

统一与变化是形式美法则的集中与概括。

在艺术作品中，强调突出某一事物本身的特性称为变化，而集中它们的共性并使这种共性更加突出即统一。

统一能使人感到畅快、单纯、秩序、和谐。但只有统一而无变化会使人的精神、心理由于缺乏刺激而产生呆滞，美感不能持久，从而使造型显得刻板、单调、乏味。变化，就是处在秩序性很强的设计形象群体中，有个别异质性的形象，就会突出地显示出来。它的表现形式，就是在局部范围破坏这种规律，使这个局部显得很特殊，而引起观者的注意。这种构成形式，在设计整体中，使人感到富有变化，而且容易突出重点。在人们的视觉规律中，对于带有普遍秩序性的东西，给观者的视觉刺激作用较为一般，感觉平淡。而具有变化性质的事物，就会表现得奇特，在整体造型中，表现得活泼跳跃。所以，在设计中要有少量与众不同的造型，就能发挥画龙点睛的效能。这是打破常规设计的一种可取的手法。

变化是刺激的源泉，通过变化能产生心理刺激而唤起兴趣，能打破单调乏味的过分统一。但变化应有一定限制，否则由于混乱、繁杂易引起精神上的躁动而产生疲劳，从而使造型显得零乱、杂散、没头绪。

图案中的统一给人以整齐的规整美，但是过分的统一，则使人感到有些单调乏味，图案显得呆板、枯燥，缺少变化所特有的生动；而图案中的变化，则显得活泼，有一定的动感且又不失规整。

因此，在设计中片面强调矛盾的任一方都是错误的，必须在统一中求得变化，在变化中体现统一。

值得注意的是，在不同的场合，统一与变化的侧重点应有所不同。

在统一的前提下求取变化，这是大统一中的小变化。一般来说，单个的产品设计，由于结构特点和相互的功能关系决定其形体多呈现出某种统一的必然性，因此其造型的主要任务就是在整体统一的前提下，求得各造型元素（如过渡圆角、装饰线、色彩等）的某些变化。

在变化的前提下追求统一，这是大变化中的小统一。对于系列产品、成套设备、成套家具等，由于各自不同的功能决定了它们具有不同的外形结构，造成形体上的差异。其造型的主要任务就是在变化的前提下，利用各造型元素（如色彩、线型、形态、装饰风格、细部结构等）使得产品具有成"套"感，形成统一协调的陈列环境。

1. 统一

产品的结构、功能、材料、加工工艺及配置选用件等各种因素，形成了产品形象的客观差异性。因此，要加强产品的统一性就要合理协调上述各因素之间的关系，不应一味追求统一而影响产品功能的正常发挥，以致造成结构复杂或加工困难。构成产品协调统一的造型风格常采用以下几种方式。

1）比例与分割的协调统一

同一产品的总体与部分以及部分与部分之间应尽量选取相同或相近的比例关系，以加强各部分之间的相互联系和共性。比例统一可加强条理性，容易达到统一的整体效果。

因产品功能的需要或其他原因，需将同一整体进行分割划分。采用等比例的重复分割或渐变分割，使划分效果具有一定的秩序感和韵律感，加强条理性。

将一件产品作为一个完整的系统对待，其总体的轮廓线型及组成产品的各独立部分的轮廓线应大体一致，有确定线型的主调，如直线平面型或曲线曲面型。

2）色彩配置的协调统一

运用色彩是获得产品协调统一的有效手段。任何一件产品都应具有主体色调，主体色调即产品颜色的总倾向。只有突出产品的主体色彩，才会使产品总体形象统一；否则一种产品配色过多，就会造成色彩纷乱而难以统一，也会使工艺复杂化。在确定产品的主体色调时应考虑以下几方面的因素。

（1）人的心理、生理因素。色彩配置不宜过分刺激，避免造成心理和生理上的不适感。同时要充分考虑人对不同色彩的喜好和禁忌，要考虑人们的欣赏习惯、流行色等因素。

（2）产品功能因素。要根据产品的功能进行配色，如饮食器皿、卫生设备、医疗器械常配以洁净色；交通工具配以醒目色；仪器仪表、办公用品配以稳重色；儿童玩具配以活泼、明快色等。

（3）环境因素。产品的总体色调应与其使用环境相协调。例如，生产中的高温或低温环境、日常的工作环境、休息环境、娱乐环境、公共环境等，要针对不同的环境结合色彩的功能进行产品的合理配色，使人感到舒适和谐。

2. 变化

产品形态的变化是相对统一而言的。如果产品过分统一就会显得呆板、生硬和笨重。在统一中寻求适当的变化，是取得造型形式丰富多彩、生动活泼并具吸引力的基本手段。在整体造型形式统一的基础上，寻求变化的方式主要有对比变化和节奏变化。

（1）对比变化。对比是为突出表现产品造型各要素的差异性。对比变化主要表现为彼此作用，相互衬托，鲜明地突出产品的功能和形态特点。但是，这种对比只存在于同一形态要素的差异之中，如形状的大小、曲直、方圆、位置，色彩的明暗、冷暖、轻重，材质的粗细、优劣等。

（2）节奏变化。节奏是运用某些造型要素（如形状、色彩、质感）有变化的重复。有秩序的变化，可形成一种有条理、有秩序、有重复、有变化的连续性的形式美。

6.3.2 比例与尺度

任何一种受人们欢迎的产品，都必须具有良好的比例和正确的尺度。比例与尺度是构成产品造型形式美最基本、最重要的手段之一。

1. 比例

产品形态设计中的比例包括两个方面的含义。首先，比例是整体的长、宽、高之间的大小关系。其次，比例是整体与局部或局部与局部之间的大小关系。良好的比例关系不仅是直觉的产物，而且是符合科学理论的。它是用几何语言对产品造型美的描绘，是一种以数比的词汇来表现现代社会和现代科学技术美的抽象艺术形式，正确的比例关系，不仅在视觉习惯上感到舒适，在其功能上也会起到平衡稳定的作用。

在形态设计中比例关系可分为三类：固有比例、相对比例和整体比例。固有比例指一个形体内在的各种比例：长、宽、高的比例；相对比例指一个形体相对另一个形体之间的比例；整体比例指组合形体的特征或整体轮廓的比例。

比例设计是形态设计中非常重要的一个环节。产品的比例设计，是运用比例知识解决产品形体的比例协调问题，调整产品形态中的具体尺寸，使得形态各尺寸的比例符合均方根比例、黄金分割比例、中间值比例、整数比例等美学比例关系。优秀的设计总是将任何单元的相对独立的尺寸，归纳到明显的总体尺寸中，通过单元尺寸的各种比例变化，使彼此之间有完善的关系。实际上，优美形体与普通形体之间的区别就在于它们比例的精确性。精确性是一种无法触摸但又非常真实的特性，在这里可以理解为形态尺寸比例与优先比例关系的逼近程度。图 6-3 为"郁金香"椅各部位之间的比例关系。

图 6-3 "郁金香"椅各部位之间的比例关系

工业设计师对形态尺寸的关注焦点主要是：在满足技术条件约束的前提下，协调形态各个尺寸的（比例）关系。在形态设计中，设计师要时刻关注和协调造型元素的固有尺寸、相对尺寸和整体尺寸，如选择具有优先比例关系的造型元素、按优先比例关系调整元素之间的相对关系等。

1）比例的几何法则

美的造型都包含有恰到好处的比例，这种比例是人们在长期的生活实践中所创造的一种审美度量关系。在《达·芬奇论绘画》一书中，达·芬奇认为，美感应完全建立在各部分之间神圣的比例关系之上。比例美可以看作一种用几何语言及类比词汇描述的时代艺术气氛与科学技术紧密结合的艺术形式。

通过研究发现，几何形状的美感主要取决于其外形的"肯定性"，外形的肯定性越强（即数值关系的制约越严格），引起美感的可能性就越大。具有肯定性外形的几何体主要有以下几种。

（1）三原形。三原形包括正方形、等边三角形和圆形。由于具有肯定的外形，易引起视觉注意，因此具有引起美感的特性。

（2）黄金率矩形。黄金分割从古到今，一直被公认为是最美的尺度。大自然中许多美景的构成，均有黄金分割比例的反映。黄金分割比例是采用优选数 0.618 为基数，使构成比例的两线段的比例为 0.618。这种比例符合人的视觉特点和人体的内在尺度。它的比例优美调和、富于变化，而又有一定的规律和安定感。黄金率矩形就是指长边与短边之比为黄金分割比例的矩形。

人们偏爱黄金率矩形有其心理和生理的缘故。当人的双眼平视时，用涡点（黄金涡线的渐进消失点）作为人眼平视时的凝停点（图 6-4），最能产生视觉舒适。因为人眼有偏离的视觉习惯。而人眼所形成的视域（图 6-5）基本上正好是一个黄金矩形。

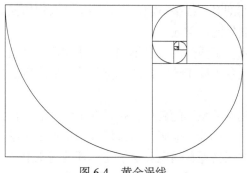

图 6-4 黄金涡线

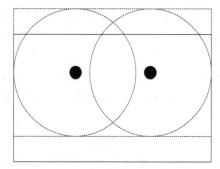

图 6-5 人眼视域

（3）平方根矩形。长方形中若令短边为 1，而将 $\sqrt{2}$、$\sqrt{3}$、$\sqrt{5}$、…这些无理数列应用于长边设计时，反映在几何图形上就会非常严格、自然，且有规律地重复，即 $1:\sqrt{2}$、$1:\sqrt{3}$、$1:\sqrt{5}$、…这就是平方根比例。这种比例关系之间有着和谐的动态均衡美感，因而应用较广泛。平方根矩形也称根号矩形。由于平方根矩形同样具有肯定的外形，因此也容易引起视觉上的美感（图 6-6）。

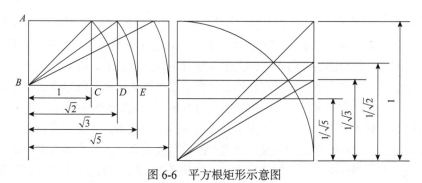

图 6-6 平方根矩形示意图

（4）整数比例图形。整数比例为以具有肯定外形的正方形为基础单元而派生出来的比例。1 个基本单元的长宽比例为 1:1，2 个基本单元的长宽比例为 1:2，以此类推，可得 1:3、1:4、…。整数比例的形成可以是整数比的简单融合，也可以是分数形式的配合。整数比例的优点是较容易产生符合一定韵律关系的形体之间的配合，而缺点是显得呆板。

（5）斐波那契级数图形。斐波那契级数是指由中间值比例所得的比例序列。其基本特征为前两项之和等于第三项。相邻两项之比为 1:1.618 的近似值，比例数字越大，相邻两项之比越接近黄金比 1:1.618，斐波那契级数比例表现为一种渐进的等加制约性，易取得整体的良好比例关系，产生有秩序的和谐感，在现代工业产品设计中常被设计者所采用。

2）比例的数学法则

在产品设计中，比例的数值关系必须严谨、简单、相互间形成倍数或分数的关系，才能创造出良好的比例形式。在产品设计中，常用的比例有：①等差数列比；②调和数列比（倒数数列）；③等比数列比（几何数列）；④根号数列比；⑤斐波那契数列比（相加级数）。

3）比例的模数法则

模数是一种度量单位。模数法则是指造型从整体到部分，从部分到细部是由一种或若干种模数推衍而成，并由此而产生统一、和谐的美感。

对于若干毗连或相互包含的几何体，若它们的对角线平行或垂直，则这些几何体就具有同等的比例。如果处理好，它们之间就可得到良好的比例效果。

（1）不同的物质功能，产生不同的比例关系。工业产品具有不同的物质功能，其造型自然就有不同的比例关系，例如，控制柜的比例关系不同于计算器的比例关系，机床各部分的比例关系也不同于家用电器的比例关系。

（2）人类审美情趣的变化，导致产生新的比例关系。随着科学技术的不断发展和社会文明程度的提高，人们的审美情趣也在不断地变化。例如，电影，当人们开始不满足于老式比例的画面时，就创造出了宽银幕。宽银幕正是在保持原普通电影黄金比原理的基础上，又增加了少量时间运动的四维因素，其造成的视觉真实感，更易受到人们的普遍接受。

总之，由于材料、结构、工艺条件和产品功能的制约，工业产品的造型比例具有不同的特征。手工业时代的比例形式美的理论，对于机器工业时代人们的审美观来说，无疑具有一定的局限性。形式美也是随着社会的发展、科学技术的发展而不断发展的，因此前人的优秀成果应该是形式美探索的起点和动力。

2. 尺度

尺度指的是产品与人两者之间的比例关系。尺度与产品的功能效用是分不开的。产品上如操纵手柄、旋钮等，虽然其有不同的物质功能，并且使用者的生理条件和使用环境也各异，但它们的尺度却必须较为固定。由于它们无论被设计在什么产品上，都必须与人发生关系，因此它们的设计必须与人的生理心理特点相适合，而不能单纯从比例美的角度出发来确定它们的尺度。因此，产品的尺度应该在产品物质功能允许的范围内进行调整和确定。而良好的比例关系和正确的尺度，对于一件工业产品来说是非常重要的。一般来说，在产品设计过程中，首先应解决尺度问题，然后再推敲比例关系。研究产品的尺度关系应主要考虑两个方面的问题：产品整体与人或人的习惯标准对应人的使用生理的比例关系，局部与人或人的习惯标准对应人的使用生理的比例关系。例如，根据人机工程学的研究成果确定的自动线的标准高度为1060mm，座椅的高度应距地面380mm；操纵手柄、旋钮等的尺度必须符合人机工程学的要求等。

一般来讲，尺度是相对固定的，因此在产品设计中一般应先设计尺度，然后再推敲比例关系。对于电视机，从视觉生理特点出发及使用环境考虑，其屏幕的大小自然就被限定在一定范围，而对于起重机，从起吊重物考虑，其本身的自重和体积尺度就不能太小。而作为手表，其尺度也有一定的范围，不能太大，太大不便戴在手腕上，但同时也不能太小，否则视觉不清晰。

6.3.3 节奏与韵律

1. 概念

节奏是客观事物运动的属性之一，是一种有规律的、周期性变化的运动形式。节奏的形式广泛地存在于自然界和人们的劳动、生活中。例如，四季的变化，潮涨潮落，机器、车轮的运转、声响，心脏搏动，说话的停顿……无不体现出节奏的存在；又如，音乐中的节拍，音响的轻重缓急，文学作品中的条理性、重复性、连续性的艺术表现形式，诗歌中的格律（五言、七言），绘画中形象的有序排列、疏密分布、渐移过渡等，都形成一种节奏感。由于节奏与人的生理机制特征相吻合，因而给人们造成一种富有律动的美感。造型设计的节奏，表现为一切造型要素有规律地重复。

韵律是一种周期性的律动做有组织地变化或有规律地重复。也就是说，韵律是在节奏的基础上，赋予情调，使节奏具有强弱起伏、抑扬顿挫的美感。由此可知，节奏是韵律的条件，韵律是节奏的深化。

现代工业产品的标准化、系列化组合机件在符合基本模数单元构件上的重复等，都使得产品具有一种有规律的重复和连续，从而产生节奏和韵律感。

2. 韵律的形式

在各项设计的整体关系上，都可以表现出其韵律的美。韵律这种形式的本身，就表现一种协调的秩序。使人们看了以后，感到柔和而优雅。具体表现在设计上，例如，一件设计造型的线条，若表现得流畅舒展，从中便会体现出其韵律。一组造型的各个局部，相互之间也应有同一的或类似的部分和有秩序的排列。这种排列次序，可以从小到大，或从高到低，还可以从密到疏有规则地渐次变化。

产品设计中节奏与韵律主要是通过线、形、色体现的，其形式主要有如下几种。

（1）连续韵律。体量、线条、色彩、材质等造型要素有条理的排列，以及造型要素无变化的重复称为连续韵律。

（2）渐变韵律。造型要素按照某一规律做有组织的变化称为渐变韵律。渐变韵律既有节奏也有韵律，且手法简单，因此运用较多。

（3）交错韵律。造型要素按照一定的规律进行交错组合而产生的韵律。

（4）起伏韵律。造型要素使用相似的形式，做起伏变化所形成的韵律。这种韵律产生的动态感比上述韵律强，可取得较为生动的效果。

（5）发射韵律。造型要素基本上围绕一个中心，犹如发光的光源那样向外发射所呈现的视觉形象。这种韵律具有一种渐变的效果，有较强的韵律感。

上述各种韵律形式中，共同的特性是重复与变化。没有重复，就没有节奏，也就失去了产生韵律的先决条件。而只有重复，没有规律性的变化，也就不能产生韵律的情趣。在造型设计中，运用韵律的法则可使造型物获得统一的美感。某种要素的重复可使产品各部分产生呼应，协调与和谐。

6.3.4 平衡与对称

平衡与对称的法则，来源于自然物体的属性，是保持物体外观量感均衡，达成形式上安定的一种法则。

平衡，也就是一件作品的整体布局，能够安定、平稳。在自然界中，一切事物都处在运动和发展之中，因此总会不断地产生不平衡状态。但事物的本能，又要求调整这种不平衡的状态，而达到新的平衡。在人们的视觉经验中，不平衡的状态是不稳定的。所以，给人的感觉是不舒服的。这样就要求设计的作品，必须达到平衡的形式。最完美的平衡形式，就是对称。它表现稳重、大方，形象完美和谐。

对称是人类生活中到处可以见到的一种形式，是人类发现和运用最早的法则。例如，在设计室里，人们常说的"从中线开始"，实际上就是自觉地在运用对称的法则。对称能取得较好的视觉平衡，形成美的秩序，给人以静态美、条理美。对称形式能产生庄重、严肃、大方与完美的感觉。但对称又会使视觉易停留在对称线上，在心理上产生静感和硬感，难免显得单调和呆板。

产品设计多采用对称手法，以增加产品的稳定感。例如，汽车、飞机、火车等动态产品，采用对称形式造型，可以增加心理上的安全感，起重机、吊车等大型机械设备，采用对称造型，同样可增强稳定与安全感，并体现出产品造型的形式与功能的一致性。

产品形态的平衡形式主要是指产品由各种造型要素构成的量感，通过支点表示出来的秩序和均衡。平衡是以支点为重心，保持异形双方力的平衡的一种形式，是自然界里静止的物体都必须遵循的一条力学原则。

量感是指视觉对于各种造型要素（形、色、肌理等）和物理量（重量）的综合感觉。例如，大的形体比小的形体具有更大的量感；复杂的形体比简单的形体具有更大的量感；纯度高的色比纯度低的色具有更大的量感；明度低的色比明度高的色具有更大的量感。

采用平衡造型的形式，可以使产品形态在支点两侧构成各种形式的对比，如大与小、浓与淡、疏与密，从而形成一种静中有动、动中有静的条理美、秩序美的造型形式。在造型设计中，处理好体量的虚实、浓淡、大小、疏密、明暗等，是取得产品造型良好平衡效果的关键。

一般来说，人们对于对称造型的形式容易认识和理解并易于接受，因为在对称造型中，人们容易求得对称中心线或对称点。平衡造型的认识和理解，则是一个较为复杂的问题，因为平衡具有的稳定感，除了自然的启示外，也会随着科学和社会的进步及观念的变化而产生新的平衡形式。

6.3.5　稳定与轻巧

稳定具有两个方面的含义。一是实际稳定。它是指产品实际重量的重心符合稳定条件所达到的稳定，这是工程结构设计必须解决的问题。二是视觉稳定。它是指产品外观的量感重心，满足视觉上的稳定，主要是造型设计讨论的问题。

产品的物质功能，是产品造型追求稳定或轻巧感觉的主要依据。产品的物质功能不同，造型要求也不同。

（1）既要求实际稳定，也要求视觉稳定的造型。吊车、起重机、大型机床设备等，体积一般较大。因此，工程设计时，重心必须低，以满足实际稳定的要求；而造型设计时，量感重心也应与实际重心一致，这也是视觉心理所要求的。同时，对于机床一类的造型还应追求精密感，以提高心理上的可靠感。

（2）结构上要求实际稳定，但在视觉感受上要求轻巧的造型。对于需经常移动的产品，如各类家电产品、台式仪器仪表等，结构上要求稳定，但造型上要求轻巧，给人以生动、活泼、亲切和快感。

（3）既要求实际稳定和视觉稳定，又要求有速度感的造型。各类交通工具的造型既要求平稳、安全、舒适，同时还要求体现出速度感。而且各类交通工具的功能不尽相同，其造型也应有所不同。

一般来说，稳定感与轻巧感与下列各种因素有关。

（1）物体重心。重心高显得轻巧；重心低显得稳定。

（2）接触面积。接触面积大显得稳定，接触面积小显得轻巧，因此设计时重心较高的物体接触面设计不能太小（欠稳定）

（3）体量关系。量感重心接近安置面有稳定感。

（4）结构形式。对称形式具有稳定感，平衡形式具有轻巧感。

（5）色彩及分布。明度低的颜色，量感大，装饰时在上显得轻巧，在下显得稳定；彩度高的颜色，量感大，装饰时在上显得轻巧，在下显得稳定。

（6）材料质地。材料质地产生的稳定感或轻巧感由两个因素决定。一是表面质量粗糙，无光泽的量感大而有光泽的量感小；二是不同材料的比例，具有不同的量感。

（7）形体分割。形体分割又分为色彩的分割、材质的分割、面的分割、线的分割等。

6.3.6 对比与调和

对比是突出事物各自相互对立的因素，通过对比可使个性更加鲜明。对比可使形体活泼、生动，个性鲜明，它是取得变化的一种手段，但如果对比太强，没有调和的约束，会有杂乱、动荡的感觉。调和是在不同的事物中，强调其共同因素以达到协调的效果。调和对对比的双方起约束作用，使双方彼此接近产生协调的关系。调和可使形体稳重、协调、统一、沉着、安全、可靠，是取得统一的一种手段。但过分调和，没有对比，则造型难免显得呆板、平淡。一般来说，家具造型应为学习、工作、休息提供安静、整洁、沉着的气氛。机械、仪器仪表、电子产品等工业设备，应给人以安全可靠的心理感觉。因此，在常规的工业产品造型中，为获得产品的稳定、安全、可靠效果，主要应以调和为主。

产品设计中的对比，也就是形象之间的差异。这种差异表现出设计形式的多种变化。但是，这种变化不是无限度的，如果变化得过多，其造型之间的差异太大，就会产生琐碎零乱的感觉。

调和，就是在对比中找出和谐的因素。使设计的各个组成部分之间，具有一定的联系，相互起到配合作用，使作品整体协调。在设计中，如果要达到调和的手段，那么在形象特征上采取渐变的形式，或增加其重复和近似的造型形象，使整个作品中一致性的因素增强，这样才能使作品达到比较完美的效果，也才会给人以美感。

对比强调了变化和个性，调和则强调了事物间的共同因素，在设计中要讲究求同存异，没有对比没有变化就觉得呆板、不活跃，变化太多又会有凌乱之嫌。

对比与调和这两种形式，都只能存在于同一性质的因素之间，如形体与形体、色彩与色彩、材质与材质之间。工业产品造型一般可在以下几个方面构成对比与调和的关系。

1. 形体方面的对比与调和

（1）线型的对比与调和。线型是造型中最富有表现力的一种手段。线型对比能强调造型形态的主次，丰富形态的情感。线型对比主要表现为线型的曲直、粗细、长短、虚实等。

（2）形的对比与调和。形的对比主要表现为形状的对比，如方圆、凹凸、上下、高低、宽窄及大小的对比等。

（3）方向的对比与调和。由形态构成理论可知，不同方向的形或线会产生不同的心理感受。例如，垂直方向的线给人以进发、进取、硬直、刚强的感受；水平方向的线给人以安详、宁静、稳定、持久的感受，而倾斜方向的线则有不稳定、运动之感。因此，形与线的方向对比会增加产品造型的感染力。方向对比主要表现为水平与垂直、正与斜、高与低、集中与分散等，是运用较多的对比构成方法。

（4）虚实的对比与调和。"虚"是指产品透明或镂空的部分，它能使产品显得通透、轻巧。"实"是指产品的实体部分，它能给人一种厚实、沉重之感。合理运用虚实对比，能使形体的表现更为丰富。

2. 色彩方面的对比与调和

它是指不同色彩的明度、纯度、彩度的对比，以及由色彩派生出来的冷暖、明暗、轻重、进退等的对比。色彩的对比与调和在色彩构成中有详细的论述。

3. 材质的对比与调和

使用不同的材料可构成材质的对比。材质的对比主要表现为人造材料与天然材料的对比、金属与非金属的对比、有光泽材料与无光泽材料的对比、粗糙与光滑的对比、坚硬与柔软的对比等。材质对比与色彩对比一样，虽不能改变造型的形体变化，但由于具有较强的感染力，也能使人产生丰富的心理感受。

6.3.7 过渡与呼应

1. 过渡

过渡是在两个不同形状、不同色彩的组合之间，采用另一形象或色彩，使它们互相协调的联系手段，以取得和谐的造型效果。形体的过渡一般分为直接过渡和间接过渡。

从一面到另一面没有第三面作过渡面，称为直接过渡。直接过渡没有第三面参与，线角尖锐锋利，造型的轮廓清晰，但同时也给人一种造型过于坚硬、难以亲近的感觉。

2. 呼应

呼应是指在单个或成套设备的造型中，产品中的各个组成部分或产品与产品之间运用相同或近似的"形""色""质"进行处理，以取得各部分之间的艺术效果的一致性。

6.3.8 主从与重点

在产品设计中，主体在造型中起着决定作用，客体起烘托作用，主从应互相衬托融为一体。主体可以是观赏、观察的中心，例如，一台控制台，面板就是整台机器的主体，即重点部位，也可以是表现造型目的的特征部位。

产品设计中的重点由功能和结构等内容决定，重点的处理可以形成视觉中心和高潮，避免视线不停的游荡。不分主次的设计会使造型呆板，单调，结构繁琐杂乱。

突出重点（视觉中心）的设计，常用以下方法来实现。

（1）采用形体对比，突出重点，如用直线衬托曲线；静态形衬托动态形；简单形衬托复杂形。

（2）采用色彩的对比，突出重点，如用淡色衬托深色，冷色衬托暖色，纯度低的色衬托纯度高的色。

（3）采用材质对比；如采用非金属衬托金属，轻质材料衬托重的材料等。

（4）采用特殊或精密工艺。

（5）采用线的变化和透视感引导视线集中一处，以形成重点。

6.3.9 比拟与联想

比拟就是比喻和模拟，是事物意象间的寄寓、暗示和模仿。联想则是思维的延展，它是由一事物的某种因素，通过思维延展到另外的事物上。人们对工业产品的审美，常常会产生与一定事物的美好形象有关的联想，如对称的结构让人联想到大方稳重，水平柔软的曲线让人联想到流畅与轻快，而简洁的外形、明快的色彩、常让人联想到亲切、轻巧和舒适。因此，任何一件产品都具有与美的事物相比拟或相联想的可能。产品造型方法同比拟与联想的关系主要有以下几种形式。

1. 模仿自然形态的造型

这是一种直接以美的自然形态为模特的造型方法，联想与比拟的对象明确，直接且易理解。但在运用这种方法时，应注意物质功能与形式的统一性。其缺点是联想范围窄。

2. 概括自然形态的造型

接受自然形态的启示，对其形体进行概括、抽象，使产品造型体现出某一物象的美的特征，这种造型方法注重的是神似，要求形象简练、概括、含蓄。概括自然形态的造型，往往是产品物质功能所必需的。例如，为了减少行进阻力，潜水艇的造型采用鱼形；为了产生升力，飞机机翼的断面形状与飞鸟的翅膀相似等。这种概括自然形态的造型方法目前已发展成一门独立的学科，即仿生学。

3. 抽象形态的造型

以线、面、体构成抽象的几何形态，并以此作为产品的造型。这种方法所产生的产品形态，并不能直接引起联想与比拟，但由于构成造型的基本要素本身具有一定的感情意义，所以这种以构成方式产生的抽象形态造型也能传递一定的情感，如灵巧与粗笨、纤细与臃肿、运动与静止、冷静与热烈等。

比拟与联想的手法应运用恰当、准确，避免牵强附会，弄巧成拙。例如，一些狮子和熊猫形象的垃圾桶，其形式与内容毫不统一；狮子是威严、力量的象征，而熊猫则是我国的国宝，用来放置垃圾，严重地破坏了形式与内容的统一。

6.4　产品的色彩设计

随着科学技术的发展、人们生活水平的提高和产品设计风格的不断演变，产品色彩变得越来越重要，也越来越受到消费者和生产者的重视。色彩牵涉的学问很多，包含美学、光学、心理学、生理学、社会学和符号学等。如何应用色彩丰富的内涵和表现力，设计出既符合人的生理与心理要求，又能准确地表达设计意念的一流的产品色彩，在当今时代是设计师和企业共同关心的课题。

6.4.1 色彩基础理论

1. 色彩的三要素

根据色彩理论的分析，任何颜色都具有三种重要的性质，即色相、明度、纯度，并称为色彩的三要素。色彩三要素是用以区别颜色性质的标准。

（1）色相。色相指色彩的相貌，如红、黄、蓝等能够区别各种颜色的固有色调。在诸多色相中，红、橙、黄、绿、青、蓝、紫是7个基本色相，将它们依波长秩序排列起来，可以得到像光谱一样美丽的色相系列，色相也称色度。

（2）明度。明度指色彩本身的明暗程度，也指一种色相在强弱不同的光线照耀下所呈现出不同的明度。光谱7色本身的明度是不等的，也有明暗之分。每个色相加白色即可提高明度，加黑色即可降低明度。在诸多色相中，明度最高的色相是白色，明度最低的色相是黑色。

（3）纯度。纯度指色彩的饱和度。达到了饱和状态的颜色，即达到了纯度要求，为高纯度。分布在色环上的原色或系列间色都是具有高纯度的色。如果将上述各色与黑、白、灰或补色相混，其纯度会逐渐降低，直到鲜艳的色彩感觉逐渐消失，由高纯度变为低纯度。

2. 色彩认知

认知是一种心理作用，是指人们对事物的认识过程。认知是一种复杂的过程，通过这个过程，人们对感官的刺激加以挑选、组合，产生注意、记忆、理解及思考等心理活动，并给予解释，成为一种有意义和连贯的图像。

从理性的角度来说，从光进入眼中到产生色的意识的过程，可以分为三个阶段。第一阶段是物理性的阶段，也就是光的性质和量的问题。第二阶段是生理性的阶段，也就是由视觉细胞产生光和色的对应，然后传到大脑中。第三阶段是心理性的阶段，也就是接受光时，心理的意识变化，如图6-7所示。色的感觉，就是光作用在眼睛感觉器官上的刺激结果。在认知对象或客观性事实的过程中，由神经所产生的反应，就称为知觉。

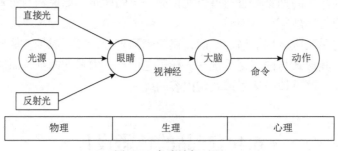

图6-7　色彩认知过程

色彩对知觉有各种不同的作用，所引起的程度、过程和结果，由于色彩刺激的种类不一，其影响的状况也各不相同。简单地划分它们的性质，可以有以下几个方面。

（1）色彩的视认作用，如明视度、可读性及注目性等。

（2）色知觉的判断作用，如色彩的轻重感知判断、温度感知判断、伸缩或远近感知判断、积极性和消极性感知判断等。

3. 色彩的视觉感知

产品有不同的材料和加工方法，会在视觉和触觉上给人以不同的形象感，从而影响产品的外观。例如，用人造革制作成的驾驶座，人造革细密的纹理、圆滑的线条，以及光泽、弹性感、触感等，便是形象美的重要因素。下面是排除特殊材质的，反常规质感表达的一些色彩带给人们的视觉感知。

（1）冷暖感觉。人们看到橙色，常常会联想到火与温暖的阳光，有热的感觉；看到白色、青色，会联想到冰与雪，有冷的感觉。人对色彩所传递的冷暖主观感觉相差3~4℃。相同的两个房间，一间刷成蓝绿色，一间刷成红橙色，就会感到蓝绿色的房间似乎温度低些，红橙色的房间温度高些。

（2）面积感觉。在计算发光能力和反射能力时，常用光通量来度量，光通量就是在单位面积内通过光线的多少。也就是说，单位面积内通过光线越多，光感越强。色彩是不同波长的光，由于波长不一，强弱不一，要保持等量光通过，则面积不同。基于这个原理，色彩在人们心理中造成不同色感，便有不同的面积感觉，即光作用于眼睛，转化为色时，面积成为色彩不可缺少的因素，人能感觉的色彩，肯定具有一定的面积，是两者互为存在的条件。

（3）质地感觉。任何一种物体，其表面总会体现出它特定的质感和大致的色彩。经过长期的实践，人们将某一种色彩与质感联系起来，看到某一种色彩，就有一种相对固定的物质概念。例如，黄金、白银的光色显得高级华丽，木材的质地、纹理、光色显得朴素，塑料质地细密、光滑。前述是材料的本身质感，但在配色应用中，人们取材于自然，模仿自然，常用色彩表现不同的质地感觉，如在包装装潢中，常用金色、电化铝等表现金色质地感觉。

（4）进退感觉。色光的波长各不相同，红色的波长最长，紫色的波长最短。因此，紫色光线通过人眼球的水晶体时的折射率比红色光线大，红色光线在视网膜的后部成像，紫色光线在视网膜的前部成像。这样就会造成错觉，即波长长的暖色有前进感，波长短的冷色有后退感。同理，暖色带有扩散性，冷色有收敛性（缩小感）。

不同的色彩配置在一起，总感觉有些色彩如红、黄、橙在往前跑，它们的位置离我们近一些。而有些色彩如紫、绿、蓝则向后退，使人感到离得远一些。配色中，可以利用色彩的进退感来加强层次的变化，从而产生凹凸感，使造型形象更为丰富。例如，利用深色在白色的对比下有收缩感、后退感的特性，用窄的深色带来加强平面凹凸层次效果。

（5）轻重感觉。轻重是物体的物理量，而物体表面的色彩则在一定程度上给人造成心理上的量感。

在产品色彩设计中，一般宜上部用明度、纯度略高的色彩，而下部用明度、纯度较低的色彩，使产品显得稳定。色彩明度、纯度恰当地上下反置，又可造成视觉的轻巧感觉。但要注意防止失当，而成头重脚轻的不稳定感觉。对于吊灯、吊扇等则宜用轻感的色彩，以显得灵活、轻盈和高雅。

（6）软硬感觉。软硬是物体质感的一种表现，它与物体的形状、表面质地有关，同时它的色彩也体现出软硬感觉，这主要与色彩的明度与纯度有关。

软与轻的关系有所呼应。软的物体形状多曲线或有弹性，色彩变化应柔和，对比度小，一般采用中等纯度和高明度的色彩，如淡黄、嫩绿或淡灰色等表现软。

硬与重密切相关。一般硬的物体外形多直线或折线，色彩一般以单一的灰暗色表现硬。白色和黑色有坚硬感。

色彩对于有效地发挥产品的功能效用，也起着一定的作用。例如，机械设备都有一些信息显示仪表和操作控制件，为了使操作者易于辨读和引起注意，经常用红、黑、绿等颜色加以涂饰，从而使这部分器件的功能得以充分发挥。在科学进步、商业发达的时代，绝大多数的产品都已是现普及化的现象，消费市场正迈向成熟期的阶段。完善的色彩规划可以创造产品独特的形象，满足消费者个性化、差异化、多样化的需求。色彩规划的走向不仅要符合未来的色彩趋势，符合美学需求，还需整合营销策略，全面吸收相关信息，考虑公司的整体形象，最终赋予产品最适合的色彩。

6.4.2 影响产品色彩的因素

1. 物理因素

1）固有色

产品表面能表现出不同色彩，是由产品反射与吸收光的固有特性决定的。在一束全色光的照射下，如果一产品，它对红色光具有理论的全反射特性，而对其他色光具有理论的全吸收特性，则该产品将会呈现出红色。这种反射出来的色光在人们头脑中产生一种产品本身固有色彩的观念，所以人们称为该产品的固有色。

根据产品的吸收与反射的情况，可以将产品分为彩色产品和消色（非彩色）产品两类。凡是对色光进行选择性反射或吸收的产品，都是彩色产品。消色产品即没有色彩的产品，如白色的、黑色的、各种灰色的产品。这种产品的特点，是对任何波长的单色光的反射能力都一样，没有选择性。

2）光源色

光源有自然光源与人造光源两类。自然光源如太阳光和月光，人造光源如灯光、火光、电焊光等。

相同的产品在不同的光源下将呈现不同的色彩。例如，一张白纸在正午阳光下呈白色；在白炽灯下带有黄色；在日光灯下偏于青色；在早晨阳光照射下呈橙黄色；在傍晚夕阳下呈浅红色；在红光下呈红色；在绿光下呈绿色；由此可见，由于光源色的变化，受光产品所呈现的色彩也会随之发生变化。

3）环境色

环境色是指产品所处的环境的色彩。环境色通常不是单一的，如室内除了家具的色彩，还有墙壁、地面的色彩等。产品在不同色彩的环境中，都会受到邻近物体色彩的影响，使其表面色彩发生变化，特别是表面光滑的产品和色彩较淡的产品。

产品呈现的色彩是由固有色、光源色和环境色这三个色彩关系要素相互作用、相互影响而形成的一个和谐统一的色彩整体。同时，产品色彩还受到观察距离、产品大小、产品表面粗糙程度等因素的影响。

2. 技术因素

1）化学因素

产品色彩形成的化学因素，即着色剂的使用。一般着色剂分为染料和颜料，有些着色剂既可作颜料又可作染料。

颜料是一种微粒形式的色素，不溶于介质，但能分散在介质中改进其颜色。颜料的应用面很广，目前大量用于涂料、油漆、塑料、橡胶、化纤、纺织、陶瓷、彩色水泥等方面。新的用途还在不断增加，如化妆品、磁带、食品、黏合剂、静电复印等方面。归纳起来颜料的应用可分为以下两类。

（1）表面涂层。表面涂层是现代称为涂料的传统方法，制备涂料是将研碎的粉状颜料加入介质中制成油漆和印刷油墨，表面涂层甚至还用于产品的表面着色。

（2）整体着色。这种方法用于塑料着色效果较为显著，其次在玻璃陶瓷等硅酸盐制品中均有应用。目前最重要的应用是将颜料混合到熔融的聚合物中制成色母粒，再用于最终产品的着色。

染料应用的主要对象是纺织品，另外还应用于造纸、皮革、橡胶、塑料、文具、食品、化妆品、医药等工业部门，以及彩色照相、生物试剂、化学检测、军事目的等多方面。

2）材料肌理因素

产品的色彩是通过产品材料体现的，不同的材料肌理所产生的色彩效果是有所不同的。材料肌理与色彩的关系表现为两个方面。一方面，相同的色彩用于不同的材料肌理上时，会呈现出不同的色彩效果，产生不同的个性与情趣。例如，同色彩用在光滑细腻的塑料表面给人以雅致、柔和的感觉；用在粗糙无光的棉布上，给人的感觉是含蓄、沉着。另一方面，即使相同的材料肌理，使用的色彩不同，效果也会有明显的差异。例如，同一车型的白色轿车看起来总是没有黑色轿车光彩照人，有气派。

在进行色彩设计时，应该发挥材料色彩的美感功能，应用对比、点缀等手法加强和丰富其表现力。对材料施以人为色彩时，要调解材料本色，强化和烘托材料的色彩美感。虽然在进行色彩设计时，色彩的色相、明度、纯度可随需要任意推定，但材料的自然肌理美感不会受到影响，只会加强。

3）工艺因素

工艺指的是产品色彩的成色工艺，即实现产品色彩的生产技术方法。实现产品色彩的方法是多种多样的，最常见的是油漆喷涂，另外还有机械加工（精车、精磨、刮研、抛光、滚压等）、电化学处理（电抛光、电镀、氧化处理、磷化处理等）、机械黏接（塑料贴面、氢化乙烯树脂金属叠板、各种黏接薄膜、各种装饰材料等）和喷塑等方法。同一色采用不同的工艺方法，会取得不同的色彩效果。例如，金属灰色，可以是有光或无光的涂料色，也可以是有光或无光镀铬的色，还可以是机械加工出来的金属本色或经过电化学处理的金属色，它们显示出不同的色彩效果。

另外，产品色彩设计应符合工业批量化生产的要求，主色调一般最好是一色或两色，色料配制要方便，着色工艺要简单。随着科学技术的不断发展，新材料和新工艺也会不断出现，因此产品的材料肌理成为影响产品色彩的一个重要因素。

6.4.3 产品色彩设计

1. 产品色彩设计原则

产品色彩设计原则如下。

（1）注重色调协调。色调是一种总体的色彩感觉，色调的选择决定了产品的整体色彩感觉。所以色调的选择应格外慎重，一般可根据产品的功能、结构、时代性及使用者的好恶等，艺术地加以确定。确定的标准是色形一致，以色助形，形色生辉。例如，儿童产品的色彩设计就要选用鲜艳的色彩和生动活泼的风格。

（2）充分考虑色彩的心理效应。人们在观看色彩时，由于受到色彩的视觉刺激，会在思维方面产生对生活经验和环境事物的联想，这就是色彩的心理暗示。因此，不同色彩在不同产品上的应用会产生不同的心理效应。色彩的直接心理效应来自色彩的物理光刺激，对人的生理产生的直接影响。

（3）注重美学法则。注重美学法则就是强调色彩的整体协调，要求产品造型从形态到色彩都应形成一个整体的感觉。一个产品不允许色彩混乱，互相割裂，支离破碎。色彩设计的应用是为了增加产品的附加值，使产品能够与众不同，所以要遵循美学法则，来美化产品。

（4）注重工作环境需要。产品色彩设计应考虑使用环境的需要。为了使产品色彩给人舒适的感觉，应注意产品使用的环境气候条件。此外，产品安装的地点与环境条件不同，色彩也有所差异。

（5）注重时代的要求。随着人们审美观的发展，文化艺术修养的提高、生活水平的改善等，对于色彩设计的要求也在不断地变化、发展。因此，色彩设计中的色彩应是符合时代特征的"流行色"。流行色是指在某一时期内，为较多人喜爱并广泛使用的色彩，具有强烈的时代气息与新奇性。

（6）注意色质并重。现代工业产品的色彩设计还与材料的质地、光泽色等的应用有关。在现代工业产品上，大量采用油漆的着色工艺方法。油漆可以赋予产品各种绚丽的色彩，但也应充分考虑并应用新材料的本身色质和材料加工处理后的色质，以起到丰富色彩变化、显示产品现代特征的效果。

（7）注重地区和国家喜好偏差。人们对色彩的喜欢和禁忌，受国家、地区、政治、民族传统、宗教信仰、文化、风俗习惯等影响而存在差异。工业产品的色彩设计，既不能脱离客观现实，也不能脱离地域和环境的要求，还不能忽视性别、年龄的差异，要充分尊重民族信仰和传统习惯，这样才能使产品受到不同国家、不同民族、不同信仰、不同层次的人们的广泛喜爱。

设计师在进行产品的色彩设计时，必须充分考虑以上因素，做到色彩符合产品的功能、结构、使用环境及使用者的好恶，利用色彩的心理效应设计出为不同消费群体服务的人性化产品。

2. 产品色彩规划

色彩不是产品的附属，它的价值有机地包含在产品中。在现今感性消费、体验式消费的时代，色彩并不是商品的点缀，它同时可以为商品带去不同的符号、文化等内涵意义。色彩本身是一种语言，意味着传达与沟通；色彩本身具有价值，代表社会与市场的趋向。新产品的色彩规划一般遵循以下步骤。

（1）整理、分析搜集的色彩信息。

（2）了解各年度、各地域色彩流行规律。

（3）做出战略性的决策，以视觉形象为基础，提取出单色观察形象图和配色视觉形象图。

（4）利用单色调色板和配色调色板制作基本色彩（也称常用色）和流行色彩。

（5）通过模拟试验开发色彩，一般通过计算机三维画图软件制作模型作为模型试验，观察效果和给人带来的感觉，然后通过产品评价会议决定最终的产品色彩。

图 6-8 为产品色彩规划的成功案例，鲜明的色彩搭配形成营销的最佳亮点。

图 6-8　佳能 LXUS130 产品色彩规划

6.5　产品的形态设计

6.5.1　形态

这里所说的"形态"包含两层含义："形"通常是指一个物体的外在形式或形状。任何物体都由一些基本形状构成，如圆形、方形或三角形等；"态"则是指蕴涵在物体形状之中的"精神势态"。形态就是指物体的"外形"与"神态"的结合。在设计领域，产品的形态总是与功能、材料及工艺、人机工程学、色彩、心理等要素分不开。人们在评判产品形态时，也总是与这些基本要素联系起来。因此可以说，产品形态是功能、材料及工艺、人机工程学、色彩、心理等要素所构成的"特有势态"给人的一种整体视觉感受。

产品形态是信息的载体，设计师通常利用特有的造型语言（如对形体的分割与组合，材料的选择与开发等），进行产品的形态设计，向外界传达设计师的思想与理念。消费者在选购产品时，也是通过产品形态所表达出的某种信息内容，来进行判断和衡量与其内心所希望的是否一致，并最终做出购买的决策。

形的建构是美的建构，而产品形态设计又受到工程结构、材料、生产条件等多方面的限制，当代工业设计师只有把握住科学技术和艺术之间的结合，才能创造出多样化的产品。设计师只有处理好产品的形态的关系，才有可能使产品获得广泛认同。

形态是营造主题的一个重要方面，主要通过产品的尺度、形状、比例及层次关系对心理体验的影响，让用户产生拥有感、成就感、亲切感，同时还应营造必要的环境氛围使人产生夸张、含蓄、趣味、愉悦、轻松、神秘等不同的心理情绪。例如，对称或矩形能显示空间严谨，有利于营造庄严、宁静、典雅、明快的气氛；圆和椭圆形能显示包容，有利于营造完美、活泼的气氛；用自由曲线创造动态造型，有利于营造热烈、自由、亲切的气氛。特别是自由曲线对人更有吸引力，它的自由度强、更自然也更具生活气息，创造出的空间富有节奏、韵律和美感。流畅的曲线既柔中带刚，又能做到有放有收、有张有弛，完全可以满足现代设计所追求的简洁和韵律感。产品只有借助其外部形态特征，才能成为人们的使用对象和认知对象，发挥自身的功能。

产品形态能体现一定的指示性特征，暗示该产品的使用方式、操作方式。产品形态特征还能表现出产品的象征性，主要体现在产品本身的档次、性质和趣味性等方面。通过形态语言体现出产品的技术特征、产品功能和内在品质，包括零件之间的过渡、表面肌理、色彩搭配等方面的关系处理，体现产品的优异品质、精湛工艺。产品形态语言也能体现产品的安全象征。在电器类、机械类及手工工具类产品设计中具有重要意义，体现在使用者的生理和心理两个方面。著名品牌、浑然饱满、整体形态、工艺精细、色泽沉稳会给人以心理上的安全感；合理的尺寸、避免无意触动的按钮开关设计等会给人生理上的安全感。

创造过程需要三种活动：①收集与设计问题有关的各种因素和信息；②分析信息，以获得对设计问题的了解；③提出解决问题的方法。对于产品形态的设计来说，也是如此，如图 6-9 所示。

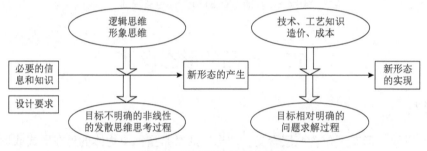

图 6-9　形态设计的基本过程

6.5.2　产品形态设计基础

设计产品形态时，需要综合考虑产品的一系列内在的约束因素和外在的控制因素以及它们之间的相互关系。约束因素包括产品的使用功能、结构、材质、人机关系等；控制因素包括产品的色彩、纹理、装饰、外观形态等。从工业设计角度考虑，产品的形态设计应处理好产品的使用功能、人机关系、美学原则等方面的相互关系。其中，在满足技术和人机约束的条件下，运用美学法则设计产品形态是形态设计的关键。产品形态的几何元素有点、线、面和体，这些元素之间的相互关系构成了产品形态设计的基础。设计师通过应用美学法则选择和组织这些几何元素来设计产品形态，以增强产品形态的艺术效果。

1. 形态的构成设计

产品的形态构成设计是先用形体去容纳一定技术、功能、结构的单一体，再将多个单一的形体，按照一定的形体构成规律和方法有机地组织在一起，而构成产品的整体形象。如何有机地把多个单一形态组合起来，构成形态独特而美观的造型体是艺术造型的目的，也是形态构成的核心问题。形态的构成设计是形态设计中最为重要的一部分，它可确定形态的总体布局。

1）传统构图理论

概括地说，构图就是设计师在画面空间上，组织那些在形式美方面如视觉的点、线、体、用光、明暗、色彩等视觉要素，强调、突出重点，舍弃那些一般的、烦琐的、次要的东西，并恰当地安排陪体，以增强产品形态的艺术效果。

从绘画作品的图形或物象的形式来看，形态中的布局元素都能概括成最基本的几何形状，如方形、圆形、三角形、菱形等，而且不同的图形暗示不同的感觉，产生不同的心理效应。例如，画面做横向线式构成，常蕴含着运动、张力和痛苦的意味；顶角向上的三角形（又称金字塔形）往往引起山坡等稳固形体的联想，给人稳定或永久僵化的感觉；而倒三角形则给人一种不稳定的动势，显示出危机和倾颓坍落感；圆形则令人联想起太阳和满月，产生和平宁静的情绪，暗示着完美、圆满和充盈感；S 形的构图令人产生画面牢固而优美的感觉，给人十分丰满、优美、柔和的感觉；直耸的长方形（又称纪念碑形）显得肃穆庄重，其形式构成有力、耐看、深沉且发人深省。

2）形态立面的分割方法

形体的面分割可以理解为产品形态的二维立面的面积区划，用于产品形态的某一视图的立面（外观）形态设计。面（立面或形）分割是将造型立面以一定的数比关系获得不同的面积区划，使其在结构、线形、色彩面积或位置安排等方面获得比例美而体现造型的美感，如图 6-10 所示。这里所指的分割不是任意的分割，而是按实现美的造型所需要的艺术处理手段。它与形体组合相辅相成，既是形体构成的基础，又是丰富形体变化的艺术手段。

其中，特征矩形面的分割最具特点，如图 6-11 所示。在造型中，人们常采用最稳定的图形（正方形、均方根矩形等）作为基本图形，一般认为这些图形能取得较好的数比关系和美感。利用它们之间的演变关系，将它们按功能与艺术要求进行分割演变（或称组合），可得到形体动静结合、相互呼应协调的艺术效果，使形体的分割按一定的数比规律进行，从而获得造型的比率美。

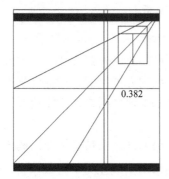

图 6-10　面分割的应用

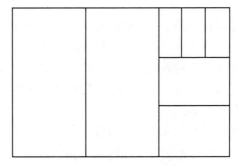

图 6-11　特征矩形面的分割图

在设计形态立面时，设计师以形体的某一立面为主进行形态的立面设计。首先，将立面进行规整，确定形态总体的矩形外廓；然后，对轮廓矩形做特征化处理，得到特征矩形或特征矩形的组合；最后，根据特征矩形面的主要演变方法生成多个面分割方案以供选择。

立面分割方法的实际应用很广，它可用于确定造型物的比例尺度、结构线型位置、装饰分割线位置、面板的构图、色块分布等。形态构成设计还包括形体的组合、形体与空间的组合、形体的分割、形体的过渡、形态方案的变化等设计。面分割仅能解决形体的基本位置关系，要想设计好形体的基本结构，还需结合其他的形态构成设计方法。

2. 形态的比例设计

根据形态的构成设计确定产品造型的基本布局后，接下来就要协调构成主体的各部分形体之间的关系。解决这些形体之间的组合与衔接关系的实质是解决它们之间的尺度和比例问题。尺度设计是解决形态与人的配合问题，比例设计则是协调构成主体的各部分形体之间的关系。

一般来说，产品形态的最终比例，是在产品的主要功能要求、技术条件、设计者的审美要求等三方面约束条件下形成的。对于某个具体的产品而言，其预先规定的功能要求，使人们一开始就可以获得确定的尺寸和比例；随后为使其功能得到保证，而应具备的技术条件，有可能对前者进行必要的补充和修正，从而又形成新的比例。在此基础上，考虑形态各个部分的比例关系和调整的自由度，以增强产品形态的艺术效果，最终确定形态各部分的比例关系，如图 6-12 所示。

图 6-12　iPod nano 的形态分析

在造型设计中确定造型物的比例关系常用以下几种方法。

（1）固定比例因子构成法。依据设计意图，选取与产品总体外廓尺寸、各关键部件轮廓尺寸所接近或适宜的数比关系为某种固定的比例因子（如均方根比例、黄金分割比例、中间值比例、整数比例等）。以此作为确定产品比例关系的基本比例因素，会使造型物整体比例协调，产生形式美感。

（2）相似矩形构成法。将机械产品总体轮廓、各主要部件，按具有优美比例关系的矩形（如 $1:\sqrt{6}$、$1:1.618$、$1:0.618$ 等）进行划分，如各矩形对角线互为平行或垂直，则产品的造型就能统一协调。若划分后，各矩形对角线相互不平行或垂直，则显得杂乱，达不到整体比例的协调。另外，也可用相似矩形构成法检验、调整已生产或已设计的产品比例是否统一协调。

（3）混合比例构成法。根据产品功能、结构要求，由不同比例的特征矩形混合构成。各部分间均有良好的比例美感，且有一定的比例转换关系，能取得协调统一的效果。

这些方法应用方便，不仅可用于设计，而且也可用它检验已成型的产品形态，校核各部分之间、部分与总体之间是否达到比例协调。但在应用比例设计方法时，也不要过于死板，对于某些局部，在功能和结构不可变动的情况下，在尺寸关系上不一定必须按一定的比例，也可采用线的分割或视觉误差的现象调节比例。

3. 形态的线型设计

一个成功的产品设计总是与其线型的正确选择和组织密切相关。形态的线型设计是最后确定造型体形态的重要环节，通过合理地处理各部分线型的排列、贯通、转折、过渡等能达到整体统一协调的效果。线型设计的主要任务是选择和组织线型。

1）线型的选择

在选择线型时，设计师主要考虑以下两方面的因素。

（1）线的知觉感。经过长期的实践，人们对几何要素的性质已积累了很多经验，对形的认识也产生了大量的比拟与联想，进而线条同人的心理感受产生了直接的联系，线条开始具有自身独立的价值。不同的线条及其组合能唤起观者不同的生活联想，给予观者不同的心理感受。

在造型设计中，点有大小之分，线有粗细、曲折之分，直线又包括水平线、垂直线、斜线等类型。在造型中，直线的运用能使人感受到"力"的美感，给人以正直、坚硬、强力、严谨的感觉。垂直线具有毅力、坚固、严格、挺拔的性格，给人以挺拔和庄严的感觉。水平线具有安定、平静、稳定、松弛的性格，给人以开阔和宁静的感觉。斜线给人奔驶、大胆、突破和运动的感觉，但有时也给人以倾倒的危机感觉。粗直线有厚重强壮之感，细直线有敏锐、精确之感，折线形成的角度则给人以上升、下降、前进等方向感。

曲线是形态设计中变化自由度最大、表情最丰富的造型元素。曲线给人以柔和、光滑、流畅、轻松的感觉，能使产品体现出"柔"和"丰满"的美感；而有规律的曲线，则给人以流动、柔和、轻巧、优雅的感觉。近宽远窄的双线、放射形以及涡旋形的线条能给人空间上的幽深感觉等。向上运动的曲线表现出欢愉和亢奋的情绪；向下运动的曲线往往引发低沉颓废的情绪。造型设计中常用的曲线包括中性曲线、稳定曲线、支撑曲线、轨迹线、双曲线、抛物线、反向曲线、悬垂曲线、方向曲线、重垂曲线和螺旋曲线等，它们各有不同的造型特性，具体描述见表 6-1。面是线移动的轨迹，也可认为面是曲线围合的。面的性格特征同其构成线的形态有直接的关系。体的形成离不开线和面，所以分析体的性格，必然涉及线和面。如果体中哪一类线型占主导地位，则该形体就接近哪类线型的性格特征。

表 6-1 造型曲线的特征描述

分类	名称	线型描述
三种缓慢曲线	中性曲线	中性曲线是最平淡的曲线，也是不生动的曲线。它是圆周的一段，其重垂特征从任何方位看都是一样的，它的扩张程度在整个长度上是相等的
	稳定曲线	稳定曲线在它的重垂部位上处于一个平衡位置
	支撑曲线	支撑曲线刚好与稳定曲线相反，它像一座拱桥一样支撑着重心

分类	名称	线型描述
具有速度感的四种曲线	轨迹线	轨迹线就像一只球被抛出去的运动线，开始时运动轨迹是直线的且速度很快，然后随着速度减小而下落
	抛物线	这里的抛物线并不等同于数学上的抛物线，但与其类似。它是抛物线与双曲线的结合，适用于一些大的有机体的曲线
	反向曲线	反向曲线是最有趣的曲线之一，它与字母的曲线相似，当它有一些斜线运动时，会更加有趣
	双曲线	它开始时直而快，但速度并不是慢慢减小，而是向着起点转折回去，并且它的能量集中在一点
三种方向曲线	方向曲线	方向曲线像箭头一样指示方向，它具有很强的方向性特征
	重垂曲线	重垂曲线与悬链曲线和方向曲线相似，它的各边缘处稍有弯曲
	悬链曲线	悬链曲线是真正的重垂曲线。如果手持链条的两端，那么链条的重垂部位在最低的一点。如果同时移动两个端点，就会得到不止一个重垂部位。还可以通过降低一个端点来使其重垂部位发生移动
独立的曲线	螺旋曲线	螺旋曲线有很多潜在的特征，取决于其中螺旋的数量，内部存在一种或紧或松的张力

（2）产品的功能和运动特性。线型选择不能脱离产品的功能和运动特性而任意造型。因为这样势必造成浪费，且华而不实。例如，飞机，为使其飞行时风阻尽可能小，机身采用流线型，这可谓恰到好处，但如果将机床设计也选择流线型，则大可不必。因为机床产品要求加工性能稳定且精确，若采用流线型，则会提高设备造价且毫无实际意义。再如，机床的操作界面是整个机床的最主要的交互界面，是信息的窗口，它的造型应考虑给人以平静、严谨、稳定、庄重、秩序、精密、高档的感觉。因此，主体线型宜采用水平线和垂直线并适当配以曲线活跃气氛，这样显得自然流畅、轻松自如。但若过多采用斜线、折线和曲线，就会有强烈的动感和轻浮感，与产品的功能要求不适应。因此，线型选择一定要体现产品的功能特性。

2）线型的组织

（1）自由曲线的组织。为使造型体显得流畅自然，常用到自由曲线。自由曲线本身并无一定的规律可依，有时为了使造型物中一组自由曲线或不同断面形成的自由曲线能相互协调，特别是在造型物的某些局部地区，需要将一组自由曲线相互关联起来。

多条曲线在一定条件下具有某种内在的关联或对应，容易取得和谐的艺术效果。同族曲线是利用原始曲线为基础，以给定的边界条件演变出来的，具有共同特征的曲线族。按同族曲线的排列方式组织，易使造型物的线型获得统一协调的视觉效果，是一组自由曲线取得协调统一的常用方法。由于同族曲线具有曲率变化的共同规律，所以它们之间能协调统一。如果采用相同的曲率曲线，则组成一组相互平行的曲线，线型相似且无变化，显得呆板。如果将无一定曲率变化规律的曲线组织在一起，则又显得杂乱无章。

比例曲线是在原始曲线的坐标位置成比例变化的情况下，派生出来的一组曲线。按比例曲线的排列方式组织，也是一组自由曲线取得协调统一的常用方法。比例曲线按坐标位置变化的方式不同，可分为两类：①坐标系不变，仅按比例改变坐标值的大小而演变的比例曲线；②改变坐标系的角度，或既改变坐标系角度又改变坐标比例所得的比例曲线。

（2）直线的组织。造型中，如果造型物的轮廓线和结构线主要采用平行与垂直的方式组织，造型物的形态则获得方正、简洁、刚直、稳定的视觉效果。特别是在机电产品形态中，轮廓线和结构线一般为直线，形态线型组织要以水平或垂直电线分割为主。线型方向的"主调"应主要由造型物的功能或运动部件的主要运动方向所决定。因此，在组织直线时，以水平或垂直直线分割为主，对体面分割线进行调整合并。如果产品形态以水平分割线为主，则形态中的水平线应归并和强调，而竖直线进行弱化处理。同理，如果产品以竖直线分割为主，则反之。

（3）成组射线的排列。造型中，如果造型物的部分轮廓线和结构线按一组或多组射线的方式进行组织，造型物的形态则既可以获得简洁、刚直、稳定的视觉效果，又能达到线型生动、活泼，具有一定动态感的艺术效果，同时还可以增强造型物的体积感。

6.5.3 产品形态创意构成方法

抽象的几何形态和仿生模拟形态是产品形态构成最基本的方法。

1. 抽象的几何形态

如图 6-13 所示，由于几何形体大都具有单纯、统一等美感要素，所以在设计中常被用作产品形态的原型。但未经改变或设计的几何形态往往显得过于单调或生硬，因此在几何形体的造型过程中，设计师需要根据产品的具体要求，对一些原始的几何形体做进一步的变动和改进，如对原型进行切割、组合、变异、综合等，以获取新的立体几何形态。这一新的立体几何形态就是产品形态的雏形。在这一形态的基础上，设计师通过对形态的深化和细部设计，便能最终获得较为理想的产品立体形态。

图 6-13 不同的抽象形态

2. 仿生模拟形态

（1）卡通形态。卡通化设计是一种混合卡通风格、漫画曲线、突发奇想与宣扬情趣生活的一种特殊设计方法，它把人们享受人生乐趣的生活态度混合到产品造型风格之中。目前，在国内外市场上所出现的具有卡通形象特征的产品举不胜举，在同类产品中它们独树一帜、分外抢眼，如图 6-14 所示。

图 6-14　卡通形态

（2）拟人形态。拟人形态是将人的特点融入产品中，将人的表情和肢体语言加以模拟的形态，如图 6-15 所示。

图 6-15　拟人形态

（3）动物形态。动物形态是通过提炼加工自然界中动物的显著特征，利用夸张或特写等形式进行设计。动物形态体现了人们对于生命和自然的关怀与热爱，给远离自然世界的人们一种亲近自然的气息。这种形态的设计最初多见于儿童玩具，现在设计者将这种形式运用到日用产品的设计之中，收到了相当成功的效果，如图 6-16 所示。

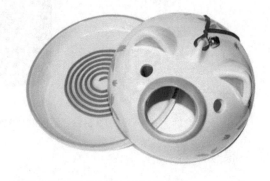

图 6-16　动物形态（蚊香架）

（4）契合形态。契合形态也就是人们常说的正负形，通常利用共同的元素将两个或两个以上的形体联系起来，其个体既彼此独立又相互联系，正是这种独立又联系的关系增添了无尽的趣味。太极图和玩具七巧板都是契合形态的代表，如果仔细观察，就会发现在各类产品设计中，契合形态的运用可以说是屡见不鲜。例如，图 6-17 中两个可爱的卡通小人抱在一起，勾起人们无尽的幻想，此时这件产品已不仅仅是一个桌上的调味容器，它同时还是一件艺术品，相信无论谁见到都会爱不释手。

图 6-17　契合形态

在当今社会，人们的生活越来越多元化，同一类产品表现出多种不同的形态特征。人们生活的各个领域都离不开设计，而设计需要通过形态来表达设计的思想，无论是什么样的设计理念，无论是何种设计风格，最终还需通过形态来表达。形态如同设计师的语言，将设计师的内在展现出来。一个设计师只有善于使用形态表达自己的设计理念，才能设计出适应时代和市场需求的产品。

6.5.4　形态设计的信息传达

1. 形态表示功能

产品语义学认为，对于使用者而言产品是工具，设计师塑造的每一种工具都要能表现出其本性和用途。功能主义时代，制造的产品是缺乏个性表达的，而在对产品形象设计进行研究时，注意到，产品最基本的使用价值更多的是通过其功能体现出来的。所以，研究产品的形态对功能的表达是基础且必要的，也只有这样，才有可能摆脱功能主义的束缚，建立个性的产品形象。产品形象也强调实用性，但它力求通过形式的自明性来实现这一目的，而不是单纯形式的简化。即通过使用者的认知行为需要，运用人们认知活动中习惯性反应来确定产品的形式，而不是机器的内部结构来确定产品的形式。

图 6-18 为 MOTO 智游系列 ME600 手机。为了传递功能信息，除了按键本身的造型外，还辅以图形符号和文字。通过对按键造型的设计和文字图形的设计，增加了按键形态的信息量，充分传达其功能信号。

图 6-18　MOTO 智游系列 ME600 手机

2. 形态表达风格

解构主义、简约主义等设计风格，在产品设计领域有着独树一帜的形象特征。归根结底，产品需通过造型形态来体现自身的风格。20 世纪 80 年代开始，简约主义作为一种追求极端简单的设计流派兴起，这种风格将产品的造型化简到极致，从而产生与传统产品迥然不同的新外观，深得消费者的喜欢。菲利浦·斯塔克在设计中对造型形态的理解颇有创造天赋，在将造型简化到最单纯的同时，又保持着典雅、高贵、洒脱的特征，他设计的作品（图 6-19），从视觉上和材料的使用上都体现了简约的特色风格。

在对设计风格的追求中，每个设计师都有对形态把握与理解的独到之处。例如，赖特对"简约主义"进行评述时说："只有当一种特征或每一部分都成为与整体协调的因素时，才达到了所谓的'简洁'。"其中，"特征"一词所指的就是对形态的把握。可以说，任何形式的设计风格都是通过对造型语言的运用，以形态为基础进行表达的。

图 6-19　菲利浦·斯塔克的作品

3. 形态传递情感

情感形态主要通过人本体与物体之间的相互作用形成，以服务于人为目的，满足人的生理、心理需求，特别是满足人的情感需求。产品以形状、色彩、肌理等作用于人的生理及心理，并影响人从知感到情感直至行为的活动。因此，情感形态的形成因素包括两大方面的内容即人本体与物体。功能、形态、材质是构成产品的三大要素，也是传递情感的三个方面。其一，人们通过对产品的使用，获得对功能的满足而产生对功能的好、坏情感评价；其二，透过视觉、知觉感官对产品的形态进行美与丑的认知，产生审美情感；其三，功能和形态往往建立在材质的基础上，材质的变化会影响到人的知感、行为以及心理情感，产生高贵、低劣的质量情感认证。因此，人们对产品的物质与精神的满足是建立在这三者的关系基础之上的。

物质上的满足通过对功能的完善便可以达到，精神上的满足重点体现在产品的形态和材质上，特别是形态，它是影响人的视觉情感和诱发情感产生的主要因素。形态是视觉传达最快速、最感性的，它的认知程度会直接影响到人们对产品功能、材质的评价。人类对精神的欲望和追求是在不断变化的，从产品的形态上最易感受到时代的信息和精神内涵，它随着社会的发展、环境的变化、人们生理、心理的变化等，表现出不同的精神取向和审美价值。

6.6 产品的材料

产品设计是一种造物活动，是人们有意识地运用工具和手段将材料加工塑造成可视的或可触及的具有一定形态的事物。只有熟悉材料、合理有效地运用材料，让其与加工技术和形态相配合，才能设计出新的产品。

随着技术的进步，材料的发展日新月异。基础材料开始向高质量、低成本方向发展；新型结构材料向着耐高温和高强度方向发展；复合材料开始出现并体现出它强有力的优势；广泛应用于信息传递和接收功能的材料和其他新材料逐步被生产，这些都是产品设计的有力支撑。产品的设计离不开材料，材料为设计提供最为基本的起点。材料因种类的不同而具有不同的物理化学特性，在设计中必须充分考虑到材料的差异性。图 6-20 给出了常见材料的应用实例。

图 6-20 常见材料的应用实例

从不同的角度，可以对材料进行不同的分类。

按照材料来源，可分为天然材料、加工材料、合成材料、复合材料等。

按照材料的物质结构，可分为金属材料、无机材料、有机材料、复合材料等。

按照材料的形态，可分为线状材料、板状材料、块状材料等。

在设计领域中经常用到的材料主要有金属、塑料、玻璃、木材、陶瓷、皮革等。

6.6.1 工业产品常用材料的基本性能

如前所述，材料的门类非常复杂，不仅品种复杂，而且相互之间的搭配也多种多样。使用何种材料，不同材料之间如何搭配，是建立在对材料强度、刚性、断裂韧度、摩擦系数、回弹性、耐久性、抗腐蚀性、耐压缩性、耐氧化性等的认识和判别基础之上的。对于设计人员来说，一方面，应努力学习相关知识，熟悉各种材料的性质；另一方面，也应善于从各种材料中，掌握影响材料质感程度大小的因素，从而合理地进行材料选择。

一般来说，设计时，材料选择的对比项目如下。

（1）硬度。硬物压入材料表面的能力称为硬度，它是衡量材料软硬程度的一项重要的性能指标，它不是一个简单的物理概念，而是材料弹性、塑性、强度和韧性等力学性能的综合指标，主要影响产品触觉、视觉硬度和舒服程度及部件的坚固度等。

（2）韧性。韧性是材料在冲击、弯曲、拉伸等载荷作用下，材料抵抗载荷作用而不被破坏的能力，包括弯曲性能、拉伸延伸性能、抗撕裂性能等。

（3）摩擦系数。摩擦系数是相同条件下与材料表面摩擦时产生的摩擦力大小，影响产品光滑程度和部件的防滑能力等。根据经验，通过视觉和触觉可以感受到产品表面的摩擦力大小，同时产品表面的纹理和光滑程度会影响产品的表面质感。

（4）耐久性。耐久性指材料在使用过程中，抵抗各种自然因素及其他有害物质的作用，能长久保持其原有性质的能力，是衡量材料在长期使用条件下的安全性能的一项综合指标，包括抗冻性、抗风化性、抗老化性、耐化学腐蚀性等。它影响产品表面的质量维持和部件的损耗程度。耐久性强的材料在产品使用过程中更能体现其品质和质感。在设计产品时，要根据产品的使用寿命限制和具体的产品更新周期选择具有不同耐久性的材料。

（5）导热性。导热性是指物体传导热量的性质。材料的导热性，直接影响产品表面冷暖感和产品部件接触人体时给人冷暖与软硬的心理感受。

（6）透明度。透明度是指物体透光的性质，影响产品表面的光滑和反光程度。对于透明度的定性描述可将透明度分为三个水平，即高透光度、中透光度、低透光度。

（7）添加剂。在产品材料中加入添加剂，不仅使其具有特殊的光泽，还可改变材料本身的反光效果。目前可以直接影响材质外观的典型的添加剂主要有钻石粉和荧光剂。

（8）表面肌理。材料既有其固有的肌理和纹理，也可以通过丰富的加工工艺处理方法，达到不同的肌理效果。表面肌理可分为粗糙和光滑两个水平。

（9）色彩。色彩在材质中的应用种类繁多，包括材料的自然色彩和涂覆色彩，它在一定程度上影响产品的表面质感。

材料的各种基本性能差异很大，但每种材料的属性及其形成的心理感受都是有一定规律可循的。材料的硬度、韧性、摩擦系数、耐久性、导热性等给人造成的心理感受比较强烈，而透明度、添加剂、表面肌理和色彩等是影响材料的主要要素，具体影响分类见表6-2～表6-4。

表6-2 材料属性对应的心理感受

属性项目	属性高低对人心理感受的影响	
	高	低
硬度	严肃、正式、紧张、激烈、明朗、刚强	轻松、柔软、非正规、活泼、松散
韧性	柔软、可爱、可变、束缚	易碎、木讷、脆弱
摩擦系数	粗犷、易把握、粗糙、艰涩	平整、光滑、顺畅、难以把握
耐久性	经久、耐用、实用、经济、朴素	短期、消耗大、珍惜
导热性	冷酷、坚硬、坚强	温情、平和、温暖

表 6-3 影响材料要素类目录

项目	类目	类目定义	可能的心理影响
透明度	高透光度	透光率高达 70%以上	透明、纤薄、亮丽、炫耀
	中透光度	透光率高达 50%以上	中庸、若隐若现、模糊
	低透光度	透光率小于 20%	反光、牢固、安全
添加剂	钻石粉添加剂	视觉效果添加剂	闪亮、炫耀、奢华
	荧光粉添加剂	视觉效果添加剂	别致、清晰、亲切、浪漫
表面肌理	粗糙		易把握、温柔、柔和
	光滑		难把握、坚强、光滑、清新
色彩	高彩度	彩度高，颜色鲜艳	清晰、大方、活泼、清爽
	低彩度	彩度低，颜色灰暗	厚重、暗淡、沉重、庄严

表 6-4 几种基本材料类型的属性及用途

类型	硬度	韧性	摩擦系数	耐久性	导热性	产品设计的基本用途
塑料	较高	一般	一般	一般	极低	各种产品的外壳、按键、连接杆、装饰零件等
金属	极高	一般	较低	极高	极高	外壳、支撑结构、连接结构等
橡胶	一般	较高	较高		较低	产品把手、按键、轮子等
木材	较高	较低	较高	一般	较低	整体木制产品及结构

6.6.2 材质美感的应用

材料作为设计的表现主体，除具有材料的功能特性外，还具有其特有的质感特征，其本身隐含着与人类心理对应的情感信息，不同的材质美感给人以不同的心理感受和审美情趣。材质美感来源于材质语义，其是产品材料性能、质感和肌理的信息传递。

任何材料都充满了灵性，都在展示着自己的美感。美感是人们通过视觉、触觉、听觉在接触材料时所产生的一种赏心悦目的心理状态，是人对美的认识、欣赏和评价。

材料美是产品造型美的一个重要方面，不同的材料给人不同的触觉、联想、心理感受和审美情趣，如黄金的富丽堂皇、白银的高贵、钢材的朴实、锌的华丽轻快、木材的轻巧自然、玻璃的清澈光亮。

材料的美感与材料本身的组成、性质、表面结构以及使用状态有关，每一种材料都有着自己的个性特色。在产品设计中，应该充分考虑材料自身的不同个性，对材料进行巧妙的组合，使其各自的美感得以体现，并能深化和互相烘托，形成符合人们审美追求的各种情感。

1. 材料的色彩美

远距离观看一个产品，最先映入眼帘的不是造型，也不是肌理，而是色彩。材料是色彩的载体，色彩是依附于材料而存在的。在产品设计中，材料的色彩是重要元素之一，没有色彩的作品是缺乏生命力的。作为鲜明的视觉语言，色彩具有强烈的视觉冲击力，色彩在人们的视觉中起着先声夺人的效果，包括固有色彩和人为色彩。在材料的固有色彩达不到使用需要的背景下，人们开始根据产品装饰的需要，对材料进行色彩处理，以调节色彩的本色，强化并烘托材料的色彩美感。值得注意的是，孤立的材料色彩是不能产生强烈的美感作用的，只有运用色彩规律将色彩进行组合和协调，才能产生冷暖对比、色相呼应的效果，如图 6-21所示。

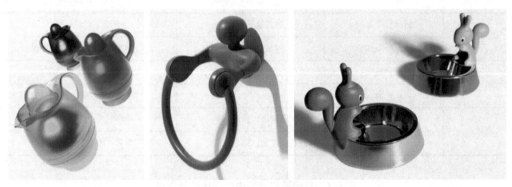

图 6-21　阿莱西的生活用具设计

2. 材料的肌理美

肌理是物体的表面形式，是物体表面的组织构造，具体入微地反映了不同材质的差异，体现材料的个性和特征，与形态、色彩构成物体在空间的形式。

按照材料表面的构造特征，肌理可以分为自然肌理和再造肌理。自然肌理包括天然材料的肌理（如木材天然的纹理）和人工材料的肌理（如塑料、织物、钢铁等）。自然肌理突出的是材料本身的自然材质美，价值性强，以"自然"为贵。在很多设计中，特别是木材的设计中，经常用木材的自然纹理增加产品的自然价值。

再造肌理是随着表面装饰工艺的提高，通过喷涂、镀、贴面等手段，改变材料原有的表面材质特征，形成一种新的表面材质特征，以满足现代产品的多样性和经济性。这种肌理以"新奇"为贵。

在产品设计中，合理地选用材料肌理的组合形态，是获得产品整体协调的重要途径。设计师就是要通过对材料肌理的敏感性来激发设计创意，设计更好的产品。图 6-22 给出了几种不同材料的肌理对比。

（a）木材　　　　　　　　　　（b）铜金属

(c)石材

图 6-22　木材、铜金属、石材的肌理对比

3. 材料的光泽美

光是造就材质感的先决条件，材料离开了光，就不能充分体现出本身的美感。人们通过视觉感受而获得在心理、生理方面的反应，引起某种情感，产生某种联想，从而形成某种审美体验。根据材料的受光特性，可将其分为透光材料和反光材料。透光材料给人明快开阔的感觉，反光材料给人生动质朴的感觉。当需突出材料的光泽时，设计师经常运用材料天然的光泽美，采用一些表面的加工工艺来实现，如图 6-23 所示。

图 6-23　透明产品感到明快、反光产品感到生动

6.6.3　材料和环境

材料处在产品生命周期的最前端，材料的选择是保护环境、实现可持续发展的关键和前提。如何利用丰富、低廉的材料代替稀有、昂贵的材料；如何利用绿色环保材料代替污染有毒材料；如何利用一种材料加工过程中的副产品去实现另一种产品的功能要求；如何将传统意义上的废弃料重新应用到设计中等，是当前设计师面临的重要任务。

随着全球工业化进程的发展，有更多的材料应用在工业产品中，但人类的环境也遭到了严重的破坏，自然资源日益减少。如何减少环境的污染，重视生态环境保护成为人们关注的焦点，设计师有责任在产品设计时，对材料选择给予环境保护的考虑，具体如下。

（1）提高效能，延长生命周期，减低产品的淘汰率。

（2）减少对环境有破坏和污染的材料的使用，避免使用有毒材料。

（3）材料的使用单纯化、少量化，尽量避免多种不同材料混合使用。

（4）选用可回收或者能重复使用的材料。

（5）选用废弃后能自然分解，并为自然界吸收的材料。

材料是设计师手中最得力的工具，任何材料都可以被重新诠释，任何材料都有可能发挥无限的潜力。设计师要善于发现材料的潜质，面对有用的材料，要把握它；面对没用的材料，应尝试它；面对司空见惯的材料，可以将其打破重组，使其成为新材料，产生新设计。材料的应用促使设计师用全新的视角观察旧有事物，并在此过程中对材料的性质进行新的认识，从而推动工业设计不断向前发展。

6.7　产品的表面处理工艺

工业设计是一种人造物的创造性活动，不仅注重产品形态美的表达，也关注产品的加工工艺、结构和表面处理等技术要素的实现。设计师应全面掌握产品表面处理技术的相关内容，并将其合理地应用到产品设计中，使创造的产品能够给人们以物质和精神的双重享受。

6.7.1　产品表面处理技术

工业设计是围绕产品和产品系统进行的预想开发与创造性设计活动，应对影响产品的各个要素从经济、美观、实用的角度予以综合处理，使之既符合人们对产品使用功能的物质要求，又满足人们审美的精神需要。工业设计范围内的产品表面处理技术是应用特征与应用效果的集合，是设计师将产品化腐朽为神奇的重要力量。它与产品的开发过程和质感表现息息相关，是产品使用功能和审美功能实现的技术手段之一。

产品表面处理技术是指采用如表面电镀、涂装、研磨、抛光、喷砂、蚀刻等能改变产品材料表面性质与状态的表面加工与装饰技术。

产品的表面性质和状态与表面处理技术有关，通过不同的处理工艺可获得不同的表面性质、肌理、色彩、光泽，使产品具有精湛的工艺美、技术美和强烈的时尚感。设计中所采用的表面处理技术，一般可分为三类，如表 6-5 所示。

表 6-5　产品表面处理技术的分类

分类	处理的目的	处理方法和技术
表面精加工	使表面平滑、光亮、美观、具有凹凸肌理的表面	机械加工（切削、研磨、研削） 化学方法（研磨、表面清洁、蚀刻、电化学抛光）
表面层改质	改变材料表面的色彩、肌理及硬度，提高耐蚀性、耐磨性及着色性能	化学方法（化学处理、表面硬化） 电化学处理（阳极氧化）
表面被覆	改变材料表面的物理化学性质，赋予材料新的表面功能，使表面有耐蚀性和色彩	金属被覆（电镀、镀覆） 有机物被覆（涂装、塑料衬里） 陶瓷被覆（搪瓷、景泰蓝）

（1）表面精加工。使产品加工成平滑、光亮、美观和具有凹凸肌理的表面状态的过程称为表面精加工。通常采用切削、研磨、蚀刻、喷砂、抛光等方法。

（2）表面层改质。表面层改质处理是有目的地改变产品表面所具有的色彩、肌理及硬度等性质，可以通过物质扩散在原有产品表面渗入新的物质成分，改变原有产品表面的结构，还可以使产品表面通过化学的或电化学的反应而转变成氧化膜或无机盐覆盖膜来改变产品表面的性能，由此来提高产品的耐蚀性、耐磨性及着色性能等，如钢材的渗碳渗氮处理、铝的阳极氧化、玻璃的淬火、金属表面磷化等。

（3）表面被覆。表面被覆处理是在原有材料表面堆积新物质的技术，如涂层或镀层覆盖产品表面的处理过程，这是一种重要的表面处理方法。依据被覆材料和被覆处理方式的不同，表面被覆处理不仅有镀层被覆，而且有以涂装为主体的有机涂层被覆，还有以陶瓷为主体的搪瓷和景泰蓝等被覆。表面被覆处理依据被覆层的透明程度可分为透明表面被覆和不透明表面被覆。透明表面被覆是为了充分利用并保护基体材料自身表面所具有的色彩和辉度，而用透明物质进行的被覆处理；不透明表面被覆是为了使基体材料转变成具有所要求的性质、色彩、亮度和肌理的表面，而用不透明物质进行的被覆处理。无论产品表面采用何种被覆处理，其目的均在于保护和美化产品表面，有时还可赋予产品表面一些特殊的功效。

6.7.2 常用产品表面处理技术

常用的产品表面处理技术，具体有如下几种。

（1）抛光。抛光是利用柔性抛光工具和磨料颗粒或其他抛光介质对产品表面进行的修饰加工。抛光不能改变产品既定形状，而是以得到光滑表面或镜面光泽为目的，尤以抛光的金属制品最常见。

（2）切削和研削。切削和研削是利用刀具或砂轮对产品表面进行加工的工艺，是金属制品进行表面处理前的预处理工序，其目的是使金属制品获得高精度的表面。

（3）研磨。利用涂敷或压嵌在工具上的磨料颗粒，通过加工工具与产品在一定压力下的相对运动对产品表面进行的精细加工。研磨可以提高产品表面的光滑程度。

研磨方法一般可分为湿研、干研和半干研三类。湿研又称敷砂研磨，把液态研磨剂连续加注或涂敷在研磨表面，磨料在产品与工具间不断滑动和滚动，形成切削运动。湿研一般用于粗研磨。干研又称嵌砂研磨，把磨料均匀地压嵌在加工工具表面层中，研磨时只需在工具表面涂以少量的硬脂酸混合脂等辅助材料。干研常用于精研磨。半干研类似湿研，所用研磨剂是糊状研磨膏。研磨既可用手工操作，也可在研磨机上进行。

（4）涂饰。把涂料涂覆到产品或物体的表面上，并通过产生物理或化学的变化，使涂料的被覆层转变为具有一定附着力和机械强度的涂膜。产品的涂饰也称为产品的涂装或产品的油漆。产品表面要获得理想的涂膜，就必须精心地进行涂装设计，掌握涂装的各要素。在涂装工艺中，直接影响涂膜质量的是涂料、涂饰技术和涂饰管理三个要素。

构成涂料的四个要素包括树脂、颜料、溶剂和添加剂。涂料选用时考虑的因素有：使用范围和环境条件；使用的材质；涂料的配套性；经济效果。

常用的涂饰方法有静电喷涂、电泳涂饰、粉末喷涂、黏涂等。

涂饰的一般工艺程序：涂前预处理—涂饰—干燥固化。

（5）电镀。利用电解在产品表面形成均匀、致密、结合良好的金属或合金沉积层的过程称为电镀。这种工艺过程比较繁杂，但具有很多优点，例如，沉积的金属类型较多，可以得到的颜色多样，相比同类工艺而言成本较低。镀层性能不同于基体材料，具有新的特征。根据镀层的功能分为防护性镀层、装饰性镀层及其他功能性镀层。

电镀工艺的用途：防腐蚀、防护装饰、抗磨损、导电、绝缘、工艺性要求等。

电镀的种类：单金属电镀、合金电镀、复合电镀。

单金属电镀是指电镀溶液中只有一种金属离子，电镀后形成单一金属镀层的方法。常用的单金属电镀主要有镀锌、镀铜、镀镍、镀铬、镀锡等。

两种或者两种以上的元素共同沉积所形成的镀层称为合金镀层。复合电镀是将固体颗粒加入镀液中，使金属和固体微粒共沉积，形成金属基表面复合材料的工艺过程。图 6-24 为彩色电镀手机外壳。

图 6-24　索尼爱立信手机彩色电镀外壳

塑料电镀产品具有塑料和金属两者的特性。它的相对密度小，耐腐抗蚀性能良好，成型简便，具有金属光泽和金属质感，还有导电、导磁和焊接等特性，不仅节省了繁杂的机械加工工序、提高了塑料表面的机械强度，还节省了金属材料，且美观，装饰性强。同时，由于金属镀层对光、大气等外界因素具有较高的稳定性，因此塑料电镀金属后，可防止塑料老化，延长塑料件的使用寿命。

随着工业技术的迅速发展，塑料电镀的应用日益广泛，成为塑料产品中表面装饰的重要手段之一。目前国内外已广泛在 ABS、聚丙烯、聚砜、聚碳酸酯、尼龙、酚醛玻璃纤维增强塑料、聚苯乙烯等塑料表面上进行电镀，其中尤以 ABS 塑料电镀应用最广，电镀效果最好。图 6-25 给出了塑料电镀的工艺流程。

（6）印刷。印刷工艺是通过印制的方法，将色彩和肌理附着在产品表面的工艺方法。通常用于产品的印刷工艺有模内转印、丝网印刷、热转印、移印等。以模内转印为例，模内转印是在注射成型的同时进行镶件加饰的技术，产品和装饰承印物复合成为一体，对立体状的成型品可进行加饰印刷，使产品达到装饰性与功能性于一身的效果。模内转印已被广泛应用于产品领域：家电业（电饭煲、洗衣机、微波炉、空调器、电冰箱等的控制面板）、电子业（MP3、计算机、VCD、DVD、电子记事簿、照相机等产品的装饰面壳及标牌、电子医疗仪器面板）、汽车业（仪表盘、空调面板、内饰件、车灯、外壳、标志）、通信业（手机视窗镜片、外壳、按键）。图 6-26 为手机按键上的字符。

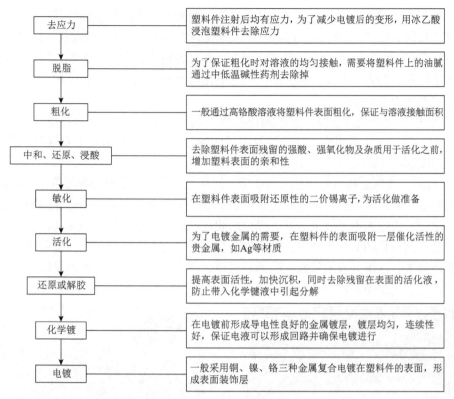

去应力	塑料件注射后均有应力,为了减少电镀后的变形,用冰乙酸浸泡塑料件去除应力
脱脂	为了保证粗化时对溶液的均匀接触,需要将塑料件上的油腻通过中低温碱性药剂去掉
粗化	一般通过高铬酸溶液将塑料件表面粗化,保证与溶液接触面积
中和、还原、浸酸	去除塑料件表面残留的强酸、强氧化物及杂质用于活化之前,增加塑料表面的亲和性
敏化	在塑料件表面吸附还原性的二价锡离子,为活化做准备
活化	为了电镀金属的需要,在塑料件的表面吸附一层催化活性的贵金属,如Ag等材质
还原或解胶	提高表面活性,加快沉积,同时去除残留在表面的活化液,防止带入化学键液中引起分解
化学镀	在电镀前形成导电性良好的金属镀层,镀层均匀,连续性好,保证电液可以形成回路并确保电镀进行
电镀	一般采用铜、镍、铬三种金属复合电镀在塑料件的表面,形成表面装饰层

图 6-25　塑料电镀的工艺流程

（7）烫印。烫印就是通过烫印机的热源、胶辊或胶板,在一定的压力下将烫印材料上彩色铝、木纹的肌理效果转印到塑料件表面上,从而获得精美图案和良好装饰效果的工艺。

电化铝烫印是利用专用箔,在一定的温度下将文字及图案转印到塑料制品的表面。其优点在于该方法不需要对表面进行处理,使用简单的装置即可进行彩印。此外,还可以印刷出具有金、银等金属光泽的制品。其缺点是印刷品不耐磨损,且树脂与箔的相溶性会影响印刷相适性。如图 6-27 所示为紫砂电饭煲外表面烫印效果。

图 6-26　手机按键上的字符　　　　图 6-27　紫砂电饭煲外表面烫印效果

（8）拉丝。拉丝是指在金属板表面用机械摩擦的方法加工出各种线条纹路的方法。可根据装饰需要,制成直纹、乱纹、螺纹、波纹和旋纹等几种。图 6-22 为铜金属拉丝表面效果。

（9）激光雕刻（镭雕）。激光雕刻技术是利用激光变焦在产品表面雕刻出需要的文字和图案的产品表面处理方法。可以依据所使用的激光种类（波长）或雕刻方式，分成数种类型。与一般的油墨印刷相比，由于不需要周边设备，所以也就不需要使用溶剂，因此，激光雕刻技术是属于环保型的表面处理技术。此外，它利用制品本身的质变进行雕刻，雕刻文字或图案因不易被磨损而备受瞩目。

（10）咬花。咬花是指在模具内蚀刻出各种花色，使加工成型的产品表面产生凹凸纹理的加工方法。与其他技术相比，咬花是对模具的加工，而其他技术则是直接对半成品加工。图 6-28 为笔记本电脑局部采用咬花工艺处理。

（11）蚀刻。蚀刻是利用化学药品的作用，使被加工金属表面的特定部位侵蚀溶解，而形成凹凸模样的一种加工方法。在蚀刻过程中，首先将整个金属表面用耐药性的膜（隔离膜或掩蔽膜）覆盖，再把表面上要求凹下去部位的膜用机械的或化学的方法除去，使这部分的金属表面裸露。然后将药液倒入其中，使裸露部分的金属溶解而形成凹部。最后将剩下的盖膜用其他药液除去，这部分表面就成为凸部。这样，在金属表面就描绘出所设计的凹凸模样。匕首局部蚀刻工艺如图 6-29 所示。

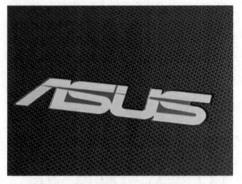

图 6-28　笔记本电脑局部咬花工艺　　　　图 6-29　匕首局部蚀刻工艺

6.7.3　产品表面处理技术与产品设计

产品设计是使所创造的产品与人之间取得最佳匹配的活动，而与人的关系还表现在视觉与触觉的世界，也就是产品的表面世界。具体地说，就是要处理如色彩、光泽、纹理、质地等直接赋予视觉与触觉的一切表面造型要素。产品是表面处理的应用对象，表面处理是产品外观效果得以实现的必要工艺手段。任何产品无论其机能简单或复杂，都要通过其外观造型，使机能由抽象的层面转化为具体的层面，使设计的理念物化为各个应用实体。产品在取得合理的功能设计后，产品的表面处理往往使产品形态成为更加真实、含蓄、丰富的整体，使产品以自身的形象向消费者显示其个性，向消费者感官输送各种信息，以满足消费者对各种产品的要求。

产品表面处理的方式很多，不同的表面处理方式会产生不一样的外观效果。在同一产品表面可以实现不同的外观效果，即同一产品上不同外观构件可以根据设计目的的不同而应用不同的表面处理；不同的产品也可以通过采用相同的表面处理获得类似的外观效果。多种表面处理方式的运用丰富了产品的外部特征，也提升了产品的审美价值。

表面处理除了影响产品的外观和功能外，还与产品的使用环境有一定的关系。产品作为具有特定功能的实体是放在一定环境中使用的，而产品的表面是直接与周围环境发生关系的介质，恰当的表面处理能够使产品与使用环境相协调，不当的表面处理不但影响产品正常功能的实现，甚至会对环境造成污染。所以，产品的表面处理与使用环境的关系也是设计师不应忽视的问题。

从产品设计的角度来看，表面处理的作用就在于以下方面。

（1）保护产品，即保护材质本身赋予产品表面的光泽、色彩和肌理等而呈现出的外观美，并提高产品的耐用性，确保产品的安全性，由此有效地利用材料资源。

（2）可以根据设计的意图，改变产品表面状态，给产品表面附加更丰富的色彩、光泽和肌理，提高装饰效果，使产品表面具有更好的外观特征。

（3）根据产品设计的功能要求，通过表面处理赋予产品表面更高的耐磨性、耐蚀性、导电性、绝缘性、电磁屏蔽性、润滑性、吸光性、反光性等性能。

从设计的角度来看，产品的表面处理是产品创造性实现的重要环节之一，产品表面处理技术应用的好坏直接影响产品设计的成败。历数设计史上成功的案例，不难发现，设计理念的完美传递总是与产品的外在美紧密相连的，而外在美又是与产品的表面处理分不开的。以享誉盛名的 zippo 打火机为例，如图 6-30 所示，虽然从其诞生至今，它的外形并没有发生什么变化，但其千变万化的魅力外表却将小小的打火机演绎得几近完美。无论是新品还是经典型号，总是被人们津津乐道，终究是什么赋予 zippo 如此神奇的魔力？那就是隐藏在外表光环背后的多种多样的表面处理工艺。

图 6-30　不同表面处理工艺的 zippo 打火机

从技术的角度来看，产品表面处理技术的发展对产品设计具有一定的推动作用。以往受技术条件的约束，很多优秀的创意与想法不能得以实现。现今，产品表面处理技术的革新，拓宽了其在产品设计中的应用范围，缩小了技术为设计所设的屏障，为设计师留出了更大的发挥空间。具体到产品而言，就是极大地丰富了产品的外在表现手段，间接推动了产品设计的发展。

从时代和设计风格的角度来看，产品表面处理技术是时代的表征之一，新的产品表面处理技术的诞生具有时代意义，同时产品设计风格的表现也离不开产品表面处理技术的应用。

6.8　产品的设计表达

设计师的想象不是纯艺术的幻想，而是把想象利用科学技术使之转化为对人有用的实际物品。这个过程需要将想象先加以视觉化，这种将想象转化为现实的过程，就是运用设计专业的特殊绘画语言把想象表现在图纸上的过程。所以，设计师必须具备良好的绘画基础和一定的空间立体想象力。设计师只有具备精良的表现技术，才能在绘图中得心应手。设计师面对抽象的概念和构想时，必须经过化抽象概念为具象的塑造过程，才能把脑中所想到的形象、色彩、质感和感觉化为具有真实感的事物，而产品设计表达在此将发挥巨大的作用。

6.8.1　关于设计表达

纽约大学的心理教育学家詹里姆·布鲁诺（Jerome Burner）通过研究发现，人类的记忆10%来自听觉，30%来自阅读，60%则通过视觉和实践获得。另外，人类对于视觉形态有一种自然归纳为语义的习惯，即通过符号过程对符号表现进行赋义、赋值的意指作用。因此，人类在视觉语言上和处理文学语言的能力一样，有基本的"视觉直觉系统"。设计师正是利用人们的这一习惯，运用图形、符号、色彩、材质等"词汇"的重新组合，从而获得有崭新创意的视觉语言。

产品设计表达是设计师凭借自己的经验、已有的领域知识和设计知识库等，对产品的信息（技术信息、语意信息和审美信息）进行编码加工，通过设计师的情感理解、文化内涵融入以及与实用功能、技术的结合，借以一些视觉符号的组合来表述设计的实质内涵。

设计师如何应用各种设计表达方法和技巧，把自己设计的产品的功能、造型、色彩、结构、工艺、材料等信息真实、客观地反映出来，从视觉感受上沟通设计者和参与设计开发的技术人员的联系，这是设计表达的责任所在。

语言是人类最基本的交往、表意的工具和方式。不同的专业有不同的语言，例如，舞蹈家用自己的肢体语言与观众交流，作家用自己的文字语言与读者对话。设计表达就是设计师的语言。它是传达设计师情感以及体现整个设计构思的语言，同时也是设计者表现设计意图的媒介。设计师用设计来表达设计构思，记录设计创意，传递设计意图，交流设计信息，并在此基础上研究设计的表意和内涵，从中择取最佳的方案加以深入和演化，将理想转化为现实。

由图 6-31 可知，语言和文字在设计师的设计实践中是后置的，而用于设计表现的图像、形体表现置于设计开发的前端。在工业设计实践中，设计方法往往由许多步骤和阶段构成，这些步骤或阶段的总称，就称为设计程序。设计程序是设计方法的架构，是针对性地解决设计开发中的主要设计问题而制定出的步骤和措施，而每一步骤的设定，也必然是为了解决设计开发中的次要问题。因此，设计程序中的每个阶段，都存在不同的设计问题，也就需要用不同的设计表达方法来加以解决，如图 6-32 所示。

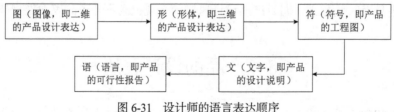

图 6-31　设计师的语言表达顺序

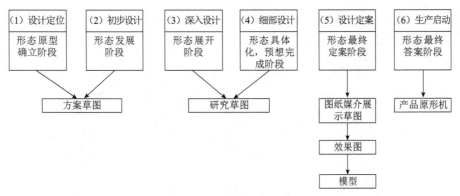

图 6-32 设计表达过程

设计表达作为设计活动中的组成部分，设计师把设计表达作为沟通的手段和媒介，目的在于"说服"设计受众接受设计，确保所表达的产品由虚拟的概念转化为现实的产品，这使得设计表达以信息的有效传达为目标。视觉语言的形式运用则服务或服从于信息的有效传达这一目标。

6.8.2 不同层次的设计表达

1. 徒手表达的基础训练

1）结构素描

"结构素描"即用线条来表现形态的外观结构和内在结构的关系，探索其形态构成规律，达到认识形态、理解形态的目的。设计师如果仅有"写生"的描述能力，是无法对产品结构进行思考和推敲的。为锻炼设计师理解基本构成形态在视点移动的条件下，所引起的各种透视角度的形态变化规律，就必须加强结构素描的练习。图 6-33 分别给出了静物结构素描作品（左）和赛车结构素描作品（右）。

图 6-33 结构素描图例

2）速写

速写顾名思义是一种快速的写生方法。速写是中国原创词汇，属于素描的一种。速写同素描一样，不但是造型艺术的基础，也是一种独立的艺术形式。速写能培养人们敏锐的观察能力，使人们善于捕捉生活中美好的瞬间。速写能提高人们对形象的记忆能力和默写能力。速写是感受生活、记录感受的方式，速写可使这些感受和想象形象化、具体化。速写是由造型训练走向造型创作的必然途径。

速写作为一种常用的设计表现手法，需要下很多的功夫，才能达到得心应手的程度，为今后的设计表现打下牢固的基础和提供丰富的素材。如图 6-34 所示，作为工业设计师，要能够灵活运用速写表达创意思想。

图 6-34　产品速写图例

2. 设计方案草图

设计师通常追求的是创造力和想象力。在设计过程中，方案草图起着重要作用。它不仅可在很短的时间里，将设计师思想中闪现的每一个灵感快速地用可视的形象表现出来，而且通过设计草图，可以对现有的构思进行分析而产生新的创意，直到取得满意的概念乃至设计的完成。

设计草图的表现方法较为简单，只依靠速写的手法（如钢笔、蜡笔、签字笔、圆珠笔、彩色铅笔、麦克笔、彩色水笔等书写工具及普通的纸张）就可完成。有些需标明色彩的草图，在速写的基础上略施以淡彩，有时可根据需要标出部分使用的材料、功能及加工工艺要求，使之较清楚地展现创意方案。这种快速简便的方法有助于设计思维的扩展和完善，随着构思的深入而贯穿于设计的始末。

方案草图是将创造性的思维活动，转换为可视形象的重要方法。换句话说，就是利用不同的绘画工具在二维的平面上，运用透视法则，融合绘画的知识技能，将浮现在脑海中的创意真实有效地表达出来。一个工业设计师如果不能通过描绘可视化的方式来表达自己的设计构思，就好比作家不能通过文字语言来表达自己的思想感情一样。

在这个阶段，设计师的精力应集中于设计方案的创新上，构思草图要求量多而未必质高，便于及时地将一些仅仅是零星的、不完善的，有时甚至是荒诞的初步形态记录下来，为以后的设计提供较丰富的方案依据，从而进行比较、联想、综合，形成新设想的基础，如图 6-35 所示。

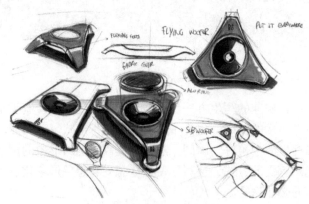

图 6-35　产品设计方案图例

3. 设计方案效果图

随着创意逐渐深入，在众多的方案草图中通过比较、筛选，产生出最佳的几个方案。为了进行更深层的表述，需将最初概念性的构思再展开、深入，这样较成熟的产品设计雏形便逐渐产生出来，这就需要效果图来表现。

1）方案效果图的初级阶段

为了让其他人员更清楚地了解设计方案，此时效果图的绘制应表现得较为清晰、严谨，同时具有多样化的特点，以提供选择的余地，如形态、结构、各种角度、比例、色彩等。如果这一阶段效果图的表现技巧较差，不能给人视觉上的认可，那么方案也很难通过。这时的效果图未必是最后的设计结果，还需在反复的评价中优化方案，除重视产品效果图的质量外，还要把握绘图的速度，明确主要的结构形态，对一些无关紧要的细节部分进行概括或省略。经过这一阶段工作后的设计方案、产品设计的主要信息，即产品的外观形态特征、内部的构造、使用功能及加工工艺和材料等，都可大致确定下来，以便进一步地选择、评价、完善设计。

初级阶段的效果图，是为了能够使客户看得更清楚。在表现上既要画得简洁鲜明，又要画得充分丰富，目的是必须让人看得明白。表现效果图的技法有许多种，依据表现工具主要有水粉、彩色铅笔、麦克笔、透明水色颜料、喷绘等。彩色铅笔在时间紧、条件有限的情况下是相当便利的工具，为了表现出材料的特殊色调，要尽可能备齐各种色系的笔；麦克笔是一种便于携带、速度快、易表现、质感强、色彩系列丰富，且很受设计师欢迎的表现工具，现在还出现了一种新型的麦克喷雾器，借助它可以快速得到均匀的色彩喷雾效果；喷绘表现法是所有表现技法中最细腻、最精确、最逼真的一种方法，只要使用得好，画面失败性较小；水粉（结合水彩）画法表现力很强，能把被表现物体的造型特征精致而准确地表现出来，水粉颜料有色泽鲜艳、浑厚、不透明（或半透明）等特点，且有很好的覆盖性，较易于把握，是从事各专业设计的工作人员常采用的画法。

在实际的表现实践中，有经验的设计师能够灵活地运用各种表现技法，也包括计算机效果图，只要能表达创意中的构想的都可使用。各种表现手法的互相结合，相互吸收，如干与湿、喷与画、水粉与色粉笔结合等，可使画面获得理想的效果，如图 6-36 所示。

图 6-36　产品手绘效果图

2）方案效果图的深入阶段

随着设计方案的不断深入和完善，为了使产品设计的每个细节都能明确无误地完成，不仅要详细、准确、真实地描绘产品的外观形态所包含的形状、色彩、材料、质感、表面处理以及工艺和结构的关系，还有些看不到的主要结构部分，需要利用透视图、三视图等表现出来，并配有适当的说明，如尺寸、比例关系以及生产工艺手段、材料选用等方面的技术内容，以便工程技术人员掌握必要的数据，为使用者提供详细、可信的未来产品的可视形态。

4. 设计方案模型

运用实体材料对不太明晰的形态概念进行推敲，也是一种良好的方法，同时也是设计师的一种能力，这就是产品模型表达方式。它是依据初步定型的产品设计方案（平面的），按照一定的尺寸比例，选用各种合适的材料制作成接近真实的产品立体模型。常见的可用来快速表现的实体材料有纸张、黏土、石膏、泡沫、塑料、轻木等。这些材料加工切削相对比较简便，能够比较快速地将推敲过的二维形态转化为三维的实体草模，用来进一步分析、评价构思，而且它可以有效地反馈到二维形态，从而方便地进行深度的比较推敲、完善创意。

产品模型是产品设计过程中的一种表现形式，这种接近真实的产品模型能更加准确、直观地反映设计思想。同时，也只有通过产品模型才能进一步检测在平面方案中所不能反映出来的问题，为进一步完善设计方案提供可靠的依据。因此，它是设计师的设计语言，是达到设计目的必须掌握的一种重要的徒手表现技法。为了表达上的交流，可以运用综合表现方法，打破单一工具材料表现的局限性，博采众长，不拘一格，实现有效沟通的目的。

6.9　产品的形象设计

6.9.1　产品形象

社会学家、经济学家哈耶克（Friedrich August von Hayek，1899—1992）认为："形象"是宇宙以及人类社会"外在秩序"的形状与"内在秩序"的象征的统一，是自然科学、社会科学、人文科学的最高范畴。"形象"是人与人、国与国之间的沟通方式，形象具有超越地域、文化、语言的沟通能力，形象具有强大的信息表达能力，形象可以发挥极大的品牌整合力量。

根据哈耶克的这一理论，产品的形象应由两部分组成：一部分是产品的"外在秩序"；另一部分是产品的"内在秩序"。产品的"外在秩序"是可见的，是表征的；而产品的"内在秩序"则是本质的，不可见的。就产品而言，人们通过感官系统，如视觉、触觉、味觉等可以感受到的部分都可以称为"外在秩序"，其中视觉对"外在秩序"的传达是最快的。人们通过视觉所观察到的是产品的形态、色彩、材质、产品的人机界面等，以及依附在产品上非功能性的，如企业的标识、图形和包装、广告、产品说明书、产品售后服务卡等内容。而"内在秩序"是指产品的功能、性能、加工工艺、技术水平等，这些是视觉无法辨认的，要通过操作、使用、体验后才能感受得到，是隐藏在产品背后大量的技术层面的工作，如产品设计、生产、管理等，牵涉设计水平、生产水平、技术水平、设备水平、制造水平、管理水平等。因此，当"外在"和"内在"的因素在人们的感官上达到一致性的统一后，就会形成一种对产品的总体印象，构成一个完整统一的形象系统，这就是产品的形象系统或产品形象的统一性。

产品形象设计又称产品识别设计。产品识别设计理论的雏形是20世纪50年代在德国乌尔姆造型学院所倡导的系统设计。最早在70年代由德国设计师提出，并在企业中加以推广，其最典型的成果就是奔驰汽车、宝马汽车、博朗电器等世界驰名品牌产品设计风格的形成。当时，人们用通俗的概念——"家族化产品（Family Production）"表述这种设计理念。"家族化产品"就是由设计师进行产品设计时，为同一企业生产的不同产品赋予相似甚至相同的造型特征，使之在产品外观上具备共同的"家族"识别因素，使不同产品之间产生统一与协调的效果。

随着社会经济的发展，市场竞争的激烈与复杂，正如产品设计已不能一味以满足人类对产品的功能性需求为目标一样，单纯强调外观造型所形成的"家族"识别同样也不能满足企业或品牌的生存与发展的需要。因此，产品设计的高端产物——产品识别（Product Identity，PI）的内涵也基于此而得以丰富与完善。作为一个融合多学科知识的新兴领域，产品识别是一个综合性的概念，涉及产品设计、企业形象、品牌、市场营销理论以及设计管理等多领域相关知识理论。从产品属性与用户感受来理解，产品识别是企业有意识、有计划地使用特征策略，使用户或公众对企业的产品产生一种相同或相似的认同感。对于一个企业而言，产品作为连接用户与企业的一个关键因素，通过产品形象的塑造将企业形象源源不断地传达给用户。产品识别的目的就在于通过一系列的产品设计行为，传播和建立企业的识别性，从而体现产品价值和用户认同。

由图 6-37 可以看出，企业所追求的愿景、精神、文化、目标以及价值观等信息都应该通过产品的形象设计不断地传达给用户，从而提升企业在用户及公众心目中的形象与地位，因此在设计管理之初就应予以考虑。通过产品识别设计让企业的产品给公众造成一种视觉形态及心理认知上的一致与延续。

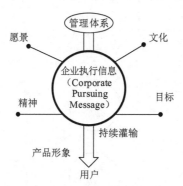

图 6-37　产品识别管理体系

识别，其根本在于差异，雷同则意味着丧失个性和识别性。产品识别，即产品的差别性或个性。人们之所以能够形成对事物的识别，其根本就在于差异。通过对差异化的事物进行比较与特征化，建立起某种特定的认知与联系，以区别不同的事物，最终形成记忆即对事物的识别。而产品识别正是要在产品设计中建立产品的差异性，建立人们用以区分其他产品的特征，最终形成人们对其产品的记忆。品牌识别是一种联想物，是消费者的一种心理反应，同样产品识别也是一种消费者对产品的联想与心理反应，而联想的确定性和心理反应的方向性则取决于产品的可识别性。设计师整合企业文化信息于产品设计之中，形成产品信息的内部逻辑，通过内部逻辑的表达，最终实现消费者外在联想的目标，并与其需求及价值观相吻合，这样的产品设计就实现了其产品识别的价值，赢得市场，更赢得用户。

通过上述分析可见，产品识别设计是以产品设计为核心的设计行为，宏观地讲是对信息的获取、编码、解码、评价与应用；具体而言是设计师通过分析企业的产品文化相关信息及用户的需求，获取产品识别设计中的特征元素，进而对获取的信息进行编码形成产品识别特质，而这些特征也必然承载着企业丰富的文化信息。因此，从产品设计的角度来诠释，产品识别就是将企业的所有产品按照统一的基于企业文化的内涵理念，且风格统一的原则加以系统设计，在产品上设计出属于企业自身文化的、明显且独有的特征，即可识别性元素，来获得消费者及公众对其品牌和价值的认同的过程。

6.9.2 产品形象设计的统一

产品形象是为实现企业的总体形象目标的细化，是以产品设计为核心而展开的系统形象设计。把产品作为载体，对产品的功能、结构、形态、色彩、材质、人机界面以及依附在产品上的标志、图形、文字等，能客观、准确地传达企业精神及理念的设计。对产品的设计、开发、研究的观念、原理、功能、结构、构造、技术、材料、造型、加工工艺、生产设备、包装、装演、运输、展示、营销手段、产品的推广、广告策略等进行一系列统一的策划、统一设计，形成统一的感官形象，也是产品内在的品质形象与产品外在的视觉形象和社会形象形成统一性的结果。产品形象设计围绕着人对产品的需求，更大限度地适合消费者个体与社会的需求，而获得普遍的认同感，起到提升、塑造和传播企业形象的作用，使企业在经营信誉、品牌意识、经营谋略、销售服务、员工素质、企业文化等诸多方面显示企业的个性，强化企业的整体素质，造就品牌效应，赢利于激烈的市场竞争中。

产品形象包括以下几方面的内容（图6-38）。

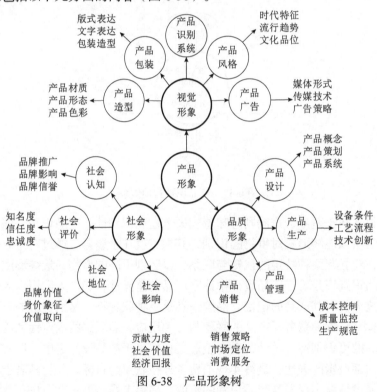

图6-38 产品形象树

（1）产品的视觉形象：包括产品造型、产品风格、产品识别系统、产品包装、产品广告等。

（2）产品的品质形象：包括产品规划、产品设计、产品生产、产品管理、产品销售、产品使用、产品服务等。

（3）产品的社会形象：包括产品社会认知、产品社会评价、产品社会效益、产品社会地位等内容。

1. 产品的视觉形象

产品的视觉形象的统一性是企业形象在产品系统的具体表现，在企业形象的视觉统一识别（VI[①]）基础上，以企业的标志、图形、标准字体、标准色彩、组合规范、使用规范为基础要素，应用到产品设计要素的各个环节上。产品的特性及企业的精神理念透过产品的整体视觉传达系统，形成强有力的冲击力，将具体可视的产品外部形象与其内在的特质融会成一体，以传达企业的信息。产品的视觉形象的统一性是以视觉化的设计要素为中心，塑造独特的形象个性，以供社会大众识别认同。

产品识别的视觉识别要素大体包括形态识别要素、材质识别要素、色彩识别要素以及界面识别要素。

形态识别是引起用户记忆与辨识的最直接有效的识别要素。它将一类相同或相似的风格、细部特征，或延续或发展，持续不断地应用于企业的不同产品造型设计中，形成一个延续且统一的产品视觉形象，引起用户的视觉注意，并逐渐形成记忆识别。如图 6-39 所示，以 2009 款宝马 X6 HAMANN TYCOON9（图 6-39(a)）和 2009 款宝马 3 系 335i 汽车造型（图 6-39(b)）为例，车体水箱罩、整体轮廓形态和车尾是宝马车系造型特征最显著的地方，其所有车型都延续应用了这些特征，也是宝马产品形象的形态识别。

（a）2009 款宝马 X6 HAMANN TYCOON9

（b）2009 款宝马 3 系 335i

图 6-39 汽车形态对比

---

① VI 的英文全称为 Visual Identity，即企业 VI 视觉设计，通译为视觉识别系统。它是将 CI（企业形象识别）的非可视内容转化为静态的视觉识别符号。企业通过 VI 设计，对内可以征得员工的认同感、归属感，加强企业凝聚力，对外可以树立企业的整体形象，资源整合，有控制地将企业的信息传达给受众，通过视觉符码，不断地强化受众的意识，从而获得认同。

在产品设计中，材质的应用有着丰富和提升产品形象的作用，因此材质的识别也是产品识别的重要识别要素。产品材质的质感与触感是促进用户对产品进一步认知的有效手段。选择符合产品个性文化的独特材质，也是加速用户对产品辨识并形成记忆的有效途径。材料表面的光泽、色彩、肌理、透明度等都会产生不同的视觉质感，从而使人们对材质产生不同的感觉，如细腻感、粗犷感、运动感、秩序感、科技感、素雅感、华丽感等。例如，图 6-30 中不同材质处理的打火机产品识别效果。

不同材质可以通过自身不同的质感与触感向用户传达其蕴含的个性文化特质。在产品识别设计中，可以通过采用符合产品个性文化内涵的材质，应用于企业不同的产品，而使用户对产品形成特定的联想，进而形成识别记忆。

色彩也是产品识别的要素之一。良好的色彩选择与配置，对消费者而言具有强烈的心理作用，在相当大的程度上能左右人类的情绪，乃至改变人类的性格与行为。不同的色彩有着不同的情感诉求，如红色象征热情、蓝色表示沉静、黑色代表神秘等。在产品识别设计中，通过某一特定色彩或同一色系在企业不同产品中的持续应用，无论在使产品更好地与使用者身、心匹配，提高产品的文化价值方面，还是建立产品的个性差异化方面，都能起到巨大的作用。因此，良好的色彩规划在增加产品自身附加价值的同时，更能有效地激起用户对产品的识别。

随着数字时代、多媒体技术的迅猛发展，界面设计成为许多产品不可缺少的一部分。用户对于界面的识别是在实际操作过程中形成的，界面操作简易明了、美观友好、符合用户认知和行为习惯等，这些因素在企业同期产品和不同系列产品之间相似与延续的应用，加速了产品识别性的形成。

2. 产品的品质形象

就产品的品质而言，是通过产品的内在质量而反映到外在的企业形象上，如德国的"奔驰"车、西门子的电子产品等，给人更多的是对德国产品的制造技术、产品性能，以及严格的质量管理体系的联想，在感官上形成"车—奔驰—技术—品质—德国"。"高质量"与"德国"是同义的，"奔驰"车的形象就是"德国"的形象。

产品的品质形象涉及产品的设计管理与设计水平，无论是在产品的功能、性能、材料选用、加工工艺、制作方法、设备条件等方面，还是在人员素质等方面都要有严格的管理。在产品形象设计中，首先要在设计管理水平上提高，如有明确的产品设计目标计划，组织有效的产品设计开发队伍进行关键的技术攻关，提供完善的设计技术配置服务，包括"软"的（高素质的设计人员）、"硬"的（符合设计开发要求的设施、设备）配置，满足产品设计开发的物质条件。并且，要在产品设计开发过程中，实施程序过程的管理（如阶段评估、信息反馈、多方案选择等）。为满足设计开发水平、提高设计的质量，就要提高设计人员的整体素质水平，实施有效的管理模式。

产品设计水平的高低，除了取决于设计人员的自身素质外，更主要的是要按照科学的设计方法程序进行。充分进行产品设计的市场调研，收集资料、信息，提出开发设计本产品的充分依据，如对产品设计的功能、性能、造型形态分析，以及采用何种原理、技术、生产方式等，满足何种人群或个体差异的要求（包括心理需求和生理需求）；对产品的使用方式、使用时间、地点、使用环境进行研究，以及由此产生的社会后果（如安全、环保、法律）等，进行科学系统的分析、研究、归纳；对产品的整体形象设计进行定位，通过方案的选择、优化，形成产品形象设计的系统性，逐步实现把产品的形象设计统一到企业整体形象上。

产品识别设计不仅仅是用户所看见和感觉到的产品的外观，更重要的是，它是定义并引导人们生活的时代性文化表达。产品品质形象传达的是产品识别设计中的理念与情感，设计师依据企业文化内涵，提取产品设计理念进行产品识别设计，从而激发社会和用户在精神与情感方面的共鸣。如图 6-40 所示，从阿莱西的产品中，最大的感受是它对于诗意而又有趣味的生活态度的诠释及愉悦的用户体验，进而产生对其企业文化的认同，最终形成阿莱西独特的不可替代的个性识别。

图 6-40 阿莱西产品形象

从具体产品的角度来讲，除了产品本身所固有的物理属性外，还包含品牌个性、象征价值、使用者印象等感性属性。产品的品质形象体现在用户体验、企业文化及情感等方面。

就用户体验而言，与产品互动过程中获得的愉悦用户体验是决定用户购买某一产品的关键因素。用户对于产品形成体验的识别，关键在于这种愉悦的体验能否在企业不同产品中得以延续，以及是否能符合用户对这种使用体验的预想。这同样也是产品识别设计所必须解决的问题之一，即以用户为中心。

产品识别作为产品设计进化发展的产物，不仅意味着设计层级与理念的不同，更是对企业文化的战略延伸。因此，作为产品识别个性识别要素之一的企业文化，意味着产品实现了对企业文化内涵的传播，是对产品视觉识别的升华。不同企业自然拥有不同的文化，将企业自身的独特文化融入产品的设计中，源源不断地向社会传播其理念、价值观与精神，是实现企业自身价值的同时，而区别于竞争对手，获得认知与识别的关键。

有情感的产品才能吸引人，感染人。情感过程产生的是关于人对客观事物是否满足自身物质和精神上的需要的主观体验。当人们与产品之间的情感在企业不同产品中获得满足与延续时，便形成对产品情感的识别。因此，产品识别设计中，对于产品情感的设计也是实现产品识别的关键因素之一。

3. 产品的社会形象

产品形象是企业形象的重要组成，是企业在特定的经营与竞争环境中，设计和塑造企业形象的有力手段，由此决定了其基本功能是通过各种传播方式和传播媒体，通过产品形象将企业存在的意义、经营思想、经营行为、经营特色与个性进行整体性、组织性、系统性的传达，以获得社会公众的认同、喜爱和支持，用良好企业形象的无形资产，创造更辉煌的经营业绩。

在企业运营过程中，产品形象战略能够随时随地地向企业员工和社会公众传递信息，为人们提供识别和判断的信号。但在产品形象战略产生之前，这种传递是自发的、随机的和杂乱无章的。产品形象战略的导入和实施，使企业信息传递成为一种自主的、有目的的、有系统的组织行为，它通过特定方式、特定媒体、特定内容和特定过程传递特定信息，把企业的本质特征、差异性优势、独具魅力的个性，针对性极强地展现给社会公众，引导、教育、说服社会公众形成认同，对企业充满好感和信心，以良好企业形象获取社会公众的支持与合作。

产品形象战略的导入产生两方面重要的协调功能：从企业内部关系协调看，共同的企业使命、经营理念、价值观和道德行为规范，可创造一种同心同德、团结合作的良好氛围，强化企业的向心力和凝聚力，产生强烈的使命感、责任感和荣誉感，使全体员工自觉地将自己的命运与企业的命运联系在一起，从而生成一种坚不可摧的组织力量，为推动企业各项事业的发展提供动力源；从企业外部关系协调看，塑造良好的企业形象的实质是企业以社会责任为己任，用优质产品和服务以及尽可能多的公益行为，满足社会各界及大众的需要，促进经济繁荣和社会进步。

6.10　产品设计的创新

创新是现代设计的灵魂，以知识为基础的产品创新竞争是 21 世纪全球制造业竞争的核心，是商业成功的关键因素。一个新产品在功能、原理、布局、形状、结构、人机、色彩、材质、工艺等任一方面的创新，都会直接影响产品的整体特性，影响产品的最终质量和市场竞争力。只有创新活动才能为社会提供种类繁多、功能丰富、造型美观、价格经济、性能有效的新产品，才能在产品的性能、质量、造型、价格、市场服务等方面产生质的飞跃。

随着人们对现代产品在创新性、经济性、审美价值体现、环保等方面要求的提高，设计者必须重新审视设计对象，介入产品形成的全过程之中，实现产品的各种功能（物质功能、精神功能、信息功能、环境功能、社会功能），满足市场竞争的要求。如图 6-41 所示，理想的设计便是这些要素组成的最佳状态解。

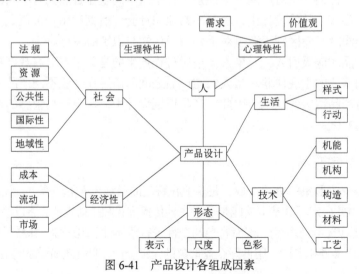

图 6-41　产品设计各组成因素

6.10.1 产品创新设计的内涵与趋势

广义而言，产品创新设计涵盖了产品生命周期中所有具有创造性的活动，根据目前产品设计的时代特性，产品创新设计具有以下几个特点。

（1）从企业角度观察，能为产品创造附加值。

（2）从市场角度观察，能保持强劲的吸引力，不断刺激消费者的消费欲望。

（3）从消费者角度观察，能不断获得新产品，满足物质和精神生活的需要。

（4）从设计师角度观察，能不断迸发灵感进行创造。

产品设计的过程是一个不断需要设计环节直接或间接与外界进行各种信息交换、传递的过程，产品创新设计是在多种因素的不断"碰撞""整合"中诞生的，每一个"碰撞点"都是刺激设计不断向新目标前进的动因。导致设计创新的这些碰撞点可能是技术的进步、用户需求的变化、新材料的出现、流行趋势的变化、设计工具的变更，也可能是设计师自身思想、观点的变化。产品的创新设计就是在这样一个动态的、不断与外界交流的过程中，从设计初始状态走向设计目标状态。

经济的发展和市场的变化使产品创新设计正从效用型创新向知识型创新转变。这一趋势具体表现如下。

（1）对市场的快速反应而表现的管理创新。随着市场竞争的日益激烈，产品创新的速度也越来越快，企业需要加快新产品开发设计的速度，以满足和带动消费者不断变化的需求，达到提高产品竞争力的目的。

（2）高新技术大量应用呈现的技术整合设计创新。高新技术产业蓬勃发展，其产品设计中大量采用新技术；另外，高新技术在传统工业中的广泛应用极大地改造和促进了传统产业的发展，在传统产品设计中也融入了大量的高新技术。

（3）突出以人为本的设计理念创新。当前产品设计越来越突出易用性，产品设计实现了从人适应产品到产品适应人的观念转变，如何使技术复杂的产品以人性化的形象展现给消费者，这是人性化的内涵通过设计创新得以实现。

（4）以产品智能化为核心的产品价值的设计创新。现代产品伴随电子技术、数字技术的发展，智能化程度不断提高，智能技术与传统产品相结合形成的智能产品，其功能上比传统产品更具优势，产品的智能化使产品和人的距离大大拉近，产品价值随之而提高。

（5）以绿色和环保为目标的产品可持续创新设计。在新产品设计中，创造性地利用绿色设计中提出的 3R 原则，对产品设计是一个重要的创新点。

6.10.2 如何实施设计创新

1. 实施原创设计

原创是知识经济时代特有的属性，产品所反映的自主知识产权，描述了在产品身后的人的劳动状况。其中，原创设计就是产品自主知识产权的主体组成，凝聚在产品上的设计外观专利、实用新型专利、发明专利等，就是具有法律性质的产品知识产权。原创设计是产品生命力的核心，原创设计也是拥有自主知识产权的重要标志。

推动产品原创设计，设计师必须深入一线，在参与市场竞争的过程中，首先要在知识结构和能力方面适应目前经济建设和企业发展的需求，要通过不断的、多方面的学习，灵活应用各种先进的设计理念，学习创新的思维、想法，加强对工艺、技术、市场等方面的分析研究，通过与客户的沟通，了解对方的需求，并融合本民族的文化精髓，提高整体素质和设计水平，创造出人性化、个性化的设计作品。

2. 使时代主题与特色设计化

每个时代的产品就是该时代文化、科技、经济等的结晶体。时代主题主要是指社会发展各时期，市场出现的各种主流需求和需求趋向等。紧跟主题，就是要求产品设计师在设计创新和设计作品中要认真考虑时代因素。如果产品设计师对市场流行需求没有很好的研究，对结构、材料没有很好的研究，对人类的生活与工作的主流特征把握不住，对人们关心的节能、生态、防污染不敏感，那么这个设计作品即使再有创意也难以得到时代的认可，更难以得到市场的认可。人性化与情感需求是当今消费世界的主题，创新设计将其物化于产品中，时代因设计而在物化中得到辉映。

3. 差异化设计创新

技术同质时代，稍不注意就会产品同质化。消费市场上充斥着大量品质相近、毫无特色的同类产品。由此形成的产品同质化将导致价格竞争，利润逐渐下滑，仅以品牌符号区别产品身份，品牌经营风险随之加大。要想摆脱这种困境，走差异化的道路成为企业的必然选择。在产品组成因素中，唯有创新设计比较突出，在可行性、充分必要性、成本控制、新产品实施等过程中，由创新设计带来的产品差异化品质与识别的品牌产品个性，都很现实地陈列于眼前，尤其对于传统产品与成熟产品。因此，同质化时代的产品竞争趋势也导致产品从技术导向转入用户需求导向，高技术不等于优秀商品，而好的设计则往往可让高技术得到如虎添翼的效果。

4. 基于文化实施设计创新

设计是文化的外化、物质化符号，产品设计必须与现代文化融合。一直以来，世界主流的文化、时尚、美学多以西方为评价标准。随着中国经济的崛起，东方文化也慢慢崛起，并开始影响到产品设计领域，产生具有东方文化影响力的国际创新设计。产品设计脱离不了文化，有文化底蕴的设计往往才是最具生命力的设计。国际产品在中国市场必须基于中国文化进行创新设计，随着中国文化影响力的日益增大和中国消费市场的扩大，现在很多跨国企业把它们的设计中心搬到中国，目的就是设计出符合中国本土文化的作品，并以此占领市场。

5. 功能与技术整合设计创新

1）以功能整合为主要手段的设计创新

功能整合设计创新，依赖功能数量、功能内容、功能质量三个要素。功能数量是指一个产品中包含的不可再分的单元功能的总数量，每一个单元功能在概念上都可构成一个完整的产品。例如，智能立式空调具有降温、吹风、测温、计时、报警五种单元功能，而其后四种单元功能都可以成为单独的产品。功能内容是指该产品具体的、可供使用的内容，包括物质功能和精神功能，这里多指物质功能，如通话功能、计时功能、计算功能、储存功能、报警功能等。功能质量即功能技术的先进程度，由于形成某一功能的技术具有发展性，支持这一功能的技术先进程度必然存在先进与落后的级别差异，如同时为显示功能，可存在数码管技术显示屏、黑白液晶显示屏、彩色液晶显示屏等档次的功能技术上的差别。

产品功能创新设计的另一方面是分析和寻找当前产品的缺陷，提高和完善产品功能。产品发展遵循 S 曲线规律。即在产品基本技术原理不变的情况下，不断发现和克服现有产品中的缺陷和不足，通过不断改进、不断趋向产品的功能极限，从而不断提高产品满足用户需要的程度。例如，从窗式空调到分体式空调的发展，正是在克服了窗式空调噪声大又不美观的缺陷而做出的创新。这里产品的创新在技术原理上并没有质的变化，只是功能技术先进程度的差异。

2）以技术整合为主要方法的设计创新

从设计师层面，以技术整合为主要手段的设计创新主要从三个方面把握其实施。

（1）利用升级技术是促进产品创新的重要方式之一，名牌新移动电话产品的每一次推出，都伴有相关技术的升级和改良。作为设计师，要及时了解产品技术的更新换代情况，在新产品立项时，要让决策层了解产品技术的新变化。改进原有技术或采购新一代技术，使产品创新落到实处。例如，便携式计算机散热技术，改风冷为水冷技术，促进产品内部空间紧凑、尺寸变小。不少企业虽然没有原创技术，但具有围绕原技术进行二次开发的能力，不断推出新一轮的二次开发成果，使之成为产品创新的重要素材。

（2）利用新技术支持产品设计创新。其实，新技术不是设计师的发明，但作为执掌产品创新设计的设计师，其作用在于及早地发现新技术、充分认识新技术，然后能够合适地将其应用于新产品之中。这就要求设计师首先具有采用新技术的意识。其次，能够以先进的手段快速获取新技术的信息，凭借自己的视野和知识能力应用新技术。对于大多数企业来说，一种新的技术原理的提出是不易的，尤其是技术含量很高的技术，在新技术选择基础上进行创新，这就需要设计创新。

（3）整合技术应用，又是产品创新的另一绝招。技术与技术的有机结合可能会产生具有全新应用价值的新技术。技术与技术的二次开发应用，不仅可以产生加法概念的量变新技术，也有可能产生函数概念的蠕变新技术，新技术的整合为新功能的展现以及形态变化的再现创造了空间。对于设计师而言，尽管自己不是技术专家，但可以将设想交给技术工程师解决，可以将可行原理交给技术工程师实施。以需求牵引的功能和技术交融整合设计创新。了解用户需要的差异性，关注用户需要的变化，扩展产品使用功能，要能满足用户的合理性需要，才能得到用户的认可。用户需要是产品设计与开发的终极目标。由于用户在地域、观念、传统、习惯、经济状况等方面的差异，对同一类产品功能的需要是有诸多差异的，根据用户需要的不同，开发多型号产品是十分必要的，这已是当今企业通行的做法。在社会文明不断提高的今天，产品中的文化因素越来越受到消费者的关注，如清洁环保、健康安全、美观舒适、人文关怀等，往往成为消费者在产品使用功能得到满足的情况下十分关注的因素。这样，企业在开发和生产产品时，就不能忽视这些软性因素在产品中的地位，技术产品的基本功能是产品中基础、核心的内容，这保证了产品市场的存在。然而，软性因素往往成为产品竞争的关键性因素。技术产品的生态化、人性化、科学化、美学化已成为当今技术发展的一种趋势和潮流，企业产品创新必须要顺应这种潮流，才能健康持续地发展。

技术与功能从来就不是孤立的，而是相互联系、相互统一的。一个具体的产品创新活动中，可能需要同时考虑多种形式、多种因素，既要考虑用户需要的差异和变化，又要关注新技术的诞生，以及结合用户的具体情况，对各种因素进行综合的分析，从而明确设计目标，适时推出新产品。

6. 使用方式创新设计

使用方式设计的实质是人机工程学设计，只是其角度与人机工程学有所差异，也可认为使用方式设计是人机交互设计，但不像人机工程学的人机界面设计那样被动地依附产品的设计方式。当一个具备功能的产品在完成功能技术安装测试后，如何由人来使用、操作，让它最终成为可使用、可销售的商品。同一功能的产品，其使用方式可以多样，尤其是改变产品内部组成及结构后，其使用状态肯定随之改变。

在实现明确消费者需求、建立设计定位说明、生成产品概念、选择产品概念、测试产品概念、确定最终方案的设计全过程中，对消费者使用行为的过程，以及产品完成使用功能的过程，需要仔细地观察和感受，亲自体验产品的使用和过程，寻找设计创意的原点。产品使用功能的动作，从开始到完成是人的主观意识在使用产品之时产生的空间运动现象和时间运动过程。由设想的使用过程产生信息，寻求形成一定的生活方式（习惯），这便是创意的原点。

通过结构的人性化安排，不同元件在一定构造下组成一个整体。功能空间的转换与传达即内与外的交流，表示人与产品之间的关系，以及人与环境之间的关系，从而确立设计创意实现依据的信息，最终实现创意。

1）空间尺度层面的使用方式创新

如何实施使用方式空间尺度的创新设计?这里，首先要审视能够引起操作空间尺度变化的可行性因素：新的操作使用方式的可行性与可改进的程度；支持新式操作使用方式的物质条件；保障新型操作使用方式可靠性技术支撑；基于新型操作方式人的使用习惯与新奇性研究。

根据上述四个方面的研究,可以建立如下四个创新设计方式来实现使用方式的设计创新：①产品存放状态的改变创新；②产品内部组件安装关系的改变创新；③产品三维空间尺寸的变大或缩小；④产品人机界面在三维空间的改变革新。

2）人机界面技术的使用方式创新

产品人机界面的内部与产品机芯相连接，外部与使用者发生关联。由于产品人机界面必须依赖相对应的显示技术与操作控制技术得以实现其功能，所以人机界面在技术层面的创新必须有对应的人机界面显示与控制器件的支持，同时还有相关的技术与工程的支持。人机界面技术主要涉及显示界面技术与操作控制界面技术两类，作为产品创新设计的设计师可以将显示操控技术用于产品新界面，构成新型人机界面。

本 章 小 结

工业设计的主题是产品设计，产品设计是制造业的灵魂，产品的结构、功能、质量、成本、交货时间及可制造性、可维修性、报废后的处理以及人—机—环境关系等，原则上都是在产品设计的阶段确定的。

工业设计师在进行产品设计时，一般应从人的需求出发，按照产品设计的程序，应用产品设计的美学法则，对产品从功能、形态、结构、色彩的运用、材料的选择以及人机关系进行全方位的设计，为使用者提供实用、经济、美观的产品。

第 7 章　视觉传达设计

7.1　视觉传达设计概述

7.1.1　视觉传达设计的概念

视觉传达设计（Visual Communication Design）是以印刷或计算机信息技术为基础，以视觉符号为媒介，创造具有形式美感的视觉信息，并能对受众产生一定影响的构思、行动过程。

视觉传达是以视觉符号或记号为媒介进行信息的传递与沟通，并使信息转变成"看得见的传达"。视觉符号是指人的视觉器官（眼睛）所看到的能表现事物一定性质的符号，包括文字、图形、色彩、空间、肌理等。但不管是哪种视觉符号在设计作品中呈现，都要满足功能信息传达的需要，并给人一种形式的美感，体现功能和艺术的高度结合。传达是信息发送者利用符号向受众传递信息的过程，包括"谁"（设计委托方或设计者）、"把什么"（信息）、"向谁传达"（受众）和"效果、影响如何"四个程序。传达的最终对象是人本身（受众），所以对人视觉心理和传达规律的掌握是视觉传达设计的关键。视觉传达设计以特定的媒体承载视觉符号和信息，常见的媒体有招贴画、报纸、杂志、网站，以及路牌、霓虹灯箱等。信息是用来传送、交换、存储且具有一定意义的抽象内容。信息可分为商业性信息和非商业性信息。在视觉传达设计中，商业信息是为现代商业服务的，用于传达设计委托方的商业意图、产品信息、情感等，最终实现其利润的最大化。同时也是企业—商品—消费者沟通的桥梁，如广告设计、包装设计、企业形象设计等。非商业性信息是为了传达社会公德、设计师的自我情感、非商业组织的理念及公共信息等，如公益海报设计、城市导向识别设计、政府活动宣传等。

7.1.2 视觉传达设计的起源与发展

人类最初是通过声音、手势、烽火、结绳等事物传达信息的，随着文明的进步，人类通过模仿自然又创造了图形这一视觉符号，从而进入了图形传达时代。经过漫长的历史进程，人类又发明了文字，中国、巴比伦、苏美尔、埃及的文字都是直接从图形演变而来的。古希腊、古罗马先后对腓尼基字母进行了发展，完成了 26 个字母的文字系统。而中国的造纸和印刷术对文字的保存与传播又起到了重要的作用，打开了更为宽广的文字传播之门。约翰·古腾堡[①]于 1445 年改进了金属活字印刷技术，从此视觉传达设计走进了印刷传达时代。

之后，以各种招贴画为中心的设计流派又发展而来，20 世纪初又发生了现代艺术运动，如立体派、未来派、达达派、风格派，以及超现实主义、至上主义和构成主义等对视觉传达设计产生了直接的影响。由于信息传播媒介的日益扩大，1960 年世界设计会议在日本东京举行，与会者一致认识到有必要综合不同媒介，如电视、报纸、杂志等的技术特点，将各种信息传播的方式进行归纳，至此视觉传达设计作为一门设计学科逐步确立起来。视觉传达设计的发展经历了商业美术设计、工艺美术设计、印刷美术设计、装演设计、平面设计等几大阶段的演变，最终成为以视觉媒介为载体、利用视觉符号表现并传达信息的设计。

20 世纪 80 年代，电子技术的发展带来了视觉传达设计的数字化时代，视觉传达设计的平台发生了变化。计算机的出现及广泛应用，使人类在历史上第一次出现智力的解放。各种信息（如图形、文字、声音等）以数字的形式存储、复制、传输。计算机技术模糊了传统媒体的分界，使各类媒体相互融合，视觉符号形式也由以平面为主扩大到三维和四维形式，传达方式由单向信息传达向交互式信息传达发展。在未来更高级的信息社会，视觉传达设计将有更大的发展空间，会发挥更大的作用。

7.1.3 视觉传达设计的特征

1. 艺术性与技术性的结合

艺术性是视觉传达设计的基本属性，因为好的设计形式可以像艺术作品一样供人欣赏，视觉传达是向受众传达信息，而受众通过形式美来感受，以产生思想的共鸣而留下深刻记忆。苏珊·朗格[②]认为，艺术是人类情感符号的创造。视觉传达设计中的艺术性，是指视觉传达设计不仅要传达信息，而且要通过形式美让受众产生情感上的共鸣。而设计中的形式美不仅仅局限于装饰或具有情感性的视觉符号，更重要的是设计形式和内容的有机统一，使所传达的信息具有影响性和有效性。

视觉传达设计不仅具有艺术性，而且具有技术性，是艺术性和技术性的结合。从工业时代到信息时代，视觉传达设计出现了前所未有的多元模式与多维建构，由只停留在印刷技术

---

① 约翰·古腾堡（Johannes Gensfleisch zur Laden zum Gutenberg，1398—1468），德国发明家，是西方活字印刷术的发明人，他的发明导致了一次媒体革命，迅速地推动了西方科学和社会的发展。

② 苏珊·朗格（Susanne K. Langer，1895—1982）德裔美国人，著名哲学家、符号论美学代表人物之一，先后在美国哥伦比亚大学、纽约大学等校任教，主要著作有《哲学新解》《情感与形式》《艺术问题》等。

上的平面设计，发展到信息技术的数码艺术设计，如网页设计、二维动画、三维动画、四维动画、影视作品等，将文字、图像、声音、影像、动画和视频等进行整合，以丰富的艺术形式进行传播。在设计中，设计师不仅需要熟练操作各种设计软件，还需要掌握一种或多种计算机语言，以创作视觉形象，通过网络传递虚拟信息。因此，设计是艺术与技术的结晶，没有技术的支持，设计就如同失去生存的土壤。

2. 文化性

文化的存在依赖于人有创造和运用符号的能力，视觉符号是人类文化显现的载体和表现形式，所以文化性是视觉传达设计本身的固有属性。文化性主要表现为信息与视觉符号本身的文化性和设计师本身的文化修养两方面。信息与视觉符号的内容广泛而丰富，包括民族传统、时代特色、社会风尚、企业理念等，具有浓厚的文化特征。视觉传达设计作品中或多或少表露出设计师对事物的理解和认知，这与设计师本身所处的社会环境、时代特点、文化氛围、地域特色、民族传统等密不可分，可以看作设计风格或设计品位。当然，视觉传达设计的文化性是随社会发展而不断变化的，所以设计师应适应新环境，紧扣时代脉搏，掌握时代的经济、文化和观念特征，寻求新的时代文化视觉符号，以解决设计中的新问题。

3. 交叉性

视觉传达设计是一门宽泛的概念性和边缘性学科，它交叉了艺术、环境设计、工业设计、计算机技术、传播学、市场营销、经济、管理等学科知识。因此，从事视觉传达设计的设计师不仅要有独到的艺术修养、美学感知和图形创造能力，还必须具有许多其他学科的知识，才能提出好的创意并通过完美的形式表现出来。

4. 交互性

交互是指受众和传达者之间的互动通信并交换信息的过程，需要双方参与。现在很多视觉传达的设计都将选择权交给了受众，引发受众自发地关注和参与，使受众参与到信息传达的过程中，如网络游戏，一些商家甚至把广告所传达的信息隐含在游戏的环节中，受众的参与将加深对品牌或产品的认知度，从而达到理想的传达效果。换句话说，就是受众不再被动地接受传播的信息，而是根据自己的意愿和接受程度对整个视觉传达的展示形式、视觉效果及过程进行选择性的接受。作为一种新的视觉传达表现形式，交互性极大地丰富了视觉传达的领域与内涵。因此，注重视觉传达的交互性，是提高视觉传达效果、增加视觉传达表现形式的新手段。

7.1.4 视觉传达设计原理

1. 信息传达规律

视觉传达设计是为了传达信息，其传达的过程具有特定的规律性。视觉符号的信息传达是通过设计师对信息的认识，形成概念，使信息变成视觉符号语言，信息接受者通过对这种视觉符号语言的解译和分析，从而形成对客观事物的认识。当接受者对符号信息进行辨认或解译时，视觉信息的传达就完成了。视觉形式作为传达通道，将设计者和接受者连接起来。设计师采用图形、造型和文字结合的方式将需要传达的信息转换成视觉形式，接受者又将视觉形式转换成需要传达的信息。正是这种转换，将信息、设计者、视觉形式和接受者组成了一个相互联系的完整系统。在设计时，需要掌握视觉符号的信息传递规律，把设计的注意力放在接受者及信息本身上，才能够准确确定视觉传达设计的形式和内容。

2. 视知觉原理

视觉是人类感知世界并获得信息的主要途径，不同的视觉现象给人以不同的感知。视觉分为视觉感觉和视觉知觉。视觉感觉是视觉对大脑直接的刺激，形成神经信号和经验，如颜色的冷、暖，物体的大、小等。视觉知觉是在视觉感觉的基础上所进行的进一步处理，能辨别事物并对其做出反应或赋予意义，在心理学上统称为视知觉。视知觉可以分为三个阶段：感觉阶段、组织阶段、辨认与识别阶段。组织阶段是指对组织成一致的图形产生客体和模式的知觉。辨认与识别阶段是最高阶段，此时大脑将形成的知觉信号与记忆中的表征进行比较，识别客体并赋予其意义。辨别物体并对其做出最佳反应涉及更高水平的认知加工过程，包括观察者的理论、记忆、价值观、信仰以及对客体的态度。

7.1.5 视觉传达设计的思维特点

1）设计思维来自设计师对事物的认识与感知

法国艺术家罗丹曾经说过：世界上并不缺少美，缺少的却是发现美的眼睛。对于从事视觉传达设计工作的人而言，应充分发掘大自然的美，及时总结、归纳、提炼自然中的素材，寻找创意灵感。

2）设计思维来自设计师丰富的知识与经验

人的知识结构、审美情趣、综合能力等方面的差异，造成了人们对事物观察和分析能力的不同。对待同一种事物，有些人感觉平常，有些人却能从中找到审美的亮点并激发创意的灵感。以马为例，在农夫眼里是一件交通工具和农用工具，在商家眼中它却是一件商品，而在设计师眼中则成为传达思想和设计美感的视觉符号。

3）设计思维来自多学科之间的交叉与融合

视觉传达设计是一门融合环境设计、工业设计、计算机技术、传播学、市场营销、经济、管理等学科知识的综合性学科，它要求设计师不断拓宽知识面，注重各种思维形式的相互渗透和跨学科知识的融合。随着世界经济的相互渗透，以及多媒体技术的应用普及，设计师更要善于全方位地培养自己的创造能力，尝试联系不同领域的知识，拓展思考的角度。

7.2 视觉传达设计的主要领域

7.2.1 商标设计

商标的英文名称为 Trademark，在非商品上称为标识或符号。标识是一种图形传播符号。

通过典型性的符号特征传达特定的信号。其中，徽标是用符号图形来象征其使用者的身份标识，如国徽、军徽、校徽、纪念性的标徽等。在公共环境中的指示系统符号，多属于公共标识、安全标识、指示标识或使用操作标识等，通过标识形象，对大众识别起到引导、指示、规范等作用，提高信息服务质量。

在标识中，最具代表性的是中国银行标识（图 7-1），该标识是香港著名设计师靳棣强设计的。设计者在构思新标识时，定下四条目标：必须是中国风格的；必须有银行特色；必须有联营含义；必须体现计算机服务方式。设计者从百多幅草图中选定以"中"字为主题形象的设计，寓意中国的"中"字与圆周线组合起来的古钱形象。将当代计算机磁盘的圆形与古代钱币的圆形相统一，以红色作为基本色，更加突出了中国用色的民族习惯。

图 7-1　中国银行标识

商标是标识的一种。属于商品的标记，通常以文字、图形或记号以及相互组合来表现：商标是品牌形象的视觉核心，是企业产品的无形资产，代表着企业形象和质量信誉，是企业在市场竞争中的有力武器，故而成为商用价值的标识。商标应符合企业或商品的形象与利益，准确、鲜明地表达指定内容和特性。也就是说，商标应具有识别性、传达性、审美性、适应性和时代性。判别一个商标的优劣，可使用"SOCKIT"标准，具体含义如下。

（1）合适性（Suitability）：牌名对产品的功能、特征、优点的描述是否恰如其分。

（2）独创性（Originality）：牌名是否与众不同，独一无二，是否与其他牌名相仿或容易混淆。

（3）创造力（Creativity）：牌名是否吸引人，是否有韵律或带有文字游戏等成分。

（4）能动价值（Kinetic Value）：牌名是否易记，是否有回忆价值。

（5）同一性（Identity）：牌名是否与企业标识或已有商标有相互联系。

（6）发展力（Tempo）：牌名能否对准备开放的市场提供合适的基调，能否给目标中的消费者创造一个好印象。

7.2.2　广告设计

广告（Advertising）即广而告之，意味着唤起大众对某事物的注意，并具有一定导向性的宣传手段。我国 1980 年出版的《辞海》对广告所下的定义是："向公众介绍商品，报道服务内容和文艺节目等的一种宣传方式，一般通过报刊、电台、电视、招贴、电影、幻灯、橱窗布置、商品陈列的形式来进行。"由此可知，广告是一种"非人员提示"的销售和促销活动，是一种协助销售的支援方式。从现代广告的表现手法来看，广告吸收了音乐、舞蹈、绘画、雕塑、装潢、文学、电影、电视、广播和新闻的精华，综合成一门新型的艺术形式。

在市场经济中，广告能促进销售并有利于市场竞争，通过广告可以加速商品的流通。优秀的广告作品不仅能吸引公众的注意力，还能给人带来一种赏心悦目的快感（图 7-2）。广告在市场经济中的促销作用是明显的，它与企业和产品的生命力有关，企业越强大，产品越好，广告的作用就越明显，并形成良性循环。

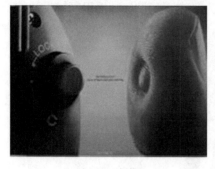

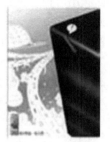

（a）SONY 摄像机　　　　　　　　　　　　（b）飘柔洗发水广告

图 7-2　广告设计

日本永井一正在《广告即情报》一书中，列出了广告设计的原则。

（1）意义性：除了商品本身外，消费者同时倾向于购买商品的形象。

（2）人性：广告能引起人们的共鸣或强烈感动，产生"人性共感"。

（3）创造性：不断产生新价值、新领域。

（4）说服性：广告通过视觉、听觉传达的直觉性能说服大众。

（5）美感：在不违背传达功能的原则下，要考虑广告本身的美感。

（6）现代性：能反映多元化、信息化时代的特点。

（7）Idea：融入幽默感。

（8）情念：深植于潜意识世界中的人类本能。

（9）一贯性：广告表现被视为企业形象之一，使经营理念和设计策略具有一贯性。

（10）造型性：在设计造型中寻求原始时代巫术的力量，考虑人类本能的感觉，思考诉求方向的问题点。

广告分类的方法很多，按广告内容可分为商品广告、劳务广告和观念（公益）广告；按传播对象可分为消费者广告、工业广告、商业广告、农业广告、外贸广告。广告是通过媒体把信息传播给社会大众的，广告媒体则是广告主题与对象之间联系的物质和工具。按广告媒体的不同，广告又可分为以下六种.

（1）报纸广告（Newspaper Advertising）。 报纸广告在 20 世纪 70 年代之前位居城市广告媒体的第一位。70 年代以后，首席地位被电视广告取代，但仍是当今信息社会中非常重要的广告媒体。报纸广告由于批量生产的特点，宜在字体选择、疏密布置与黑白反差三方面进行设计。

（2）电视广告（Television Commercial）。 电视广告已成为广告媒体的"主角"。电视广告综合声音、画面、动感等多种因素构成生动的广告画面，其画面的视觉效果是最主要的设计因素。

（3）杂志广告（Magazine Advertising）。 杂志广告是根据读者的性别、年龄、职业、爱好等来进行视觉传达设计的广告。

（4）POP（Point of Purchase）广告。 商场中随处可见的即兴广告、各种商品促销广告，以及化妆品小展示等，都属于 POP 广告。

（5）海报（Poster）。海报是随着 19 世纪法国的石板印刷发展起来的一种宣传广告媒体，如演出海报、世界足球杯海报、展览会海报等。图 7-3 为日本著名设计师福田繁雄设计的个人展览的海报。运用视觉的错视原理，整个画面由男人、女人的腿脚交错构成，是一张非常具有想象力与独创性的海报。

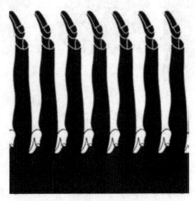

图 7-3　海报

（6）户外广告 。户外广告是海报的一种延续，过去用纸贴在墙上，现在用大型灯箱，设在城市的公共设施或大楼上。

当然，广告还有其他分类，大部分都同视觉传达设计有关，但电台广播等媒体不属于视觉传达的范围。

7.2.3　包装设计

我国国家标准《包装术语 第 1 部分：基础》（GB/T 4122.1—2008）中对"包装"（Packaging）明确定义为：为在运输、储存、销售过程中保护产品，以及为了识别、销售和方便使用，用特定的容器、材料及辅助物等防止外来因素破坏内容的总称。包装也指为了达到上述目的而进行的操作活动。在现代社会中，包装的定义已被赋予了更积极的解释，成为企业经营战略和市场销售的重要内容。包装不仅具有保护功能，而且还有促销和美化商品的功能。美国的一个市场研究所通过调查指出：商品推销不能仅仅依靠广告，目前 80% 的消费者是在市场上，尤其是超级市场中充分享受自由购物的乐趣。顾客不再借助店员对商品的解说，而是凭借对商品的感觉来行使购买权。包装本身就是一种传达媒介，通过视觉回答顾客的所有疑问，因此包装设计师除了考虑包装材料生产成本等因素外，还要考虑市场趋势、顾客喜好等复杂因素，通过造型、色彩、文字、图形、肌理等各种设计手段，创造出有附加价值的好包装（图 7-4）。

图 7-4　食品包装

包装设计主要包括包装容器设计、包装结构设计和包装艺术设计。包装容器设计是对商品流通、运输和销售环节中的器皿进行设计，其设计过程应该考虑到容器的强度、刚度、确定度等。包装结构设计是依据科学原理，采用不同材料、不同成型方式，结合包装各部分结构需求而进行的设计。通过包装结构设计，可以体现包装结构各部分之间的相互联系与作用。包装艺术设计是利用造型、色彩、文字、图形、肌理等各种设计原理，对商品信息进行有效传达的设计。

7.2.4　书籍装帧设计

书籍不仅是记录人类文明的主要工具，还是传递思想的载体。随着时代的发展，书籍装帧体现出各式各样的风格。中国古代书籍从简册装到卷轴装、旋风装、经折装、蝴蝶装、包皮装、线装。西方书籍从泥版书到沙草纸书、羊皮书、本形书，不同的视觉语言和风格反映不同的时代特性。

书籍由封面和内芯构成。封面通常包括前封、封底、书脊、勒口、护封、函套等，内芯包括正文页、插图页、扉页、护页、序言页、目录页等。书籍装帧设计指书籍的造型设计，是书籍出版过程中关于书籍各部分结构、形状、材料应用、印刷工艺、装订等的设计活动，是对封面、环衬、扉页、序言、目录、正文、体例、文字、传达风格、节奏层次以及图像、空白、饰纹、线条、标记、页码等要素的整体设计。好的装帧设计不仅能给读者带来阅读的便捷，还能得到美的享受。书籍装帧设计应遵循以下原则。

1. 形式与内容的统一

书籍的形态设计要从全书的整体定位与风格出发，使书籍的形式与内容和谐统一。对书籍的插图、色彩、字体、字号、材料等设计要素进行信息形态的设计，使之相互协调，给人整体的视觉感受，进而能够更好地传达书籍内容及信息。

2. 适用与艺术的统一

为了体现书籍的主题思想，可以借鉴绘画、摄影、书法、篆刻等艺术门类的造型要素，使用与书籍内容相适应的艺术表现手法，赋予书籍层次、节奏、疏密等形式，使其在理性的秩序感中，呈现出视觉的艺术美感。与此同时，书籍的装帧设计应符合人机的使用方式和人的视觉流程，以便更清晰、条理地传达给读者信息。

3. 传统与现代的统一

随着材料、技术、工艺以及艺术形式等的不断创新，装帧设计也在不断发展。将传统元素与现代元素完美结合，也是书籍装帧设计创新的源泉。

本 章 小 结

很多人认为视觉传达设计就是"平面设计""图形设计"，这样的认识有局限性。虽然视觉传达设计最早起源于平面设计或称印刷美术设计，但随着现代设计的范围逐步扩大，数字技术已经渗透到视觉传达设计的各个领域，多媒体技术手段对艺术与设计的影响和参与也越来越深。

简单来说，视觉传达设计是通过视觉媒介表现传达给观众的设计。它是"给人看的设计，告知的设计"。视觉传达一般归纳为 "谁" "把什么" "向谁传达" "效果、影响如何" 四个程序。

清华大学美术学院教授何洁认为，20 世纪以来，数字化媒体的出现使社会环境发生了质的变化，静态的媒体时代已经不能完全满足新世纪的需求。视觉设计也渐渐超越了其原先的范畴，走向越来越广阔的领域。网络技术、数码艺术设计、数字电影电视、多媒体广告短片等相继登上历史舞台。人们企盼视觉传达设计在新精神、新艺术、新工具、新空间、新媒体空前发展的情形下，能够展现出神奇的风貌，满足各方面的需求。

第8章

环境设计

【教学目标】

①理解环境设计的概念、特征及要素；
②明确环境设计的程序；
③了解环境设计的主要应用领域。

8.1 环境设计概述

8.1.1 环境设计的概念

人们都在一定的环境中生活，自然环境和社会环境都会对人类产生重要的影响。人们根据自己在不同时期的思想意识、生活目标和理想追求对聚居地不断进行重新构建的设想，并把它落实到一个形态载体，从而逐渐形成环境设计。

环境设计是一门复杂的交叉学科，它综合了美学、建筑学、城市规划学等各学科的知识。"环境设计"可以理解为用艺术的方式和手段对建筑内部和外部的空间进行规划与设计。建筑是环境空间中的主题，也是环境设计不可或缺的载体，因此建筑学与环境的关系极为密切，即环境设计是建筑学科的延伸。但建筑不是环境的全部，环境的要素包括自然界的山水、地貌、气象、动物、植物以及室内空间、家具、陈设等，从宏观的角度看，环境设计与城市规划有相似之处，环境艺术、建筑美学、城市规划等都与使用相关联，都与工程技术有关，都包含艺术的要素，是功能、艺术和技术的统一。环境设计还与景观设计、园林设计等学科有相似之处，但它们又各有侧重点，在整体环境的系统下着重关注和研究自己的部分。

环境设计是为了给人们的生活、工作和社会活动提供一个合情、合理、舒适、美观、有效的空间场所，追求的是"人性化"的原则。由于人们的精神生活是多方位、多层次、动态的、复杂的，所以环境设计就要满足人们的不同需求，而涉及的知识很多，至少包括建筑学、城市规划、景观设计、人机工程学、环境行为学、环境心理学、美学、社会学、文化学、民族学、历史学、宗教学以及技术与材料科学等。因此，环境设计是一门极具边缘性与综合性的学科，是一项广博浩繁的系统工程。

国际上比较一致的认识是：环境设计是由城市规划、景观设计、建筑设计、展示设计、街道设施、环境标志等专业构成的。环境设计大体可以划分为几个层次，每个层次都有与之相对应的学科，这些学科有各自的独立性，但又相互渗透和联系，它们共同构成人居环境设计这一大学科体系（图8-1）。

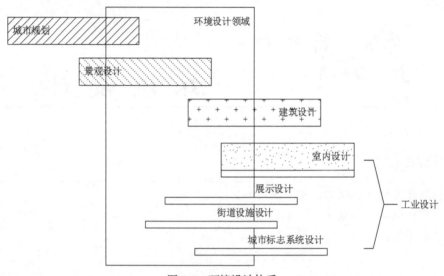

图 8-1 环境设计体系

城市规划虽然是设计专业，但因为它们比较宏观，所以与其他专业，如社会、经济、地理等学科的交叉很多。景观设计过去称为园林设计，现在正逐步从软质景观即园林绿化向兼有硬质景观即景观建筑方面发展。建筑设计本来是从事单体建筑设计的，现在已发展到更大规模的城市设计范围。但无论是城市规划，还是景观设计、建筑设计，都不能覆盖环境设计的全部范围。环境设计不仅部分涵盖了上述三个专业，还延伸到街道设施设计、展示设计、城市标志系统设计，而这三项内容正是工业设计的一个领域，这三项合称为"环境设计"。国内有些学者把室内设计纳入环境艺术设计范围，当然环境艺术设计还应该包括一部分环境艺术家所从事的城市雕塑、室外壁画等。

按照目前我国学科分类，一般将环境设计归属在设计学专业目录之下，包括室内环境设计、室外环境设计、古建园林设计等。环境是一个相对的概念，所以环境设计大到一栋建筑、一条街道、一个广场、一个城市等区域性的整体设计，小到室内空间的绿化、陈设、光、色、质地等细微的层次设计。

8.1.2 环境设计的发展

1. 从专业设计到整合设计

环境设计在我国是从室内设计发展起来的，一直是实践驱动的学科，即便后来室外环境设计的引入，也基本没有脱离环境设计的范畴。用户体验、设计管理、品牌战略、可持续设计等新设计方向的加入，使得设计任务由原先用创意和技术手段解决功能、问题的方式，拓展到对整个生存环境的研究、创造和体验。这时，设计的重点已从环境中的一个个体扩张到如网络般相互交织的整个系统。

2. 由封闭思维到开放思维

对我国的环境设计专业而言,从室内设计拓展到外部环境设计是一次学科壁垒的突破,但这种突破还远远不够。可持续生活方式的环境设计需要来自建筑学、传媒学、管理学、人类学、社会学、心理学、行为学等多学科领域的知识。环境设计并不是要覆盖这些领域,而是在其中作为协调者,与其他专业共享一个情境,通过设计创意来推进和加强这种多学科的交流,实现共同的价值观。

3. 基于策略的设计

基于策略的设计是"设计的设计"。因为基于策略的设计,不仅涵盖了环境设计的功能、空间、材料、构造、风格、光与色、种植等传统物质设计的对象,而且还探究到价值观的层面。

4. 基于可持续发展的设计伦理

可持续生活方式的环境设计可能是一个压倒性的伦理,但同时又是一个开放性的标准。在这个大方向下,多层面的价值观可以实现共存。例如,传统与创新、全球化与地域性、精英文化与大众文化等两分法的两端,都能在可持续这个价值观下找到各自的存在依据。

8.2 环境设计的特征与要素

8.2.1 环境设计的特征

1. 系统性

街道设施、小品展示、城市标志等设计虽然都能以单个个体作品出现,但它们不同于一般的产品,是一个相互协调的系统。例如,街道设施是从属于整个街道的,因此其内容和布局都要围绕街道这个系统展开设计,不可能像家用电器那样是通用设计,放在哪儿都行。特别是城市系统标志设计,更要形成统一的色彩及风格,如要让人一眼就能辨认的候车厅,方便市民出行。

2. 公共性

公共性是环境设计的最显著特征之一。街道设施是供大众公共享用的小品展示,是供大众公共观赏的,标志系统也是为大众公共服务的,因此有人把这一类设计称为"公共设计"(Public Design)。

3. 艺术性

环境设计作品并非单纯的功能设计,而应将其设计成一种艺术品。环境设计的好坏,在某种意义上,决定了城市环境的质量。例如,欧洲的街道候车亭、柱形厕所、广告牌等街道设施、小品,不少源自名家之手。例如,设计香港汇丰银行及新机场的英国建筑大师诺曼·福斯特（Norman Foster，1935— ）；设计巴黎乔治·蓬皮杜国家艺术中心和日本关西机场的意大利建筑大师伦佐·皮亚诺（Renzo Piano，1937— ）等，这些大师都是"高技派"代表人物，擅长钢结构建筑，因此经常客串环境与产品设计。普通的小设施竟动用如此著名的大师，说明了欧洲对环境设计的重视程度。这里，有认识问题、经济投入问题，还有提高专业设计人员的水平问题。

8.2.2　环境设计的要素

环境设计作品大部分可以以单体的形式出现，因此必须遵循产品设计的三大要素。这三个要素分别是功能、材料、构造和造型（图 8-2）。

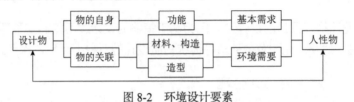

图 8-2　环境设计要素

1. 环境设计的功能

环境设计的功能应包括物质功能与精神功能两个方面，因为环境设计是为"人"而设计的，所以必须满足人在这两方面的要求。例如，户外座椅是为了方便行人休息而设计的，功能很明显；而街头雕塑则是为了满足人的精神享受，提高环境设计的艺术质量很重要。

2. 环境设计的材料、构造与工艺

环境设计作品一般都是设在户外，因此一般都选择耐候性好的材料。由于城市环境中客流量较大，且人与物之间关系比较贴近，环境设计作品采用钢结构的居多，细部处理也多，设计意图往往采用机械制图表达。

3. 环境设计的造型

环境设计作品与建筑作品的造型，一般都有很大区别。建筑作品受材料、工艺和本身体量巨大的限制，一般采用直线和平面的造型较多。而环境设计作品由于受材料影响较小、本身体量也较小，造型不受限制，可以采用弧线和曲面的造型。展示设计及城市标志设计中，有很多内容属于视觉传达设计的范围，如广告灯箱、招牌、标志等。

总之，环境作品的内容由工业设计师进行设计是最恰如其分的。

8.3　环境设计的程序

就设计学科而言，普遍认为理想的设计过程不应该是平面的和封闭的，而应该是循环的和开放的，整个设计过程由若干个相对独立的设计阶段组成，每个设计阶段应有连续的信息反馈，进而对设计及建成的环境进行反复修正和改造，使之趋于合理化、理想化，满足人们不断变化的生活需要（图 8-3 和图 8-4）。

图 8-3　环境设计的程序一

图 8-4　环境设计的程序二

环境设计有自己的设计方法和设计程序。设计程序是指为达到设计目的而根据设计的内容、性质等事先所做的工作次序、计划安排。程序本身就是一种方法，它是对于设计规律的科学总结。建立程序的目的是逐步地、更有效地集中解决设计环节中的问题。

1. 前期阶段

前期阶段也就是做好设计的准备工作，它主要有设计准备、环境分析和设计咨询几个方面的内容。

2. 初步方案设计阶段

初步方案设计阶段的任务指在前期准备阶段的基础上，对业主的项目做进一步的研究和分析，并且做出初步方案、设计时间及经费预算等。

3. 展开阶段

展开阶段是初步方案设计阶段的深化，将业主的初步审核意见加以反馈和分析，汲取合理的意见和要求，并对初步设计方案进行修改，使之更加完善。由于初步方案强调和表现的是整体效果，展开阶段就需要继续对方案细化和深入，围绕着空间和各部分之间的关系详细研究与设计，如功能作用、人机工程、环境行为、心理感受、色彩、光照、材料和技术等问题，都要求有较为具体的内容和详尽的细节。不仅要考虑艺术方面，还要对水、电、结构、供排水及环保等方面进行深入的研究，并需要和相关专业进行协调设计。

4. 施工图设计阶段

设计展开阶段的内容经业主审核和批准后，就集中在设计施工图的制作上。施工文件实质上是要将所有的设计意图具体化，让所有将来参与建设、施工的人员能够完全理解设计目的，包括所有细节。

这一阶段的内容是在展开设计的基础上进行的，从工作的不同阶段性质上讲，这段时间更多的是严密而细致的工作，把展开设计具体化和细致化，以求更具操作性。

5. 施工监理和意见反馈阶段

这个阶段往往是许多设计师容易忽略的，而这恰恰是一个重要环节。由于施工阶段的实地环境因素等许多意想不到的情况，确定下来的设计往往需要进行局部修改，再加上设计上对材料、结构等要求也会由于市场供应等因素进行调整，所以设计与施工完全需要紧密联系与合作。另外，项目在施工完成后还会有一些局部的项目调整，需要设计师做进一步的工作。再者，对设计师而言，一个项目的完成不等于设计的结束，设计师需要在实践中不断积累经验，完善自己，所以收集各方人士的反馈意见也是设计工作中不可缺少的一部分。设计师要善于从不同的意见中吸取所需要的成分，设计水平才能不断提高。这项工作可以采用设计调查法和设计分析法来进行。

8.4 室内环境设计

8.4.1 室内环境设计概述

室内环境设计通常也称为建筑内环境设计，它是环境设计中的一个重要组成部分。现代人生活和工作的大部分时间都是在室内度过的，室内环境对人的生理和心理影响更直接、更大，并且室内环境还有自身的特点，因此掌握室内设计的规律和要点也是整个环境设计的重心。

室内环境设计的目的是为人们的生活和工作创造一个良好的室内环境，也就是说所设计的室内空间必须符合人的生理和心理的需要。人的个体差异形成了人们对环境需求的差异性，如何最大限度地满足不同人在不同环境中的不同需要，就是设计所需要考虑的，同时也是审视环境质量的标准。

人的"生活空间"可分为个人的、家庭的、社会的和工作的四个部分。不同时代、不同地域的人有不同的生活方式，并形成与之相适应的"生活空间"，这就要求对其使用中的功能要素进行合理安排，以满足不同的使用需要。室内设计要在生活空间方面充分考虑个人、家庭、社会和工作等方面的因素，达到相互促进，以求尽善尽美。

8.4.2 室内环境设计的内容

室内环境设计大致分为以下四个部分。

1. 室内空间设计

室内空间设计是在建筑的基础上对其内部空间进一步处理，调整空间的尺度和比例，解决空间与空间的衔接、过渡、对比、统一等问题。室内空间设计是整个室内设计的核心和"主角"。内部空间大多是由建筑墙体、屋顶以及家具、植物、设施等实体围合而成的，是相对实体"虚"的部分。空间的大小、比例、形态首先应与人的活动性质相一致，客厅与卫生间的空间显然不同。不同的空间形态对人的心理、行为产生不同的影响，即使相同性质的空间，由于使用者的数量与其精神上的需求也不尽相同，这就产生了空间的多种变化。一个空间的造型和体量是由诸多方面的因素决定的，人、活动、环境、材料和技术等都是影响空间设计的因素。室内空间设计是室内其他设计的基础。

2. 室内装修设计

室内装修设计是按空间的要求对界面进行处理，即对顶棚、墙面和地面的材料的选用，以及色彩、图案、肌理的处理等做出设想并确定采用的工艺方法。应该明确的是，室内装修设计只是室内设计的一个部分，许多业外人士常将室内装修设计与室内设计混为一谈。室内装修设计是在空间设计的基础上考虑使用的需要，对界面的材料进行分析和选择，满足使用时的物理、化学要求，还要考虑材料的色彩、图案、质感等以适于人的心理需求，并与环境整体保持一致。此外，还要确定采用何种工艺来实施完成。

3. 室内物理环境设计

室内物理环境设计是室内的通风、温度、湿度、采光和照明等方面的设计与处理。室内物理环境设计也是室内设计的一个重要部分。物理环境与人的关系最为直接，空气的流通、温度的高低、光线的强弱直接影响人在环境中的舒适程度和特定活动的需要。与自然环境不同，现代城市建筑室内的物理环境承受着狭小空间的极大制约，且人与人之间对环境的要求也存在一定的差距，所以人为地改变和创造是达到符合人们生活所需的物理环境的最有效的办法。一般来说，物理环境是有一个比较确定的技术标准和指数的，室内物理环境设计就是要从各方面达到这些标准。

4. 室内陈设设计

室内陈设设计指对室内的家具、设备、灯具、绿植以及装饰物、艺术品等的设计。家具和设备除了本身的使用功效外，还在室内环境中和其他元素一起构成空间，装饰与烘托整体环境。室内视觉方面的考虑也是室内设计的重要方面。环境的气氛、信息的传递、文化的体现等，往往是通过人的视觉得以实现的，在视觉的形状、色彩、质感等方面的考虑和设计是室内设计不可缺少的部分。可以说，室内陈设设计是在完成室内基本功能的基础上进一步提高环境质量和环境品质的深化工作，其目的是使人们在生理和心理上得到充分的满足。

8.5 园林与古建筑

8.5.1 园林与古建筑概述

1. 园林

园林就是在一定的地域中运用工程技术和艺术手段，通过改造地形或进一步筑山、叠石、理水、种植花草树木、营造建筑和布置道路等途径，创作出巧夺天工的供人游憩的优美环境。

工业设计概论

以中国为代表的自然式园林称为东方古典园林，以法国为代表的规则式园林称为西方古典园林。由于所处的自然环境、社会形态和文化氛围等方面的差异，以及造园中建筑材料和布局形式的不同，从而产生了东西方园林建筑的差异。

2. 古建筑

中国古建筑泛指近代西方文明决定性地影响中华文明之前，在中国古文化主导下产生的建筑物、构筑物、建筑方法和相关体制。中国古建筑对亚洲诸多国家的建筑形态产生了深远的影响，在世界建筑历史中占有不可忽视的地位。

8.5.2　中国古典园林

中国古典园林是我国传统文化宝库中的一朵奇葩，与建筑、绘画、诗歌等艺术一样，在世界艺术史中有着重要的地位，是世界三大园林体系之一。

中国古典园林是古代人认识自然、在生活中再现自然的空间艺术，是和人们日常生活息息相关的。历朝历代的皇室贵族、不少的文人墨客建造了许多园林，有些都成为经典；平民百姓也在自家的庭院中种几株树，置几片石，以改善环境，提高情趣。古典园林是在方正的庭院内布置灵活自由的景观，创造"诗情画意"的居住环境，把人的情感融合在园林的景物之中，实际上园林是充分体现人性的空间。

8.5.3　西方古典园林

欧洲的园林、伊斯兰园林和中国园林一起被称为世界三大园林体系。西方园林以几何体形的美学原则为基础，以"强迫自然去接受匀称的法则"为指导思想，追求一种纯净的、人工雕琢的盛装美。

意大利、法国、英国的造园艺术是西方园林艺术的典型代表，虽然它们同属西方园林艺术体系，具有许多共同特征，但由于受到各种自然和社会条件的制约，也表现出不同的风格。但总体而言，西方园林艺术与中国园林艺术迥然不同。西方园林的造园艺术完全排斥自然，力求体现出严谨的理性，一丝不苟地按照纯粹的几何结构和数学关系发展。

8.6　城市景观设计

8.6.1　雕塑与小品

1. 景观雕塑

景观雕塑以其实体的形态语言与所处的空间环境共同构成一种表达生命与运动的艺术作品，它不仅反映城市精神和时代风貌，还对表现和提高城市空间环境的艺术境界与人文境界具有重要意义。景观雕塑按表现形式可分为具体雕塑、抽象雕塑和装置构件；按功能特性可分为纪念性雕塑、主题性雕塑、装饰性雕塑和象征性雕塑等。

2．景观小品

在景观设计中，小品直接反映人们的生活，贴近人们的生活，其内容反映了人们的生活面貌。小品内容应和环境协调，起到点题的作用，同时小品的布置应该主次分明。常见的景观小品有休闲座椅、街灯、休息厅、护栏、铁艺、地灯、花池、水晶设施、隔挡墙、楼梯、地面铺装、壁灯、饮水器和护木等。

8.6.2　广场与公园

1．广场景观

广场一般是具有高密度聚集人群的地方，它主要是为政府机关提供阅兵、集会、演讲以及各种有组织的娱乐或体育活动的场所。同时，也是向广大市民提供自发性组织集会、演讲、表演、娱乐、休闲、游玩和活动的地方。广场是一个总称，具体可分为一般性广场和城市标志性广场。广场的占地面积一般较大，需有一定的规模，否则便失去了作为公共性广场的实际意义。

广场设计中，设计师必须全面考虑各种因素和可能发生的问题。因为广场在规模、尺度、形状等方面各有不同，同时城市或地区发展状况、人文和自然环境特点等方面各具特色，所以在进行广场景观艺术设计时，必须以合理而科学的规划为中心，做到因地制宜，有条不紊地造型。

2．公园景观

公园，即由国家或私人出资营造的、直接对广大公众开放的游憩和娱乐场所。19世纪初，在世界范围内才逐步开始出现，它是在私人风景园的基础上逐步发展起来的。

公园是人与自然接触和交流的极好场所。特别是当今生活在城市中的人们，紧张的工作使之倍感身心疲惫，人们需要一个可以使自己的身心得到放松的地方，正如长跑的人急需得到哪怕是短暂的休息一样，公园似乎可以提供给人们这种机会。

8.6.3　滨水风光带

滨水地带是万物生命环境的源头，滨水环境孕育了从原始到现代的人类文明，滨水景观是诸多类型景观中最具持久吸引力的景观。在人类景观设计中，滨水景观设计是景观学专业最为综合、最具挑战性的实践。

滨水区，《韦伯斯特大辞典》是这样解释滨水的：即临近河流、港湾等的土地资源。而1881年版的《牛津英语词典》的解释是：即与河流、湖泊、海洋毗邻的土地或建筑。综上可以得出，滨水区泛指毗邻河流、湖泊、海洋等水体的区域。

城市滨水区与城市生活最为密切，受人类活动影响最深，寻找滨水景观恒久不变的引人之处，复兴再生城市中正在消失的城市历史文化滨水景观，整治改善曾经破坏了的城市自然滨水景观，创造前所未有的符合时代需求的城市现代滨水景观，这正是当今城市滨水景观设计应当关注的焦点。

8.7 公共设施设计

8.7.1 公共设施设计概述

公共设施包含的范围很广，它是满足人们公共需求和公共环境选择的设施，如公共行政设施、公共信息设施、公共卫生设施、公共体育设施、公共文化设施、公共交通设施、公共教育设施等。

公共设施是社会统一规划，具有多功能的综合服务系统，免费或低价享用的社会公共资本财产。它是为满足人类的需求而设置在人造环境景观与自然景观中的具有使用功能的景观设施。它可以保护人类生存环境、扩展自然景观，为人类提供美好的精神空间。公共设施的设置，既可以调节人们的生活节奏，提升人们的生活品质，也可以让人体验到公共环境中的艺术魅力（表8-1）。

表 8-1 公共设施范围

设施分类	设施构成
商业服务设施	售货亭、自动售货机、银行自动取款机等
无障碍设施	建筑、交通、通信系统中供残疾人或行动不便者使用的有关设施或工具
休闲娱乐设施	休憩设施、健身设施、游乐设施等
公共卫生设施	公共厕所、垃圾箱、烟灰皿、饮水装置等
公共管理设施	公共换乘点、照明灯具、交通信号、停车场、交通隔离栏、消防栓等
公共解说设施	示意公共标识、留言板、意见簿等

8.7.2 公共设施设计的基本原则

1. 人性化原则

公共设施的设计要以最佳的方式对环境进行开发和利用，始终把握人们对公共环境的需求，包括物质使用和精神感受两方面。公共设施的设置应该舒适温馨，使环境更加适合人类居住，让生活更有乐趣。现代公共设施设计需要满足人们的生理要求和心理要求，把握并处理好人与公共环境之间的关系，在以人为本的前提下，达到实用功能、经济效益、舒适美观、环境氛围等方面的要求。

2. 注重环境整体氛围

公共设施的设计要注重当时、当地的整体环境氛围。公共设施不只是一个孤立的个体，每一个公共设施都是环境设计的一部分，都是环境系统中的一个元素。整体环境的氛围取决于空间中各界面与设施的空间形态，以及场地的声、光、热的物理环境和空气质量。

人是公共设施服务的主体，从公共设施给人的心理感受来分析，人的主要感受源于视觉环境、听觉环境、触觉环境和嗅觉环境，而其中视觉感受最为直接与强烈。

3. 注重科学性与艺术性的结合

现代设计领域，其内部环境与外部环境，对其作品的科学性和艺术性都是高度重视的。设计中要充分重视并积极运用当代的科技成果，达到科学性与艺术性的高度结合。

从使用方面来说，公共设施是服务于人的，而且对环境具有美化功能。在注重其科学性的同时，绝不能忽略其艺术性。在这样一个物质社会高度发达的今天，人们更需要公共设施赋予感染力的艺术形象来达到精神上的愉悦。

4. 时代感与历史文脉并重

公共设施同建筑一样，总是从一个侧面反映当时物质生活和精神生活的特征，铭刻着时代的印记；同时，人类社会的发展无论是物质技术还是精神文化，都具有历史的延续性。追踪时代和追溯历史，本身就具有共性。设计者应该因地制宜，在两者之间做出合理的选择或将两者和谐统一，创造出既有时代气息又有历史印记的作品。

8.7.3 道路设施设计

道路不仅是城市交通脉络，还是城市生活的生命线，也是连接区域、场所、建筑的基本要素，同时又是城市形象的窗口。

道路是设在公共环境内外的交通道路，除了要求便利实用外，还应顾及公共环境的规划布置。因为道路是公共环境的一部分，是公共环境的骨骼，可以形成公共环境的轴线，所以道路的设计必须配合公共环境，才能使之成为一个整体。设计者应从长远的角度，根据交通的流向、数量、特点等，规划出切实可行的有时代风格的可持续发展的道路流线，使公共环境的局部均能相互联络，便于人们活动。

1. 街道设施是人们户外活动的物质支持

街道设施是伴随着人们户外活动的需要而产生的，并且随着城市公共活动的丰富而不断更新、扩大。例如，座椅、桌子等为居民的休闲提供方便，卫生间、废物箱、饮水器、阅报栏等成为人们户外活动不可缺少的设施。

2. 街道设计是城市环境中的重要内容

城市设计，是指对城市的空间及环境形态所进行的各种合理安排和艺术创造。城市设计的内容可分为空间安排、界面处理、街道设施三部分，它们是城市空间的内涵。设施的存在决定了城市空间的性质及人们活动的范围，如果没有街道设施，街道则是无法利用的空间，从而也失去了存在的意义。

3. 街道设施是提高城市文化品位的重要手段

在城市发展进程中，街道设施越来越受到人们的重视，进而形成城市文化品位的标志。城市设施是构成城市环境的主要内容，如果将设施纳入环境系统，不但要考虑它的使用功能，还要考虑它的美学作用，以提高城市的整体艺术性，达到陶冶市民情操的目的。

8.8 展 示 设 计

8.8.1 展示设计概述

各种形式的展示是人类特有的一种社会化活动。展示设计在国际上称为 Display Design，泛指室内外的装饰性很强的展示设计。

现代社会的展示活动具有丰富的内涵，涉及诸多领域，并随着时代发展而不断充实其内容。展示活动是一项综合了现代设计艺术和设计科学成果的综合性设计学科。

展示环境的设计是一项以环境艺术设计为主，涉及诸多相关学科的设计领域。在设计方法和设计程序上，展示环境设计有着与艺术学科相关的广泛领域，如室内设计、公共空间设计、景观设计及家具设计等方面的特点，同时又兼有自身的专业特征。

展示内容的陈列方式不仅与视觉信息传达的设计有关，也与现代设计艺术中的视觉传达设计、多媒体艺术等有着密切的关系。

展示设计还涉及照明科学、计算机控制技术、声学技术等诸多现代技术领域。

8.8.2 展示设计的特性

1. 多样性

展示设计范围很广，其室外展示是指建筑、商店、街道外部的装饰展示设计。展示设计包括像花卉展览、游艺会这样集展示、游玩于一体的大型活动的设计，国际上称为 Event Design，是展示设计的一个分支。特别是那些大型博览会，如日本筑波科学展览会、西班牙巴塞罗那奥运会的展示，国际上称为 Exhibition Design，也是展示设计的一个分支。例如，世界汽车展览，即使你有造型别致的汽车与漂亮动人的模特，如果没有展示设计师的锦上添花，这些展览的效果也会大大逊色。特别是当今国际交流频繁，大型展览不断，一个出色的展示设计也能从侧面反映一个国家的实力。展示设计还包括街道上的商业橱窗、大型商场的陈列、博物馆的陈设等。

2. 艺术性

展示设计不同于一般的功能性很强的设计，它更强调满足人们心理上的功能需要和艺术审美上的需要。例如，迪斯尼乐园就不是一般建筑师或室内设计师所能设计的，它极富艺术性与装饰性，成为一种文化。当然，展示设计师主要是对整个展示进行综合设计，还需要包括各工种的共同参与，如环境艺术家、图形设计师、电气工程师、结构工程师等协同合作。

3. 工程性

展示设计要求高超的艺术，但也不是纯艺术家所能胜任的，还需建筑工程人员共同完成。例如，一个大型户外发布广告，面积可达上千平方米，负荷很大，展示设计师不仅要考虑展示效果，还要考虑大略的结构形式、照明方式等。然后由结构工程师进行结构计算，由照明工程师确定灯光照度与光色系数。对于大型展示设计的图样，还要有建筑设计资质的单位盖

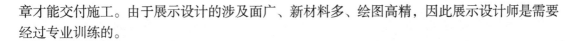

章才能交付施工。由于展示设计的涉及面广、新材料多、绘图高精，因此展示设计师是需要经过专业训练的。

4. 民族文化性

越是民族的，越是世界的。在世界多元的文化语境中，本土文化的价值已经成为一个国家巨大的话语资源和文化资本，充分挖掘与利用本民族文化是设计界的共识。新的世纪是一个交流的世纪，越来越广泛的经济合作带来的不仅是消费者的便利和企业家的利润，还伴随着文化的沟通与融合，设计的国际化是不可避免的趋势。因此，在现代社会中保持自己的文化个性，体现自己的文化感，展示作品才更具有艺术魅力，才更具有生命力。总之，只有真正认识了中华民族文化的价值因素与其现代意义，才能真正创造出属于自己的当代设计与设计文化。

本 章 小 结

工业设计是作为沟通人与环境（建筑、交通、居室、商场、街道等）之间的界面语言来介入环境设计的。通过对人不同的行为、目的和需求的认知，来赋予设计对象一种语言，使人与环境融为一体，给人以亲切方便、舒适的感觉。环境设计着重解决城市中人与建筑物之间的界面的一切问题，如信息、信号系统、环保方案等，从而也参与解决社会生活中的重大问题。

第 9 章
设 计 管 理

【教学目标】

①理解设计管理的定义及其主要特征；
②熟悉设计管理的主要内容；
③了解设计团队的运作管理。

工业设计是工业革命的产物，它对世界经济的发展、社会的进步、人们生活质量的提高做出了历史性的贡献。然而，当今社会科技突飞猛进，市场瞬息万变，竞争日益激烈，传统意义上的设计已经渐渐不能完全满足企业及社会的发展要求。企业对设计理解的不完整性，造成设计上的无序化。在这些企业中，设计通常被认为是一种为产品、包装、展示或宣传品所进行的零散性工作。企业内部不同部门的设计人员缺乏沟通，以本部门的设计观念及方式工作。同时，随着经济全球化的加剧，如何合理地利用全球的设计资源的问题也摆到了人们的面前。在这样的背景之下，随着设计深入企业的各个方面，设计与管理间的结合成为必然。对企业而言，设计管理是价值很高的东西，只有管理得好，才能发挥设计的力量与价值，只有抓好设计管理，企业才能真正在日益剧烈的市场竞争中前进。传统的设计由此进入了一个崭新的设计管理时代。

优秀的设计不仅是一种直接从设计师或设计单位所购进的商品，也是通过激发和管理企业本身的创造性资源而由企业内部产生出来的。国外先进企业的设计管理，提倡的是设计及管理的一体化，将设计扩大到公司的整体。设计管理的目的是合理运用公司各方面的资源，充分调动一切有利因素，完成公司的各种任务，并将这些直观的行动方案实施贯彻到底。建立一个符合逻辑的、有创造性的、灵活的管理计划，能够保证持续不断的设计发展和创造性的产品开发，以及经济方面的可行性。

9.1　设计管理的内涵

9.1.1　设计管理的定义

设计即制订造型计划，它既具有一般计划的基本特征，又突出平面、立体或空间的形象创造的特点。社会所需要的物质文化制品都属于形象制品，一般都需要预先制订造型计划，然后依据计划制订的材料、结构、形象、工艺、功能与效果投入生产。

管理是由计划、组织、指挥、控制、协调等职能所构成的社会行为，目的在于营造一个环境，使身处其中的人们共同工作和生活，并合理使用资源，共同克服困难和完成预定的使命。管理的对象极为广泛，管理是一个系统，计划是行使管理的首项职能，而设计又是造型的计划。对于企业而言，造型计划、技术开发计划、产品开发计划等都属于企业的发展计划，它和生产、营销、人才、资本等共同构成企业未来的决策，因此设计与管理之间存在着十分密切的关系。

1966 年，英国设计师米歇尔·法瑞（Michael Farry）首先提出设计管理的定义：设计管理是在界定设计问题，寻找合适设计师，且尽可能地使设计师在既定的预算内及时解决设计问题。他把设计管理视为解决设计问题的一项功能，侧重于设计管理的导向，而非管理的导向。

日本《设计管理》一书中定义：设计管理是为图谋设计部门活动的效率化而将设计部门的业务进行体系化、组织化、制度化等方面的管理。该书的主要内容以企业内部设计组织的设计项目管理为主，书中的基本理论体系成为后来日本设计管理理论发展的基础。

归纳起来，可以对设计管理进行这样的概括：设计管理即引导企业整体文化形象的多维管理程序。设计管理是企业发展策略和经营思想计划的实现，是视觉形象与技术高度统一的载体。以开发、设计为龙头，正确调整企业的活动与组织机构，创造出越来越具体化的，属于其自身的表现形式，从而逐渐形成企业技术与文化的形象。因此，设计管理是根据使用者的需求，有计划、有组织地进行研究与开发的管理活动。有效地积极调动设计师的开发创造性思维，将市场与消费者的认识转换到新产品中，以新的、更合理、更科学的方式影响和改变人们的生活，并为企业获得最大限度的利润而进行的一系列设计策略与设计活动的管理。

设计管理包含两个层次的含义，即战略性的设计管理和功能性的设计管理。战略性的设计管理包括：建立有效的设计管理组织，对设计师进行管理教育，对经理进行设计教育，建立完整的企业识别体系。实施战略性的设计管理有利于企业文化的整体塑造，它可以用来控制企业的设计活动，全面、正确地体现企业的设计精神、经营思想和发展战略。而功能性的设计管理则包括：设计事务管理、设计人员和设计小组的管理，以及设计项目的管理。功能性设计管理作为企业设计方面的智囊，既可确保企业的设计部门运转良好，也可实施具体的设计任务。

9.1.2　设计管理的内容

企业设计管理，具体包括以下内容。

（1）企业设计战略管理。企业必须具备自己的设计战略，并加以良好的管理。设计战略是企业经营战略的组成部分之一，是企业有效利用各种设计资源提高产品开发能力，增强市场竞争力、提升企业形象的总体性规划。设计战略是企业根据自身情况，做出的针对产品开发设计工作的长期规划和方法策略，是对设计部门发展的规划，是设计的准则和方向性要求。

（2）设计目标管理。设计目标是企业的设计部门根据设计战略的要求，组织各项设计活动预期取得的成果。企业的设计部门应根据企业的近期和远期经营目标，制定相应的设计目标。除战略性的目标要求外，还包括具体的开发项目、设计的数量、质量目标、赢利目标等。

管理的目的是要使设计不仅能吻合企业目标，还能吻合市场预测，以及确认产品能在正确的时间与场合设计和生产。

（3）设计程序管理。设计程序管理也称为设计流程管理，其目的是对设计实施过程进行有效的监督与控制，确保设计的进度，并协调产品开发与各方关系。由于企业性质和规模、产品性质和类型、所利用技术、目标市场、所需资金和时间要求等因素的不同，设计流程也各不相同，但都或多或少地归纳为若干个阶段。例如，产品创新程序可划分为动机需求（动机—产品企划—可行性研究）、创造（设计—发展—生产—操作—分销—使用）、废弃与回收四个阶段，企业应该根据自身的实际情况实施不同的设计程序管理。

（4）企业设计系统管理。为使企业的设计活动能正常进行，设计效率最大限度地发挥，必须对设计系统进行良好的管理。设计系统管理不仅指设计组织的设置管理，还包括协调各部门的关系。常见的系统设计管理的模式有领导直属型、矩阵型、分散融合型、直属矩阵型、卫星型等形式。不同的形式反映了设计部门与企业领导和企业其他部门的关系，以及在开发设计中不同的运作形态。不同的企业应根据自身的情况，选择合适的设计管理模式。

（5）设计质量管理。设计质量管理指使提出的设计方案能达到预期的目标，并在生产阶段达到设计所要求的质量。在设计阶段的质量管理需要依靠明确的设计程序，并在设计过程的每一阶段进行评价，各阶段的检查和评价不仅起到监督与控制的效果，其间的讨论还能发挥集思广益的作用，有利于设计质量的保证与提高。

（6）知识产权管理。随着知识经济时代的到来，企业的知识产权保护意识越来越强。知识产权的价值对企业经营有着特殊的意义，它可以保证设计的创造性，避免出现模仿、类似甚至侵犯他人专利的现象。因此，企业应该有专人负责知识产权管理工作，负责信息资料的收集工作，并在设计审查完成后，及时申请专利，对设计专利权进行保护。

9.1.3 设计管理的主要特征

设计管理的主要特征有以下几点。

（1）目标性。设计目标是企业的设计部门根据设计战略的要求，制定和组织各项设计活动，并从宏观方面考虑设计预期取得的成果，设计部门应根据企业的经营战略目标制定相应的设计目标。设计管理的目标性，就是必须对设计过程进行全面的监控与管理，在设计方案的过程中起着统率的作用，并且在促成设计结果成功的过程中扮演着决定性的角色。设计成果的最终成功与否，必须体现在设计目标的实际操作层面上。

作为某项具体的设计活动或设计个案，都应制定相应的具体目标，明确设计定位、竞争目标、目标市场等。另外，对基本方案确立、诉求点的确立、创意的展开与调整、分段的设计要求以及设计方案实施的步骤与要点等都应属于设计管理的范畴。

（2）实效性。设计管理中的"管理"是设计行为活动的实效性的体现，它的实效性表现在对可行性、可操作性的价值判断，是设计价值验证中的重要环节。

实效性的制定在设计中起到至关重要的作用，它从设计思路的方向和创意成败的测定，到表现形式的完关、文字图片形式的准确性；从材料的选择、工艺制造、技术的支持，到设计的成本核算等，都必须经过周密的分析论证。只有将一切与设计项目有关的问题通过测算它的可能性，并通过价值判断、验证、确认可以实施时，设计项目才可以成立。为了使设计管理达到实效性这一目的，在设计实施前，对设计方案进行反复的修改与调整、分析与论证，也是不可缺少的程序。例如，产品设计不仅要对方案进行比较优化、综合分析，还要有相应的实物模型，与此同时在技术上必须进行严格测试，经过多方面的验证和试验性的应用，在达到准确无误的基础上才可以进行正式的实施。

（3）过程性。设计过程管理也称为设计程序、流程管理，其目的是对设计实施过程进行有效的监督与控制，并协调产品开发与相关部门的关系，以确保设计进度的顺利进行。

对于任何一个项目来说，设计过程与许多活动相关联，包括:培养新奇的想法，重新审视以及修改现有概念和进行实验制作样本，并寻求有建设性的意见以及解决问题的方法等。尤其是在一个设计项目一旦确立，首先要做好实施前的各项准备工作。由于设计与时间、效率、企业利润之间有着密切的关系，因此设计过程的通畅与否会直接影响设计目标的实现。

（4）控管性。在设计阶段的质量管理，需要明确的设计程序，并对设计过程的每一阶段进行检查与评价。各阶段的检查与评价不仅起到监督与控制设计项目的效果，同时还可以发挥集思广益的作用，更利于设计质量的保证与提高。

设计项目一旦转入生产以后，设计的控制管理对于确保设计目标的实现至关重要，设计品质管理使提出的设计方案能达到预期的目标，并在生产阶段达到设计所要求的质量。在生产过程中，设计部门应当与生产部门密切合作，通过一定的方法和手段对生产过程及最终产品实施监督管理。

（5）层次性。设计管理的层次性可分为战略性的设计管理和功能性的设计管理。实施具体的设计任务时，按照企业中组织的层级结构，将设计管理的内容分为以下四个层面。

①设计执行管理。主要负责设计的进度和主持各类专案小组会议，以保证设计项目的顺利进行。

②低阶设计管理。主要负责组织设计资源（人员与设备），提出专案企划，明确设计规范，日常沟通协调，设计项目的控制与审查。

③中阶设计管理。主要负责规划设计策略、组织设计资源、协调设计部门与其他部门之间的关系，公司与外部设计顾问之间的沟通等。

④高阶设计管理。主要负责参与公司计划和产品计划的制订，形成设计政策，负责设计监督，评估设计投资等。

9.2 工业设计项目管理

工业设计项目是属于设计管理功能层面上最基本的执行管理。企业为在市场的激烈竞争中获得有利的生存和发展空间，自然要求通过最基本的工业设计项目来实施具体的设计管理内容，并建立灵活的设计管理新模式，这也成为企业现阶段重要的战略举措之一。

9.2.1 工业设计项目

项目可以理解为：设计特定的目标、产品或结果，通常具有一定的成本、日程与表现的要求；项目组织跨越一般组织线，需要运用各种不同技术与能力、专业与组织；项目是一独特的案例，而且是处理与过去不同的事务；项目与以前的事务不同，因此其具有不熟悉度；项目是暂时性的活动，临时性的人员组织、材料与财务等集结在一定时间内达到目标，目标达成后解散，或迎接新的工作目标；项目是为达到目标的工作程序。在程序中，项目经由各种不同阶段（也可称为项目的生命周期）。

项目是区别于其他活动的一类特殊活动（任务）。在运作过程中，有很多共性，有一个专门的组织机构实施，并在一定资源约束下进行，有特定的目的、遵循某种工作程序，所表现出来的特点如下。

（1）独特性。项目是一次性的任务，一旦任务完成，设计项目即宣告结束，不会有完全相同的项目重复出现，即每个项目都有其独特性，可能表现在项目的目标、环境、组织、过程等诸方面。

（2）目标性。项目具有完整界定的最终期望结果，项目的目标性可以从项目目标的明确性和多目标性两方面理解。

因此，广义上的设计项目是指在一定的限制条件下，人类创造性活动所完成的某种特定要求的一次性任务。它在不同的场合有不同的含义，在生产经营领域有企业经营战略型设计项目、企业经营功能型设计项目；在科研领域有研究开发型设计项目；在流通领域有传媒开发型设计项目等。

工业设计项目一般是指生产制造领域中企业经营的功能性设计项目，主要包括产品造型设计、新产品开发、产品外观系统升级换代设计等设计项目。工业设计项目也就是在一定时间、人力、资源条件下，满足一系列指定的造型开发目标，完成的具体外观设计任务的活动和工作集合。

同样，设计项目需要必要的管理，确定其在企业内的地位和作用，从而制定设计战略和设计目标、制定设计政策和策略，建立完善的企业设计管理体系、提供良好的设计环境和有效地利用设计部门的资源，协调设计部门与企业其他部门以及企业外部的关系等。

工业设计项目管理的研究范畴一般包括两方面。一方面，整个设计过程中产品开发设计流程的管理（也称实际业务管理）。整个产品开发设计流程包括设计计划、设计策略、市场调研、市场预测、市场定位、设计定位、产品结构、造型设计实施过程、产品试制、批量生产、市场营销计划与实施、产品再设计的管理。这种产品开发设计流程管理，旨在通过设计体现企业的信念、宗旨和经营方针等。其主要作用表现为：对新产品开发设计活动做出具体规划、预算、人员配备，并对计划执行过程进行控制，确保产品开发活动的顺利进行。另一方面，工业设计项目管理又包含设计部门和产品开发设计过程中设计开发小组的管理，重点工作内容包括人力资源管理、人员培训、对外公共关系等。

9.2.2 工业设计项目评估

设计项目评估是项目管理评估中的一种，在对设计项目实施评估时，符合项目管理评估中的一般方法和原则，同时设计项目评估也具有自己本身特点所决定的独特性。

设计项目评估是一种对设计项目的各个方面都进行规范化详查的方法，也是一种设计管理的工具。设计项目评估是指按一定标准，对设计项目的进展和表现进行比较，以发现存在的问题，从而为设计项目管理中的各种决策提供依据。

工业设计项目评估是设计项目评估中的一部分，同时符合一般项目评估的管理方法。工业设计项目评估一般是指对企业中产品造型设计、新产品开发、产品外观系统升级换代设计等设计项目的管理评估。

　　工业设计项目评估是在产品开发过程中，通过系统的设计检查，来确保设计项目最终达到设计目标的有效方法。其最主要的功能是能及时排除产品开发设计中存在的问题，确保设计质量和最大限度地降低开发风险，并且为设计提供必要的开发原则。因此，工业设计项目评估，在设计项目管理中是一个十分重要的部分。

　　如图 9-1 所示，通过图可以看出本评估体系简洁且相对完整，同时也体现了设计项目评估的一些特点，注意到对企业无形价值的评估。设计的目的是满足人们的需要，而且这些需求不仅表现在物质方面，同时还反映在精神方面。特别是针对工业设计，在项目前的评估就会关注产品的美学功能和社会功能等这些无形价值。另外，项目的开发中往往伴随着很多创新因素，特别是设计程序、工艺流程这些技术因素等，都是企业的无形价值，因此工业设计项目的评估还要在项目前进行评估。项目跟踪评估时，清楚或预先制定相关的评估标准，以便对设计中各细节评价。

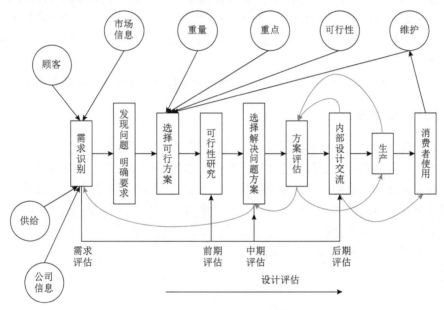

图 9-1　设计项目的阶段评估图

9.3　设计团队运作管理

　　人们的周围有着各种各样的组织，每个人都与一定的组织发生关系，受到各种组织的影响，并在其中生活。每个设计人员为了达到个人的目标，一般是围绕着组织的目标而工作，随着整个组织目标的完成，实现个人目标。现代工业设计涉及领域宽，技术难度大，设计工作量重，因此要有专门设计组织从事设计研究开发工作。其理由是：①能扩大人的能力，几个人从不同的立场观点出发，就可以出现很多新的构思，大大提高人的创造性；②可以大大缩短达到目标所需的时间；③容易积累知识、经验并推广；④便于有效管理。

9.3.1 设计部门的构成和业务内容

每个企业都根据自己的实际情况设置设计部门，且不管采取何种组织形式，均由设计的实务部门、服务部门和管理部门组成。

1. 设计的实务部门

设计的实务部门包括业务进行部门、制品提案部门、模型制作部门和 CAD 部门。

（1）业务进行部门。主要根据制品计划进行新制品的设计，现有产品的改良，新造型，以及部分改良后的改型等工作，大部分设计人员在这一机构工作。

（2）制品提案部门。主要是提出新技术商品化的提案，为企业预测 3～5 年后（汽车为 10 年后）所需开发生产的商品。如运用新技术和新材料的商品化等，该部门对企业发展十分重要，备受重视。

（3）模型制作部门。设计人员在使产品形象具体化的过程中，必须用三维空间的主体进行研究，且决定设计的最终模型必须是与生产的产品相同。以往企业的新产品模型、样机委托外单位加工，现在大部分企业的产品，尤其像汽车设计，为了保密一般都在本企业内设置模型制作部门。

（4）CAD 部门。在企业的设计部门中，为工业设计服务的 CAD 正逐步普及。

2. 设计的服务部门

设计的服务部门是为设计部门提供各种信息和服务，为了使设计的实务部门更有效工作的部门。主要工作内容有：提供本企业以往生产、销售的制品、产品照片或产品样本、图纸等；收集和提供其他企业的产品、照片或样本；收集和提供外国产品、照片或样本；提供本企业与其他企业的不同机种及价格的分类；新技术情报的收集和整理；新材料的信息收集和整理；色彩管理；设计文献的收集、整理；外国设计信息的翻译；设计记录的整理；专利、实用新案、注册登记、商标等公报的整理等。

3. 设计的管理部门

设计的管理部门是使设计业务顺利推进的部门，其工作内容为：进行年度预算（如市场调研费，设备器材、资料图书购置费等），设计人员的人事管理，以及组织设计部门的会议和整理会议记录等业务。

9.3.2 设计开发团队的运作方式

1. 有机形设计项目小组运作形态

有机形的整合式项目小组形态，尤其适合大型、复杂、不熟悉及与先进技术相关，且属多重人员涉入运作的开发方案。强调设计小组成员中的设计负责人、设计经理、设计师及其他设计支援者等应定期召开沟通会议，并且不以顺序式的工作方式，采取循环式的过程游走于各设计阶段之间，鼓励多重暂时性解决方案的形成，经由测试与评估各方案以寻求最佳的设计决策。

大多数新产品开发项目涉及不仅单一的设计负责人、设计师或设计支援者，有时可能有多个设计管理者参与，因此设计项目小组的形成，可能依据设计问题与项目处理方式的不同，而有不同的组合方式。在成员责任的组合方式上，有时设计负责人兼负设计经理之责，或设计师兼任设计经理之责，或设计师兼负设计支援者之责等不同形式。

在项目运作方面，强调设计负责人、项目经理、设计师、设计支援者之间的有效沟通。在设计项目开展的各个阶段，除了定期召开普通会议外，平时采取循环式的团队沟通形式，以确保各类参与人员充分及时地交流信息，达到项目组织在有效的工作状态下运作，如图 9-2 所示。

2. 设计圈运作模式

如图 9-3 所示，设计圈提供不同专业背景的人员在同一立足点上共同工作，从而改善设计沟通和设计决策，提高设计品质，其成员最多为 9 人。其运作模式具有以下特征。

（1）设计圈工作由设计初期的市场调研开始，贯穿整个设计过程。

（2）设计圈的成员在设计过程的不同设计阶段，可根据需要而改变，需要某些成员的专长时，可以适时加入设计圈，完成其专业贡献后离开。

（3）当设计工作完成或进入制造阶段时，设计圈可转化为品质管理圈，发挥设计品质管制的功能。

（4）设计经理是设计圈内唯一的固定成员，负责协调整个设计过程，并协助成员了解自己的角色与其所被期望的贡献。

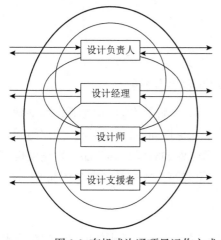

图 9-2 有机式沟通项目运作方式

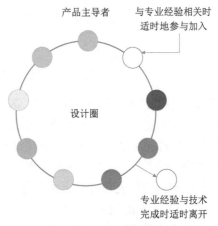

图 9-3 设计圈基本模型

3. 运动类别化的产品开发组织形式

1）接续式的接力赛模式

图 9-4 为接力赛式产品开发运作模式。公司中依不同的专业分为不同的部门，开发新产品时，项目由一个步骤接一个步骤地进行，在不同阶段由不同部门的人负责，在各部门间，

项目的转移常产生障碍与阻挡，容易造成成本浪费和不切实际的结果。此形态无法面临预算紧缩、高品质需求以及要求快速开发的压力。

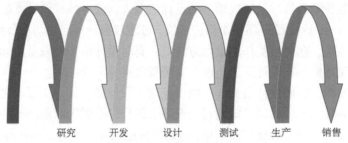

图 9-4　接力赛式产品开发运作模式

2）反复式的排球赛模式

图 9-5 所示为反复式的排球赛式产品开发运作模式。新产品开发设计工作在各部门间来回反复地传递。例如，结构部门将设计结果丢回设计部门，要求再确认结构的可行性，而设计部门又将其传递给下一个结构部门以进行机械零件设计等。如此来回传递犹如排球般传来传去。这种类型的专案结构可能引发具有破坏性的内部竞争，而在工作中的反复传递，终会造成部门间相互推诿的不良后果，如果在部门间的沟通不及时，更会造成开发时间的浪费。

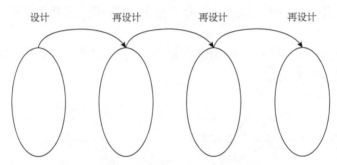

图 9-5　反复式的排球赛式产品开发运作模式

接力赛与排球赛的产品开发形式，都是建立在公司本身的职能化和专业化的基础上的，而这种结构形态适用于成熟的产业及小公司，或技术变更慢而不需要多层次的部门间合作的传统工业。但即使是成熟与传统的工业也会面临技术变更的时候，其产品开发速度也有要求加快的趋势；而小公司在非正式组织中，虽可以由一位强有力的领导者负责产品开发与整合，但是也无法避免公司成长过程所面临的变革与危机。

3）多专业团队的英式橄榄球模式

英式橄榄球模式的产品开发体系，由多部门的不同专业人才组成的项目小组负责开发，彼此在正常与持续的沟通中共同工作，打破传统职能化和专业化的障碍，不同部门的专业人士参与项目形成同一团队，具有相同的目标和共同的追求。在良好的团队沟通下，由传统的对立形式转换成彼此合作的伙伴形式。这种形态的产品开发模式具有高度的主动性，可以改善时间的浪费以及不良的沟通，并且避免一些不必要的竞争。现在这种多专业跨职能部门的合作模式也称并行工程，正被越来越多的企业所采用，如图 9-6 所示。

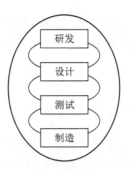

图 9-6 团队的英式橄榄球式产品开发形式

4. 虚拟设计团队

计算机技术的发展，尤其是个人计算机的出现，使得设计早已突破纸的限制，通过计算机二维技术和三维技术可以很容易地实现对预想产品的实现，既便于后期的设计生产，又便于修改。这是计算机辅助设计的最初应用。随着信息技术的发展和广泛利用，尤其是互联网的普及，使得一种新型设计组织——虚拟型组织应运而生。

虚拟型组织是建立在现代信息网络技术的基础上，为实现各自目标利益，所形成的各个独立企业组织的暂时性的合作关系。这种组织形式是一种将企业集权与分权活动有效结合的组织形态，并且打破了时间与空间的分割。它通过信息网络技术，整合利用外部的各种资源，例如，与其他企业、学校、科研机构及政府部门密切合作，降低交易成本，把握信息的时效性，抓住各种机会营造自身的竞争力。例如，耐克公司把生产任务外包给符合条件的其他公司，自己则集中于产品的开发与营销，从而使得耐克公司及与其合作的公司都能够发挥各自的竞争优势。虚拟型组织就是运用信息网络、信息共享，在各自核心优势的基础上，在激烈的市场竞争条件下，加强与不同组织间的相互合作，以达到双赢的目的。

虚拟型组织通过互联网络和各种专门的设计及通信软件，实现远程异地协同设计，可以提供如下服务。

（1）设计解决方案：提供从二维到三维的创新设计工具，帮助完成产品的概念、外观、总体、结构和零部件设计等，以及提供对设计标准、设计文档和经验知识的管理及共享平台，实现并行设计、异地协同设计，提高企业的设计效率和快速响应市场的能力。

（2）工艺解决方案：建立企业制造资源、工艺标准和典型工艺库，重用 CAD 的图形和数据，重用各种工艺知识和工艺经验，提高工艺编制和工装设计的效率，生成各种材料清单和工艺汇总数据，缩短工艺准备的时间周期。

（3）制造解决方案：提供各种数控机床的自动编程工具，各种数控机床网络的通信和连接，以及订单、计划、车间生产调度、制造执行、库存和采购等管理的平台，提高对车间生产加工的计划和监控的能力，提高制造资源的利用率和加工效率。

（4）协同管理解决方案：帮助企业管理产品设计制造过程中的图档和文档、业务数据和经验以及及时交流和沟通的数据，实现在部门内和部门间各种数据的共享与协同，实现流程管理的协同，实现不同类型数据混合管理的协同，保证企业知识管理的全面性和有效性。

通过建立虚拟团队进行设计研发，不但可以充分利用资源（尤其是对没有设计师的企业），实现资源的优化配置，缩短产品研发周期，更好地实现与供应商、消费者的沟通和协作，对市场信息反应快速敏捷（通过这几点可以看出虚拟团队尤其适合于中小企业）；而且更重要的是可以实现互动式设计，便于与消费者实现真正的沟通和使设计个性化。

9.3.3 设计团队的管理

1. 工业设计师与工程师的管理

设计师和工程师是产品创新的主要角色，由于他们的教育背景不同，思考方式、解决问题的方法也不尽相同，设计师和工程师的沟通协调是设计团队管理的重点之一，也是产品创新取得成功的保证。

设计师是一个涉及美学、人类学、自然及社会科学等相关领域的专业人员，了解与观察人类需求，运用其专长，创造新的产品构想，以符合人的使用。理想的工业设计师是一个富有创意的概念专家，具有敏感、求真、创新与智慧等特质，并能运用其丰富的知识技能、经验及幻想力，提出符合解决问题的构想与执行。

一直以来设计师需要接受自然科学知识、工程技术知识和人文美学社科知识的教育，以世界应该是什么样子的思考方式来考虑问题，以要创造一个什么样的世界来解决问题，他所解决的主要问题是人—机—环境的有机结合，创造物的文化价值，进行的工作的本质是对人的生存方式的设计。而工程师主要受到的是自然科学和工程技术方面的教育，以世界是什么样子的思考方式来考虑问题，以要怎样创造一个世界来解决问题，所以解决的是物—物或机器—机器之间的问题，创造物的使用价值，进行的工作的本质是手段的设计，用来帮助人，把人从体力劳动中解放出来。

从这些方面可以看出，设计师与工程师的工作性质是不同的。然而，对一个新的产品项目，必须需要设计师和工程师的合作，设计师与工程师的工作都是为客户解决问题而不是制造问题，设计师面对的是市场带来的挑战，工程师面对的是生产制造中的限制，但根本是为了产品创新。

设计师负责一个新产品项目的开发工作，工程师是为设计师服务的，要解决设计师提出的问题，使生产能够进行。当然设计师的设计也要考虑到生产的可行性。作为设计师应该加强专业技能，完全以消费者为导向，服从系统设计方法的理念，熟知各种制造、材料工艺、熟悉市场营销，强化设计创新和工程设计研究。除此之外，又不应该局限于现有的条件，否则不会有所突破。

工程师在新产品项目中主要解决生产工艺和技术方面的问题，能够在尽可能小的成本下，把新产品生产出来。设计师与工程师都是为了实现一个产品，工程师通过加工工艺、加工设备、加工方法的提高，来提高新产品成功的可能性。同时，由于设计师的前瞻性，又能促进加工手段的改进，两者是相辅相成的。

2. 建立具有"创新活力"的团队

产品创新具有独特的特质，应给予设计师很高的自由度，才能有创意出现。可是一个团队若什么都不管就会产生混乱，管太多又影响创新的活力。因此，在没有任何好办法的前提下，应该把解决问题的办法放在怎样才能使设计团队在混乱中产生秩序上。为此要充分调动每个团队成员的工作积极性，建立一种有利于创新的团队文化，使设计团队具有"创新活力"。

表 9-1 为传统团队与具有创新活力团队的特征对比。

表 9-1 传统团队与具有创新活力团队的特征对比

项　目	维持效率的传统团队	具有创新活力的团队
管理风格	重视控制，决策自上而下	重视交流与沟通，决策的形成以解决问题为导向的相互沟通
组织关系	功能型的，等级观念强； 组织间的交流作用不明显； 职责定位明确，职责范围较窄	混合型的，等级观念淡薄； 各种人才一视同仁，组织间的交流活跃，作用明显； 职责范围较窄，重视个人作用，也重视发挥团队作用
信息系统	控制性的，提供信息为上层决策	支持性的，提供信息为较低层决策
业务执行	业务目标由上层决定； 在工作中实行严格控制； 产生问题时严格追究责任； 工作目标以完成量化的指标来衡量	业务目标经团队内充分讨论才决定； 在一致认同的目标下充分自我控制； 产生问题时，重视问题的原因分析； 不仅有目标，同时也以发挥人的最大潜力的可能性来衡量完成的指标

本 章 小 结

　　设计管理旨在让学生了解：影响创造与创新的要素；产品与生产、设计间的相关性；设计程序并对设计提供支援系统；工业创新者与工业设计师所从事工作的性质，以及与设计相关的各种法律保护。可进一步培养学生的设计企划、设计控制与设计执行管理等管理设计的能力。

第10章
工业设计技术

【教学目标】

①熟悉计算机辅助工业设计的内涵;
②熟悉快速成型技术的主要方法及应用;
③了解逆向工程和虚拟现实技术在工业设计中的应用。

现代设计发展到现在,出现了很多的产品设计技术,如计算机辅助工业设计、快速成型、逆向工程、虚拟现实技术等,在很大程度上支持着产品设计的发展,也是产品设计的技术基础。

10.1 计算机辅助工业设计

工业设计是从社会、经济、技术、艺术等多种角度,对批量生产的工业产品的功能、材料、构造、形态、色彩、表面处理、装饰等要素进行综合性的设计,创造出能够满足人们不断增长的物质需求的新产品。工业设计在技术创新、产品成型以及商品的销售、服务和企业形象的树立过程中,扮演着重要的角色,它是现代工业文明的灵魂,是现代科学技术与艺术的统一,也是科技与经济、文化的高度融合。随着科学技术的高速发展,特别是信息时代的到来,市场对产品的性能、价格和交货期的要求更加苛刻,要求产品的研发周期短、品种多样化、趣味化、个性化、小批量。这些都要求制造企业能够快速开发出高质量的产品,响应市场的需求,提高自身的竞争力。传统的产品设计方法已经不能满足瞬息万变的市场需求,因此基于计算机技术的计算机辅助工业设计(Computer Aided Industrial Design,CAID)应运而生。

从历史的发展来讲,从来没有一种技术像计算机技术那样对人类历史产生如此深远的影响,人类正步入数字化时代。进入 21 世纪,就意味着进入了经济全球化和知识经济时代。21 世纪的竞争焦点是科学技术的竞争,作为从科学技术转化为产品的一个桥梁,工业设计在经济发展过程中越来越体现出其重要性。

10.1.1 CAID 基本内涵

CAID 中文译为计算机辅助工业设计,即在计算机技术和工业设计相结合形成的系统支持下，进行工业设计领域内的各种创造性活动。CAID 是指以计算机硬件、软件、信息存储、通信协议、周边设备和互联网等为技术手段，以信息科学为理论基础，包括信息离散化表述、扫描、处理、存储、传递、传感、物化、支持、集成和联网等领域的科学技术集合。CAID 主要包括数字化建模、数字化装配、数字化评价、数字化制造以及数字化信息交换等方面内容。数字化建模是由编程者预先设置一些几何图形模块，设计者在造型建模时可以直接使用，通过改变一个几何图形的相关尺寸参数，可以产生其他几何图形，任设计者发挥创造力。数字化装配是在所有零件建模完成后，可以在设计平台上实现预装配，可以获得有关可靠性、可维护性、技术指标、工艺性等方面的反馈信息，便于及时修改。数字化评价是该系统中集中体现工业设计特征的部分，它将各种美学原则、风格特征、人机关系等语义性的东西通过数学建模进行量化，使工业设计的知识体系对设计过程的指导真正具有可操作性。例如，生成的渲染效果图或实体模型，可以进行机构仿真、外形、色彩、材质、工艺等方面的分析评价，更直观且经济实用。数字化制造是在数字化工厂中完成的，能自动生成、识别加工特征、工艺计划、自动生成 NC 刀具轨迹，并能定义、预测、测量、分析制造公差等。数字化信息交换基于网络，使该设计平台能够实现与其他平台的信息资源共享。

由于工业设计是一门综合性的交叉性学科，涉及诸多学科领域，所以计算机辅助工业设计技术也涉及 CAD[①]技术、人工智能技术、多媒体技术、虚拟现实技术、优化技术、模糊技术、人机工程学等信息技术领域。广义上，CAID 是 CAD 的一个分支，许多 CAD 领域的方法和技术都可加以借鉴和引用。

10.1.2 CAID 常用软件介绍

与工业设计相关的一些软件包括 CorelDRAW Graphics Suite（包括 CorelDRAW 和 Corel PHOTO-PAINT）、Photoshop、Illustrator 和 Auto CAD 等平面绘图软件，以及 Alias、CATIA、Pro/E、UG、SolidWorks、Rhinoceros 和 3ds Max 等三维软件。面对这么多软件的选择，工业设计师最理想的做法是根据自己的技能和工作要求使用适当的软件。

Alias 是美国 Autodesk 公司出品的最专业的工业设计软件，它能无缝连接创意表现、精确建模、真实渲染、输出（制造）整个流程，而且每一个环节都可以充分体现设计师的天赋和能力。Alias 还可以通过动画展示产品。

CATIA、Pro/E、UG 和 SolidWorks 是更适合注重结构的工业设计师使用的工程软件。它们建模和结构设计的功能很强大，直接支持制造生产，但创意和渲染阶段的支持对设计师的技能要求较高。很多公司有专门的结构设计师使用这些软件，而工业设计师仅负责概念、创意及效果制作。CATIA 系列产品，已经在汽车、航空航天、船舶制造、厂房设计、电力与电子、消费品和通用机械制造等领域里成为首要的三维设计和模拟解决方案。Pro/E（Pro/Engineer）是美国 PTC 公司开发的一套产品设计软件，现在已更名为 Cero。它普遍应用于汽车、机电、家电及电子等行业。UG（Unigraphics NX）是 Siemens PLM Software 公司出品的一个产品工程解决方案，它为用户的产品设计及加工过程提供了数字化造型和验证手段，是模具行业三维设计的一个主流应用软件。SolidWorks 是世界上第一个基于 Windows 开发的，

---

① CAD 是 Computer Aided Design 的英文缩写，中文译为计算机辅助设计，是指利用计算机及其图形设备帮助设计人员进行设计工作的方法和过程。

适合初学者使用的三维 CAD 系统。

Rhinoceros（Rhino，俗称犀牛）是由 Robert McNeel & Associatest 公司为工业与产品设计师、场景设计师所开发的高阶曲面模型建构工具。它是第一套将强大的 NURBS 模型构建技术完整引进 Windows 操作系统的软件，无论是构建工具、汽车零件、消费性产品的外形设计，或是船壳、机械外装或齿轮等工业制品，甚至是人物、生物造型等，Rhinoceros 易学易用，是极具弹性及高精确度的模型建构工具。

3D Studio Max，常简称为 3ds Max 或 MAX，是 Autodesk 公司开发的基于 PC 系统的三维动画渲染和制作软件，其应用范围广，广泛应用于广告、影视、工业设计、建筑设计、多媒体制作、游戏、辅助教学以及工程可视化等领域。

CorelDRAW Graphics Suite 常简称为 CorelDRAW，是一款由加拿大 Corel 公司开发的矢量图形编辑软件，是目前最流行的平面矢量设计制作软件。其应用针对两大领域：一是用于矢量图形及页面设计；二是用于图像编辑处理。使用 CorelDRAW 可创作出多种富于动感的特殊效果的图像，加上高质量的输出性能，保证用户能得到专业图像的制作效果，因此广泛应用于广告设计制作、工业产品造型设计、产品包装设计和网页制作等领域。

Photoshop 是由 Adobe 公司开发的图形处理系列软件之一，其应用领域很广泛，在图像、图形、文字、视频、出版各方面都有涉及。

平面设计是 Photoshop 应用最为广泛的领域，无论是我们正在阅读的图书封面，还是大街上看到的招贴海报，这些具有丰富图像的平面印刷品，基本上都需要 Photoshop 软件对图像进行处理。Photoshop 具有强大的图像修饰功能，利用这些功能，可以快速修复一张破损的老照片，也可以修复人脸上的斑点等缺陷。广告摄影作为一种对视觉要求非常严格的工作，其最终成品往往要经过 Photoshop 的修改才能得到满意的效果。影像创意是 Photoshop 的特长，通过 Photoshop 的处理可以将原本风马牛不相及的对象组合在一起，也可以使用"狸猫换太子"的手段使图像发生面目全非的巨大变化。在三维软件中，虽然能够制作出精良的模型，但无法为模型应用逼真的贴图，也无法得到较好的渲染效果。实际上在制作材质时，除了要依靠软件本身具有的材质功能外，利用 Photoshop 可以制作出在三维软件中无法得到的合适的材质。界面设计是一个新兴的领域，已经受到越来越多的软件企业及开发者的重视，虽然暂时还未成为一种全新的职业，但相信不久一定会出现专业的界面设计师。在当前还没有用于做界面设计的专业软件，因此绝大多数设计者使用的都是 Photoshop。

Illustrator 是出版、多媒体和在线图像的工业标准矢量插画软件。Illustrator 的最大特点在于贝塞尔曲线的使用，使得操作简单、功能强大的矢量绘图成为可能。现在它还集成文字处理、上色等功能，在插图制作、印刷制品（如广告传单、小册子）设计制作方面也得到广泛使用。事实上，它已经成为桌面出版（DTP）业界的默认标准。

AutoCAD 是 Autodesk 公司首次于 1982 年开发的自动计算机辅助设计软件，主要用于二维绘图、详细绘制、设计文档和基本三维设计，现已经成为国际上广为流行的绘图工具。AutoCAD 具有良好的用户界面，通过交互菜单或命令行方式便可以进行各种操作。它的多文档设计环境，使非计算机专业人员也能很快地学会使用。在不断实践的过程中更好地掌握它的各种应用和开发技巧，从而不断提高工作效率。AutoCAD 具有广泛的适应性，它可以在各种操作系统支持的微型计算机和工作站上运行。

10.2 快速成型技术

快速成型技术指在不需要任何刀具、模具、工装的情况下，根据产品的三维 CAD 设计数据，利用快速成型设备及自上而下分层堆积的工艺，快速准确地制造出产品原型的一项新技术。快速成型技术简称 RP（Rapid Prototyping）技术。

由于工艺上的革命性变革，该技术彻底突破了传统加工工艺的束缚，可方便地加工空间复杂曲面及各种复杂结构，并在几天甚至几小时内将设计转化为可供实用的产品原型。该产品原型可用来进行设计验证、功能检测、装配检测及新产品展示，甚至可以直接作为零件使用。不仅大大缩短了设计周期，而且有效降低了新产品的开发风险。该技术还可为一些有前景的应用机械解决工艺难题，并可带动相关技术如激光、电控、计算机技术、检测技术及新材料、新工艺的发展。由于该技术在加速设计、沟通设计与制造及迅速形成生产能力等方面可以给企业带来无与伦比的竞争能力，因而出现伊始，就受到了工业界的广泛重视。

快速成型的概念始于 20 世纪 80 年代，美国 3M 公司、UVP 公司及日本名古屋工业研究所分别提出了应用紫外激光固化光敏树脂，通过逐层堆积制造三维实体的快速制造新概念。1988 年第一台商品化的快速成型设备面市。短短几年内，快速成型技术迅猛发展，多种快速成型系统相继问世，如美国 3D 公司的激光光固法快速成型系统、Helisys 公司的激光选择切割快速成型系统、Stratasys 公司的熔融堆积快速成型系统以及德国 EOS 公司的激光选择性烧结快速成型系统等。

快速成型一经出现，就受到了国内外科技及工业界的广泛重视。自 20 世纪 90 年代开始，美国和欧洲每年都要举行一次专门的快速成型技术学术研讨会。近几年来，这项技术的发展及其应用更成为许多国际学术会议的主要议题之一。

随着计算机集成技术、数控技术、激光、精密测量及制造以及新材料、新工艺的发展，快速制造技术还将进一步完善，其发展趋势可归纳如下。

（1）设备分辨率更高，可制作传统工艺无法制作的复杂、精密的产品，如照相机、磁头等，可制作的最小尺寸小于 0.5mm。

（2）产品制造精度更高，尺寸精度更接近实际产品。

（3）制造速度更快。

（4）设备的自动化程度更高，不仅可自动生产，而且可自动监控生产状况，优化生产过程，自动诊断故障，使设备可靠性更好，维护更方便。

（5）进一步降低生产成本，节约能源。

（6）减少或消除生产原材料对环境的污染。

（7）开发出更好更适用的材料，使其强度及韧性进一步提高。

快速成型技术在设计制造领域中起着非常重要的作用，并将对制造业产生重要影响。其主要特征表现在以下方面。

（1）可以制造任意复杂的三维几何实体。由于采用离散/堆积成型的原理，它将十分复杂的三维制造过程简化为二维过程的叠加，可实现对任意复杂形状零件的加工。此外，快速成型技术特别适合于复杂型腔、复杂型面等传统方法难以制造甚至无法制造的零件。

（2）快速性。通过对 CAD 模型的修改或重组就可获得一个新零件的设计和加工信息。

从几个小时到几十个小时就可制造出零件，具有快速制造的突出特点。

（3）高度柔性。无须任何专用夹具或工具即可完成复杂的制造过程，快速制造模具、原型或零件。

（4）实现了材料的提取（气、液、固相）过程与制造过程一体化和设计（CAD）与制造（CAM）一体化。

（5）与逆向工程（Reverse Engineering）、CAD 技术、网络技术、虚拟现实等相结合，成为产品快速开发的有力工具。

10.2.1 快速成型技术方法

快速成型技术根据成型方法可分为两类：基于激光及其他光源的成型技术，如光固化成型、分层实体制造、选域激光粉末烧结、形状沉积成型等；基于喷射的成型技术，如熔融沉积成型、三维印刷、多相喷射沉积。下面对比较成熟的工艺进行简单介绍。

1. SLA 工艺

SLA（Stereo Lithography Apparatus）工艺也称光固化成型或立体光刻，由 Charles Hul 于 1984 年获美国专利。1988 年美国 3D System 公司推出商品化样机 SLA-I，这是世界上第一台快速成型机。

SLA 工艺是基于液态光敏树脂的光聚合原理工作的。这种液态材料在一定波长和强度的紫外光照射下能迅速发生光聚合反应，分子量急剧增大，材料也就从液态转变成固态。

如图 10-1 所示，SLA 的工作原理是：液槽中盛满液态光固化树脂，激光束在偏转镜作用下，能在液态表面上扫描，扫描的轨迹及光线的有无均由计算机控制，光点打到的地方，液体就固化。成型开始时，工作平台在液面下一个确定的深度。聚焦后的光斑在液面上按计算机的指令逐点扫描，即逐点固化。当一层扫描完成后，未被照射的地方仍是液态树脂。然后升降台带动平台下降一层高度，已成型的层面上又布满一层树脂，刮板将黏度较大的树脂液面刮平，然后再进行下一层的扫描，新固化的一层牢固地贴在前一层上，如此重复直到整个零件制造完毕，得到一个三维实体模型。

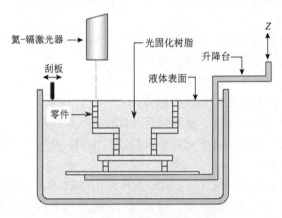

图 10-1　SLA 工作原理图

SLA 工艺是目前快速成型技术领域中研究得最多的方法，也是技术上最为成熟的方法。

SLA 工艺成型的零件精度较高，加工精度一般可达到 0.1mm，原材料利用率近 100%。但这种工艺也有自身的局限性，如需要支撑、树脂收缩导致精度下降、光固化树脂有一定的毒性等。

2. LOM 工艺

LOM（Laminated Object Manufacturing）工艺称叠层实体制造或分层实体制造，由美国 Helisys 公司的 Michael Feygin 于 1986 年研制成功。

LOM 工艺采用薄片材料，如纸、塑料薄膜等。片材表面事先涂覆上一层热熔胶，加工时，热压辊热压片材，使之与下面已成型的工件黏接。用 CO_2 激光器在刚黏接的新层上切割出零件截面轮廓和工件外框，并在截面轮廓与外框之间多余的区域内切割出上下对齐的网格。激光切割完成后，工作台带动已成型的工件下降，与带状片材分离。供料机构转动收料轴和供料轴，带动料带移动，使新层移到加工区域。工作台上升到加工平面，热压辊热压，工件的层数增加一层，高度增加一个料厚。再在新层上切割截面轮廓，如此反复直至零件的所有截面黏接、切割完。最后，去除切碎的多余部分，得到分层制造的实体零件，如图 10-2 所示。

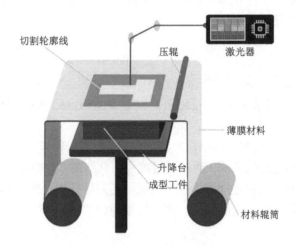

图 10-2　LOM 工作原理图

LOM 工艺只需在片材上切割出零件截面的轮廓，而不用扫描整个截面。因此，成型厚壁零件的速度较快，易于制造大型零件。LOM 工艺过程中不存在材料相变，因此不易引起翘曲变形。工件外框与截面轮廓之间的多余材料在加工中起到了支撑作用，所以 LOM 工艺无须加支撑。其缺点是材料浪费严重，表面质量差。

3. SLS 工艺

SLS（Selective Laser Sintering）工艺称为选域激光烧结，由美国得克萨斯大学奥斯汀分校的 C.R.Dechard 于 1989 年研制成功。

SLS 工艺是利用粉末状材料成型的。将材料粉末铺洒在已成型零件的上表面，并刮平，用高强度的 CO_2 激光器在刚铺的新层上扫描出零件截面，材料粉末在高强度的激光照射下被烧结在一起，得到零件的截面，并与下面已成型的部分连接。当一层截面烧结完后，铺上新的一层材料粉末，有选择地烧结下层截面，如图 10-3 所示。

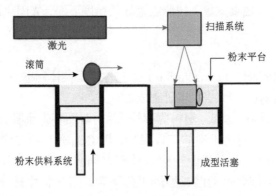

图 10-3　SLS 工作原理图

烧结完成后去掉多余的粉末，再进行打磨、烘干等处理得到零件。

SLS 工艺的特点是材料适应面广，不仅能制造塑料零件，还能制造陶瓷、蜡等材料的零件，特别是可以制造金属零件。因此，SLS 工艺颇具吸引力。SLS 工艺无须加支撑，因为没有烧结的粉末起到了支撑的作用。

4. 3DP 工艺

3DP（3 Dimension Printing）工艺称为三维印刷工艺，是由美国麻省理工学院的 E-manual Sachs 等研制的。此工艺已被美国 Soligen 公司以 DSPC（Direct Shell Production Casting）名义商品化，用以制造铸造用的陶瓷壳体和型芯。

3DP 工艺与 SLS 工艺类似，采用粉末材料成型，如陶瓷粉末、金属粉末等。所不同的是材料粉末不是通过烧结连接起来的，而是通过喷头用黏结剂（如硅胶）将零件的截面"印刷"在材料粉末上面。用黏结剂黏接的零件强度较低，还需后处理。先烧掉黏结剂，然后在高温下渗入金属，使零件致密化，提高强度。其工作原理如图 10-4 所示。

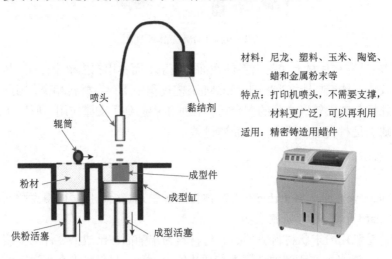

图 10-4　3DP 工作原理图

5. FDM 工艺

FDM（Fused Depostion Modeling）工艺称为熔融沉积制造，由美国学者 Scott Crump 于 1988 年研制成功。

FDM 的材料一般是热塑性材料，如蜡、ABS、尼龙等。以丝状供料，材料在喷头内被加热熔化。喷头沿零件截面轮廓和填充轨迹运动，同时将熔化的材料挤出，材料迅速凝固，并与周围的材料凝结，其工作原理如图 10-5 所示。

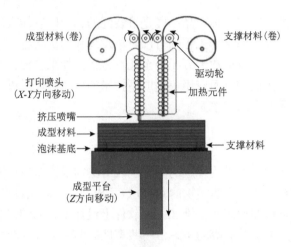

图 10-5　FDM 工作原理图

上述几种方法的共同点是：基本过程都是通过 CAD 建立实体模型，在文件以 STL 的格式输出后，经过切片软件的处理，得到片层文件并传递至快速成型系统，由系统自动生成整个零件。快速成型技术是加工技术中堆积方法的代表，它为机械制造工业开辟了一条全新的制造途径。快速成型为产品的看样订货、供货寻价、市场宣传等方面及时提供精确的样品，大大提高了企业的营销效率。

快速成型技术已成为现代工业设计、模型、模具和零件制造的强有力手段，在轻工、汽车、摩托车领域得到了越来越广泛的运用，尤其是对于产品设计来说，它是一个很有发展潜力的技术。随着科技进步和全球市场一体化的形成，现在工业正面临产品的生命周期越来越短的问题，作为一种新产品开发的重要手段，快速成型能够迅速将设计思想转化为产品的现代先进制造技术。它为零件原型制作、新设计思想的校验等方面提供了一种高效低成本的实现手段，提高了产品研发的效率。

10.2.2　快速成型技术的应用

1. 在外观及人机评价中的应用

新产品开发的设计阶段，虽然可借助设计图纸和计算机模拟，但并不能展现原型，往往难以做出正确和迅速的评价，设计师可以通过制作样机模型达到检验的目的。传统的模型制作中主要采用的是手工制作的方法，制作工序复杂，手工制作的样机模型不仅工期长，而且很难达到外观和结构设计要求的精确尺寸，因而其检查外观及人机设计合理性的功能大打折扣。快速成型设备制作的高精度、高品质样机与传统的手工模型相比较,可以更直观地以实物的形式把设计师的创意反映出来,方便产品的外观造型和人机特性评价。

现在的快速成型加工得到的成型件都是单一颜色,颜色主要由材料决定,为了对产品色彩外观进行评价,有时需要手工涂色,随着彩色成型技术的发展,这方面的问题可以解决。人机评价主要包括成型件尺寸及操作宜人性,快速成型可以很好地满足这方面的要求。

2. 在产品结构评价中的应用

通过快速成型制成的样机和实际产品一样是可装配的,所以它能直观地反映出结构设计合理与否,安装的难易程度,使结构工程师可以及早发现和解决问题。由于模具制造的费用一般很高,比较大的模具往往价值数十万元乃至几百万元,如果在模具开出后发现结构不合理或其他问题,其损失可想而知。而应用快速成型技术的样机制作可以把问题解决在开出模具之前,大大提高了产品开发的效率。

3. 与逆向工程结合

逆向工程也称反求工程,就是用一定的测量手段对实物或模型进行测量,然后根据测量数据,通过三维几何建模方法,重建实物的 CAD 数字模型,从而实现产品设计与制造过程。对于大多数产品来说,可以在通用的三维 CAD 软件上设计出它们的三维模型,但是由于对某些因素,如对功能、工艺、外观等的考虑,一些零件的形状十分复杂,很难在 CAD 软件上设计出它们的实体模型,在这种情况下,可以通过对模型测量和数据处理,获得三维实体模型。

作为一种新产品开发以及消化、吸收先进技术的重要手段,逆向工程和快速成型技术可以胜任消化外来技术成果的要求。对于已存在的实体模型,可以先通过逆向工程,获取模型的三维实体,经过对三维模型处理后,使用快速成型技术,实现产品的快速复制,缩短了产品开发周期,大大提高了产品的开发效率。

快速成型技术可以大大缩短产品的开发周期,满足产品的个性化、多样化需求,在工业设计中得到广泛应用。但由于该技术的制作精度、强度和耐久性还不能满足工程实际的需要,加之设备的运行及制作成本高,所以一定程度上制约着快速成型技术的普遍推广。随着研究的不断深入,制约快速成型发展的因素会逐步解决,应用领域会不断得到拓展。

10.3 逆向工程技术

传统的产品实现通常是从概念设计到图样,再制造出产品,称为正向工程。而逆向工程起源于精密测量和质量检验,是将已有实物模型或产品模型转化为工程设计的 CAD 模型,并在此基础上对已有实物或者产品进行分析、改造、再设计的过程,是在已有设计基础的再次设计,是集测量技术、计算机软硬件技术、现代产品设计与制造技术的综合应用技术。

随着现代计算机技术和测试技术的发展,利用 CAD/CAM 技术、先进制造技术实现产品实物的逆向工程成为可能，也越来越成为 CAD/CAM 领域的一个研究热点。现已广泛应用于产品设计、创新设计，特别是具有复杂曲面外形的产品，它极大地缩短了产品的开发周期，提高了产品精度，是消化、吸收先进技术，而创造和开发各种新产品的重要手段。

逆向工程是根据实物模型的测量数据，建立数字模型或者修改原有设计，然后将这些模型和表征用于产品的分析与加工过程中。逆向工程的思想最初来自产品设计中从油泥模型到实物的设计过程，目前应用最广泛的是进行产品的复制和仿制。逆向工程通过重构产品三维模型，对原型进行修改和再设计，是工业设计的一种有效手段，如图 10-6 所示。

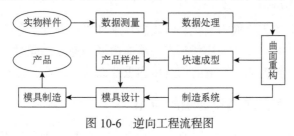

图 10-6 逆向工程流程图

10.3.1 逆向工程的应用范围

1. 新零件的设计

在工业领域中，有些复杂产品或零件很难用一个确定的设计概念来表达，或为了与客户交流，以获得优化的设计，设计者常常通过创建基于功能和分析需要的一个物理模型，来进行复杂或重要零部件的设计，然后用逆向工程方法从物理模型构造出 CAD 模型，在该模型的基础上可以做进一步的修改，实现产品的改型或仿型设计。

2. 已有零件的复制

在缺乏二维设计图样或者原始设计参数情况下，需要将实物零件转化为产品数字化模型，从而通过逆向工程方法对零件进行复制，以再现原产品或零件的设计意图，并且可利用现有的计算机辅助分析（CAE）、计算机辅助制造（CAM）等先进技术，进行产品创新设计。

3. 损坏或磨损零件的还原

当零件损坏或磨损时，可以直接采用逆向工程方法重构该零件 CAD 模型，对损坏的零件表面进行还原或修补。因此，可以快速生产这些零部件的替代零件，从而提高设备的利用率并延长其使用寿命。

4. 模型精度的提高

设计师基于功能和美学的需要，对产品进行概念化设计，然后使用一些软材料，如木材、石膏等将设计模型制作成实物模型，在这个过程中，由于对初始模型改动得非常大，没有必要花费大量的时间使物理模型的精度非常高，可以采用逆向工程方法进行模型制作、修改和精炼，提高模型的精度，直到满足各种要求。

5. 数字化模型的检测

对加工后的零件进行扫描测量，再利用逆向工程方法构造出 CAD 模型，通过将该模型与原始设计的 CAD 模型在计算机上进行数据比较，可以检测制造误差，提高检测精度。

6. 特殊领域产品的复制

如艺术品、考古文物等的复制，医学领域中人体骨骼、关节等的复制，具有个人特征的太空服、头盔、假肢的制造时，需要首先建立人体的几何模型，这些情况下都必须从实物模型出发得到产品数字化模型。

在制造业中，逆向工程已成为消化、吸收新技术和二次开发的重要途径之一。作为改进设计的一种重要手段，它有效地加快了新产品响应市场的速度。同时，逆向工程也为快速原型提供了很好的技术支持，成为制造业信息传递重要而简洁的途径之一。

10.3.2　逆向工程技术在产品设计中的应用

计算机技术的发展，带来第三次技术革命浪潮，CAD 技术则是计算机在工业领域应用中最为活跃的一支。它集数值计算、仿真模拟、几何模型处理、图形学、数据库管理系统等方面的技术为一体，把抽象的、平面的、分离的设计对象具体化、形象化，它能够通过"虚拟现实"技术把产品的形状、材质、色彩，甚至加工过程淋漓尽致地表现出来，并能把产品的设计过程，通过数据管理，实现系统化、规范化，这正是工业设计与 CAD 技术必然结合的基础所在。

目前，比较常用的通用逆向工程软件有 Sur-facer、Delcam、Cimatron 和 Strim。具体应用的反向工程系统主要有：Evens 开发的针对机械零件识别的逆向工程系统；Dvorak 开发的仿制旧零件的逆向工程系统。这些系统对逆向设计中的实际问题进行处理，极大地方便了设计人员。此外，一些大型 CAD 软件也提供了逆向工程设计模块。例如，Pro/E 的 ICEMSurf 和 Pro/SCANTOOLS 模块，可以接受有序点（测量线），也可以接受点云数据。其他的逆向工程软件如 UG 软件，随着版本的提高，逆向工程模块也逐渐丰富起来。这些软件的发展为逆向工程的实施提供了软件条件。

1. Pro/E 参数化设计在工程中的应用

参数化设计也称尺寸驱动（Dimension-Driven）是 CAD 技术在实际应用中提出的课题，它不仅可使 CAD 系统具有交互式绘图功能，还具有自动绘图的功能。目前，它是 CAD 技术应用领域内的一个重要的且待进一步研究的课题。利用参数化设计手段开发的专用产品设计系统，可使设计人员从大量繁重而琐碎的绘图工作中解脱出来，可以大大提高设计速度，并减少信息的存储量。参数化设计的关键是几何约束关系的提取和表达、约束求解以及参数化几何模型的构造。

1988 年，美国 PTC 公司首先推出参数化设计 CAD 系统 Pro/Engineering（简称 Pro/E），充分体现出其在通用件、零部件设计上存在的简便易行的优势。它的主要特点是：基于特征、全尺寸约束、全数据相关、尺寸驱动设计修改。

我们可以采用 PTC 公司的工业设计软件 Pro/Designer（简称 Pro/D）进行曲面设计，由于 Pro/D 与 Pro/E 采用的是同一数据库，两者之间是无缝连接的，因而在设计中造型设计师和结构工程师可以更好地协作。

2. Pro/D 的曲面设计能力应用

对于工业设计人员和想构建曲面模型的工程人员来说，Pro/D 是他们需要的工具，Pro/D 可以构建高质量的自由曲面模型，并且可以很容易地转换到其他基于制造工程的 CAD 系统中。Pro/D 能够创建真实而精确的几何体，利用它可以更加容易地创建模型，缩短设计周期。利用 Pro/D 可以把视觉上的美学要求和模具制造过程中的工程要求很好地结合起来，这一点在创建自由曲面模型的过程中显得尤其重要。

3. 造型复杂产品三维设计的 CAD 应用

对于造型装饰性强，特别是包含复杂曲面的产品，可以使用 Pro/D 与 Pro/E 组合起来进行，造型设计师利用 Pro/D 软件进行 ID、曲面建模，直接从 Pro/D 软件启动 Pro/E，将数据导到 Pro/E，由结构设计师进行结构设计。在整个设计过程中，甚至结构设计全部做完了，由于客户的要求或设计师对方案的局部要进行更改，这时只需在 Pro/D 里改动，改好后转换给 Pro/E，从而 Pro/E 里也得到改变，结构不用重做。

10.4　虚拟现实技术

10.4.1　虚拟现实技术概述

随着人类活动的信息化，信息变得一天比一天重要，未来社会也许可以由 20 世纪的"以技术为中心的社会"转化为"以信息知识为中心的社会"，这是一种基于计算机和互联网系统的信息社会，也称为后工业社会。在后工业社会里，设计是以满足人类"交流欲望"为核心的活动，设计的重心是"非物质"，设计将越来越关注事物的"抽象关系"，设计最基本的任务是"交流"，不仅仅是人与人的交流，更多的是人与机器交流的可能性，而且是与智能机器的交流，只有互动模式的 CAID 才能很好地实现。

随着虚拟现实技术（Virtual Reality，VR）的出现，CAID 正朝着虚拟方向发展，同时增加了 CAID 朝着互动模式发展的可能性。例如，波音 777 的设计，以前在设计时要进行风洞试验，现在则完全在计算机上进行虚拟现实设计。另外，各种仪器仪表的设计正逐步软件化，设计虚拟仪器成为一种趋势。

虚拟现实技术是一种高度逼真的模拟人在自然环境中的视、听、动等行为的人机界面技术，简单地说是一种可以创建和体验虚拟世界的计算机系统。现在它已广泛应用于社会生活的各个方面，如"虚拟生产""虚拟贸易""虚拟市场""虚拟网络"等。它的出现，使计算机界的一些观念发生了翻天覆地的变化，"以计算机为主体"的看法逐渐让位于"人是信息环境的主体"这一思想。计算机所创造的三维虚拟环境，能使参与者得以全身心地置入该环境中体验，并通过专用设备（立体显示系统、头盔显示器、跟踪定位器、3DMOUSE、数据服、力反馈数据手套）实现人类自然技能对虚拟环境中实体的交互考察与操作。西方国家已经将虚拟现实技术运用于制造业的各个环节，它们的产品设计实现了草图—效果图—结构图—模型全过程的交互和可逆。利用虚拟现实技术和全息技术可以建立虚拟的模型用于设计研究，并可作为虚拟产品让顾客试用，极大地缩短了产品开发的时间，降低了新产品的风险。美国福特汽车公司科隆研究中心设计部经理罗勃认为：采用虚拟设计技术，可使整个设计流程时间减少 2/3。21 世纪虚拟设计将在建筑设计、装备设计、产品设计、服装设计中发挥神奇的效用。

1. 虚拟现实技术的概念

虚拟现实技术，是 20 世纪末发展起来的一个涉及多个学科的高新技术。它集计算机技术、传感技术、仿真技术、微电子技术为一体。理想中的虚拟现实技术就是利用这些方面的技术，通过计算机创建一种虚拟环境（Virtual Environment），通过视觉、听觉、触觉、味觉、嗅觉等作用，使用户产生和现实中一样的感觉，这样用户就会产生身临其境的感觉，并可以实现用户与环境的直接交互。它是一系列高新技术的汇集，这些技术包括计算机图形学、多媒体技术、人工智能、人机接口技术、图像处理、模式识别、语音处理、传感器技术以及高度并行的实时计算技术，还包括人的行为学研究等多项关键技术。虚拟现实是多媒体技术发展的最高境界，是这些技术的更高层次的集成和渗透；它能给用户以更逼真的体验，它为人们探索宏观世界和微观世界，以及由于种种原因不便于直接观察事物的运动变化规律，提供了极大的便利。因此，虚拟现实技术给人工智能、CAD、图形仿真、虚拟通信、遥感、娱乐、军事模拟训练的许多学科带来革命的变化，将对一个国家的国防、军事、政治、经济、文化甚至日常生活产生深远的影响。

2. 虚拟现实技术的基本特征

虚拟现实技术从本质上说有三个基本的特征：沉浸（Immersion）性、交互（Interaction）性和构想（Imagination）性。

（1）沉浸性：这是虚拟现实系统的核心，它不再像传统计算机接口一样，用户与计算机的交互方式是自然的，具有和在真实环境中人与自然的交互方式一样，完全沉浸在通过计算机所创建的虚拟环境中。

（2）交互性：指用户不再被动地接受计算机所给予的信息，或者仅是个旁观者，而是可以通过使用交互设备来操纵虚拟环境中的物体，以改变虚拟世界。它也是虚拟现实系统区别于传统三维动画的特征。

（3）构想性：虚拟现实不仅仅是一个用户与终端的接口，用户可以利用虚拟现实系统，从定性和定量综合集成的虚拟环境中提高感性和理性认识，从而产生新的构思和用途。

10.4.2 虚拟产品开发

随着全球经济一体化的环境形成，市场竞争愈演愈烈。各个企业面临的一个急需解决的问题是，一件产品往往要经过多次反复的试制才能进入市场，也就是说，许多公司仍认为，无法在缩短产品上市时间以及缩短产品和用户距离上取得实质性的突破。虚拟产品开发就是在这样的背景下产生的。虚拟产品开发是以计算机仿真、建模为基础，集计算机图形学、智能技术、并行工程、虚拟现实技术和多媒体技术为一体，由多学科知识组成的综合系统技术。虚拟产品开发是现实产品开发在计算机环境中数字化的映射。它将现实产品开发全过程的一切活动及产品演变基于数字化模型，对产品开发的行为进行预测和评价。应用虚拟现实技术，可以达到虚拟产品开发环境的高度真实化，并使之和人有着全面的感官接触和交融。在这里，可以把虚拟产品开发定义为：在产品设计或制造、维护等系统的物理实现之前，模拟出未来产品的性能或制造、维护系统的状态，从而做出前瞻性的优化决策和实施方案。虚拟产品开发（Virtual Product Development,VPD）技术是建立在可以用计算机模拟产品整个开发过程这一构想的基础之上的。虚拟产品开发创建产品的数字模型，并在数字状态下进行分析，完全是用数字形式代替原来的实物原型试验，然后对原设计重新进行组合或者改进。因此，这样可显著减少制作最终实物原型的次数，从而使新产品开发的一次成功率大大提高。

虚拟产品开发是由各个"虚拟"的产品开发活来组成的，由"虚拟"的产品开发组织实施，由"虚拟"的产品开发资源保证，通过分析"虚拟"的产品信息和产品开发过程信息求得开发"虚拟产品"的时间、成本、质量和开发风险，从而做出开发"虚拟产品"系统和综合的建议。虚拟产品开发的最终目的是缩短产品开发周期，以及缩短产品开发和用户之间的距离。虚拟产品开发的特点是"虚拟"，除了产品虚拟化外，还包括功能虚拟化、地域虚拟化、组织虚拟化。功能虚拟化是指虚拟产品开发系统虽有制造、装配、营销等功能，但没有执行这些功能的机构；地域虚拟化是指产品开发各功能活动分布在不同的地点，但通过网络加以连接和控制；组织虚拟化是指扁平的多元的"网络组织结构"将随着开发目标的发展而产生、变化和消亡。

1. 虚拟产品开发中的核心内容

虚拟产品开发体系的核心内容包括产品开发过程数字化建模、数字化产品建模和产数字化产品仿真三个方面。

1）产品开发过程数字化建模

在并行工程思想指导下，产品开发过程是多学科群体在计算机技术和网络通信环境的支持下，在产品开发活动的时间和资源约束下，基于产品全生命周期信息，进行产品开发组织结构和开发任务的动态调控流程。过程建模应考虑的内容有以下方面。

（1）过程模型的描述方法及在计算机上的处理和实现，过程的动态调整和优化。

（2）组织模型要规划和描述组织结构、活动分工、权限和责任定义。

（3）资源模型对信息、设备、人力、资金等资源进行动态规划和配置控制。

（4）约束规则：时间约束是仅次于资源的主要约束，在资源允许下，增大产品开发活动的并行度；信息约束是开发活动之间及开发活动中单元之间相关性和一致性的保障。

（5）过程监控和协调进行实际约束管理、过程的实时监控调度和冲突仲裁，保障过程按照最优方向进展。

2）数字化产品建模

产品建模主要以面向对象技术为工具，以 STEP 标准为指导思想，建立基于装配的约束参数化的特征产品定义模型。其特点如下。

（1）基于 STEP 思想。产品数据的表示和交换是基于不依赖于具体系统的中性机制，能够描述产品整个生命周期中的数据，从而使产品数据的表示具有标准化和共享性的特点。

（2）支持工程分析工具的应用。工程分析工具利用已经建立好的产品模型，对零部件甚至整机进行有限元受力分析、热应力分析以及运动仿真、性能仿真、装配仿真，仿真的结果可直接用于指导数字化产品的设计修改，不必通过实物模型来验证。

（3）支持产品异地、并行设计。由于产品模型在计算机上定义，加之网络通信的迅速发展，处于异地的设计人员也可方便地进行交流。设计队伍中除含有设计、制造、装配、试验等专业人员外，还有合作伙伴、用户代表等，这样在产品的开发过程中能及早地发现问题，在产品开发的早期阶段就得到解决，尽量避免下游重大问题的反馈所造成的时间拖延、成本上升等现象。

3）数字化产品仿真

数字化产品开发的仿真包括全生命周期的产品演变仿真和产品开发全过程的活动仿真。全生命周期的产品演变仿真是通过产品的数字模型，反映产品从无到有，再到消亡的整个演变活动，用户和开发者在制造实物之前，即可充分地评审其美观度、可制造性、可装配性、可维护性、可销售性和环保性能等，从而确保产品开发的一次成功率。产品开发全过程的活动仿真旨在通过开发活动的数字模型，反映虚拟开发组织形式下，产品开发活动的功能行为和运作方式，仿真虚拟产品开发的设备布置、物流系统、资源的利用和冲突以及组织结构、生产活动和经营活动等行为，从而确保产品开发的可能性、合理性、可靠性、经济性、高适应性和快速响应能力。为了适应 21 世纪信息社会的需要，不仅要求人们能通过打印输出或显示屏幕上的窗门，从外部观察信息处理的结果，而且要求能通过人的视觉、听觉、触觉、嗅觉以及形体、手势或口令，参与到信息处理的环境中，从而取得亲身的感受。因此，信息、处理已不再建立在一个单维的数字化信息空间上，而是建立在一个多维化的信息空间中，建立在一个定性和定量相结合、感性认识和理性认识相结合的综合集成环境中。

2. 虚拟装配设计

虚拟装配设计（Virtual Assembly Design）是虚拟设计在新产品开发方面具有较大影响力的一个领域。虚拟装配采用计算机仿真与虚拟现实技术，通过仿真模型在计算机上进行仿真装配，实现产品的工艺规划、加工制造、装配和调试，它是实际装配的过程在计算机上的本质体现。目前，就其技术而言，已经成熟，虽尚没有商用虚拟装配系统，也尚未充分地应用于新产品开发的分析和评价，但这项技术在新产品开发中已得到肯定，并具有很重要的意义。

过去传统的产品开发，常需要花费大量的时间、人力、物力来制作实物模型进行各种装配实验研究，力求在产品的可行性、实用性和产品性能等方面进行各种测试分析。现代设计要求设计人员在虚拟产品开发早期就应考虑装配问题，在进行虚拟装配的同时，创建产品、分析装配精度，及时优化设计方案。

虚拟装配的第一步是在 CAD 系统创建虚拟产品模型，然后进入并利用虚拟装配设计环境（Virtual Assembly Design Environment，VADM）系统，产品开发人员在 VADM 系统中开展工作，借助虚拟装配设计环境系统，设计人员可以在虚拟环境中使用各种装配工具对设计的机构进行装配检验，帮助设计人员及时发现设计中的装配缺陷，全面掌握在虚拟制造中的装配过程，尽早地发现在新产品开发过程中，设计、生产和装配工艺等存在的问题。利用这个虚拟环境，评价产品的公差、选择零部件的装配顺序、确定装拆工艺，可将结果进行可视化处理。

　　实验表明，虚拟装配设计的完善将有效缩短新产品开发的周期，减轻设计返工的负担，加快引入高级设计方法和技术的速度，提高新产品开发的质量与可靠性，同时也降低新产品开发的成本。

本　章　小　结

　　工业设计作为一门综合型学科，它所涉及的前沿技术越来越多，这些高精尖技术的应用，不仅大大降低了生产成本，而且缩短了设计周期，加快了产品的更新换代。

第11章
信息时代的工业设计

【教学目标】

①了解交互设计的定义与方法；

②了解非物质设计内涵和在产品设计中的应用；

③了解体验设计特征及类型。

从工业设计的发展史来看，工业设计与整个社会及时代的发展是紧密相连的。工业设计的物质基础是现代科学技术。科技的发展正沿着自身的轨道迅速地前行，不断涌现的新成就总是试图对人类自身的生存方式产生影响，而工业设计更重要的使命是寻找各种更合理、更巧妙以及更符合人性的方式，使那些新技术真正转变成人类的生产实践和为日常生活服务的物质产品。

随着工业化的落幕，人类文明的第三次浪潮——信息时代，以汹涌的姿态来临，以计算机和网络为特征的信息化社会，也正在改变人们的生活方式，改变设计师的工作方式，工业设计的形式和内涵以及模式都在发生变化。

20世纪70年代以来，计算机智能化和信息的综合化程度得到了很大发展，人们所进行的设计是从"信息"着手，将人们通过感觉和知觉而获得的对事物的认知作用及其效果作为设计的基本价值，促进了产品的智能化。

信息技术的发展在很大程度上改变了整个工业的格局，新兴的信息产业迅速崛起，开始取代钢铁、汽车、石油化工、机械等传统产业，成为知识经济时代的生力军。在这样的形势下，摩托罗拉、英特尔、微软、苹果、惠普、美国在线、亚马逊、思科等IT业的巨头如日中天。传统的工业产品转向以计算机为代表的高新技术产品和服务，开创了工业发展的新纪元。

在工业发展变化的同时，人们的生活也发生了改变。信息时代是一个气象万千的时代，每天都会有不同的东西和新鲜的事物产生。随着科学技术的飞速进步，社会也以一种超常的速度向前发展，人们的生活节奏加快了不止一倍。由于网络技术的日益完善和普及，人们每天的生活似乎都离不开计算机。网络通信、网络会议、网上购物、电子商务等和网络有关的活动，都以迅雷不及掩耳的速度风靡了全球。如今，放眼看一下这个时代，瞬息万变的信息无处不在。信息时代已经深深影响着人类社会。

21世纪已经进入了信息时代，在信息时代里的设计又有其崭新的内容。要想在这样的时代里设计出优秀产品，就要对时代进行了解，通过对信息时代的科技、人们的消费观念和爱好，以及世界设计潮流变化方向的研究，为产品设计提供科学依据，使信息时代所拥有的先进科技和时代美感融入设计中，使产品真正符合信息时代的时代感觉，真正迎合人们的需要。

信息时代的设计基础是交互设计，研究的重点和基础是认知心理学，即研究人如何思维、如何建构知识框架、如何获取和处理信息的方式、如何符合人们的认知习惯进行运用，达到使用方便的目的。信息时代的产品将会向无形化、非物质化的方向发展，如小到薄片状的"生物芯片""智能卡"等产品，人们接触的关系日趋缩小，在使用上界面促进了互动，从机械操作演化到电子操作，将逐渐取代身体的参与。在人机之间的设计上，将转向以目光为主的间接接触方式；视觉感受和知觉过程就是一系列反馈活动参与的过程；将形象的符号系统设计成人类相通的共同语言，而不受民族和地域的限制；以体验为基础的设计思维成为可直接为人类广泛接受且引导人的思维活动，进而达到使用方便的目的。

11.1　交 互 设 计

11.1.1　交互设计的定义

交互设计（Interaction Design）作为一门关注交互体验的新学科，产生于 19 世纪 80 年代。1984 年，它由 IDEO[①]的一位创始人比尔·莫格里奇在一次设计会议上提出，开始命名为"Soft Face"，后来将其更名为"Interaction Design——交互设计"。

这里的"交互"定义为一种通信，即信息交换，而且是一种双向的信息交换，可由人向计算机输入信息，也可由计算机向使用者反馈信息。这种信息交换的形式可以采用各种方式出现，如键盘上的击键、鼠标的移动、显示屏幕上的符号或图形等，也可以用声音、姿势或身体的动作等。如果我们把交互中除了人之外的参与对象当成系统，那么交互实质上是指人与特定系统之间的双向信息交流，如图 11-1 所示。

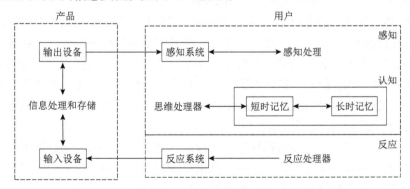

图 11-1　人机交互的信息处理

---

① IDEO 是全球顶尖的设计咨询公司，以产品发展及创新见长。三位创始人之一的比尔·莫格里奇是世界上第一台笔记本电脑 GRiD Compass 的设计师，也是率先将交互设计发展为独立学科的人之一。

20世纪80年代，在计算机技术的发展影响下，交互设计开始引起人们的注意，多媒体、语音识别、可视化信息、虚拟现实等技术成功地拓展了人与机器的交互关系，使交流与沟通产生了质的变化。90年代后的网络技术、移动计算、红外传感等技术，又为交互设计的广泛应用创造了良机，新的软件层出不穷，手机、掌上电脑等手持式设备开始普及。用户界面的交互设计，将界面设计从物理界面的设计转移到认知界面的设计，重视系统的"可用性""用户体验"等人机之间的交互关系。

交互设计在任何的人工物的设计和制作过程中，都是不可避免的，区别只在于显意识和无意识。然而，随着产品和用户体验日趋复杂、功能增多，新的人工物不断涌现，在给用户造成的认知摩擦日益加剧的情况下，人们对交互设计的需求变得越来越显性，从而触发其作为单独的设计学科的呼声变得越发迫切。特别是进入数字时代，多媒体让交互设计的研究显得更加多元化，多学科、各角度的剖析让交互设计理论显得更加丰富。现在，基于交互设计的产品已经越来越多地投入市场，而很多新的产品也大量地吸收了交互设计的理论。

从用户角度来说，交互设计是一种如何让产品易用、有效且让人愉悦的技术，它致力于了解目标用户和他们的期望，了解用户在同产品交互时彼此的行为，了解"人"本身的心理和行为特点；同时，还包括了解各种有效的交互方式，并对它们进行增强和扩充。

交互设计特别关注以下内容。

（1）定义与产品的行为和使用密切相关的产品形式。

（2）预测产品的使用如何影响产品与用户的关系，以及用户对产品的理解。

（3）探索产品、人和物质、文化、历史之间的对话。

交互设计从"目标导向"的角度解决产品设计，主要表现在以下方面。

（1）形成对人们所希望的产品使用方式，并帮助人们理解产品。

（2）尊重用户并帮助其实现目标。

（3）完整地呈现产品特征和使用属性，避免歧义。

（4）展望未来，并提出前瞻性的产品可能特性。

在使用网站、软件、消费产品、各种服务时（实际上是在同它们交互），使用过程是一种交互，使用过程中的感觉就是一种交互体验。随着网络和新技术的发展，各种新产品和交互方式越来越多，人们也越来越重视对交互的体验。交互设计涉及行为、功能的选择，以及向用户展示信息的方式。随着信息技术的普及，众多虚拟化、程序化、非物质性的产品应运而生，这些基于软件或程序的产品、产品系统和服务在使用过程中引发了一系列问题，而交互设计就是为解决这类问题而生的。

基于软件的产品有功能、界面和行为三个特征。功能是内在的，是软件本身能做什么，有什么样的能力；而界面和行为是外在的，是用户能看到、用到、感觉到的部分。因此，对于用户来讲，良好的人机界面和交互行为就是产品的全部。

人机界面是人与机器进行交互的操作方式，即用户与机器互相传递信息的媒介，其中包括信息的输入和输出。良好的人机界面是建立在对产品与用户的交互行为的深入研究和理解的基础上的。交互行为包括对于信息的传递、认知、理解、记忆、学习和反馈等。好的人机界面美观、操作简单，且具有引导功能，可使用户感觉愉快、兴趣增强，从而提高使用效率。人机界面的研究涉及人机工程学、计算机科学、认知科学、生理学、心理学、艺术学、社会学等相关领域。进入信息社会后，传统人机工程学中研究的人机界面技术开始转向用户界面技术。在人机系统中，人与机器之间的所有关联依靠人机界面来实现，人机界面是人与机器相互作用的纽带和进行交互的操作方式。

交互设计通常应用于软件界面设计、信息系统设计、网络设计、产品设计、环境设计、服务设计以及综合性的系统设计等领域。

11.1.2　交互设计的方法

近年来，交互学者从实践中总结出一种开发方法，它注重人机交互系统的实用性，同时重视对用户的调查，通过一种反复测试、反复修改的方法，不断地改进系统，使得系统最终能够协助使用者把工作做得更好，同时让使用者喜欢使用该系统。它的设计步骤如图 11-2 所示。

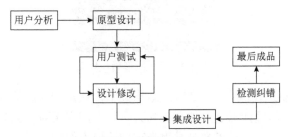

图 11-2　交互设计的方法步骤

（1）用户分析阶段：确立主要用户群，通过与目标使用者交谈，了解其工作环境和工作的组织方式，让使用者提出方案，吸收有关专家的意见，进行任务分析等了解用户的需求，订立交互系统的目标任务。

（2）用户测试阶段：制作脚本，进行模拟和演示，制作原型和进行测试。

（3）反复设计阶段：收集用户测试后提交的结果，进行逐项系统分析，针对已经出现和可能出现的问题和一些细节进行修改，以后多次测试。

（4）集成设计阶段：编程，设计用户界面，纠错等。

11.1.3　图形用户界面的交互设计

用图形这种形象信息模型传达信息的方法古已有之，在语言和文字产生之前，人类就试图用图形符号传达信息、记录生活，于是产生了原始的记事方法"结绳记事"和"契刻记事"。图形符号这种信息传达方式更为直观快捷，更具概括性和普遍性，它依靠人们对事物具体的表象展开思维活动，产生相关的思维联想并注入主观的内容，这只需要人们利用日常的自然技能，依据在生活中的直接经验和一部分间接经验就得以认知。这种方式大大减少了不同年龄、不同国籍以及不同人种的认知障碍和记忆负担，提高了工作效率。以智能手机的图形用户界面设计为例，如图 11-3 所示，人们在使用时可以看到，即使不懂得英文注释的人也可以通过图形理解它所指的功能。

图 11-3　手机图形用户界面

　　人的视觉逻辑是通过图形和文字之间的结构关系，搜索到自己最需要的信息。人与产品的对话，实际上是用户与设计师之间的交流和磨合，人们很难对自己难以操控的用具保持长久的耐心。再先进的技术，其技术本身是很难直接愉悦人们的生活，而必须借助一种媒介，图形界面就扮演着使人与产品之间的交流变得简捷、愉悦的角色。

　　信息的传播必须依附于一定的介质。随着技术的进步，介质形态不断更新，信息逐渐变得可大量复制、便于传播、成本低廉。在远古时代，人们通过结绳记事、在岩壁上绘图的方式传播信息；造纸术和印刷术的发明，使纸张成为长期以来人类最为重要的传播信息的介质；进入信息社会后，人们更多的是通过数字式电子传播设备的显示屏幕浏览信息。与纸介质相比，显示器少了亲切、自然的质感，但是在技术的支持下，人们却可以在固定的显示屏幕中通过超文本的信息组织方式提取出无穷无尽的信息资源。由于信息的表现扩展到听觉、视觉媒体，因此人们对"文本"概念的认知已经扩大到包括文字、图片、音频、视频、动画这几种要素的互动组合，它使信息的表现方式变得更加多样化和复合化。超文本的结构方式使人们不再必须通过某个顺序阅读，而是可以以直觉、联想的方法跳跃式地阅读。

　　从人类传播的历史来看，人类传播信息方式的演变呈现这样一个脉络：视觉文化—听觉文化—概念性文化—新的视与听的文化。有研究表明，人们在读文字和读图时，大脑进行的加工过程是不同的，文字是高度凝练的，处理起来比较复杂，处理过程中要调动大脑的潜能，而对图像的处理只是简单的信息加工过程。图像的直观性、形象性使人们阅读起来省力、省时、易懂，如图 11-4 所示。由此看来，图形界面的产生和普及绝非偶然，图形化信息是人类信息传递的本源，是一种文化发展的趋势。随着信息时代的到来，图形的视觉传达要素的比例更是大大增加。图形的直观化、形象化在很大程度上为人们减少了认知负担。

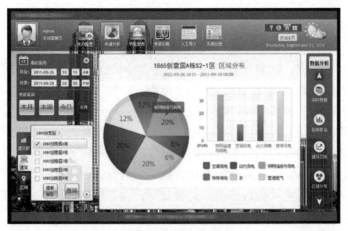

图 11-4　界面设计案例

　　目前，人们所使用的人机界面主要为图形用户界面，最早是针对计算机的操作系统研究开发的，后来随着网络等其他新技术、新产品的不断涌现，以及图形用户界面设计本身的发展，网站的页面设计、网络交互服务界面、网络应用程序界面和一些移动设备的用户界面，都采用了计算机图形用户界面的设计特征和方法。现在，图形用户界面已经成为软件开发的必备支撑环境，它提供了一种用户与应用程序之间的交互机制。通过它，用户可以使用鼠标、键盘等输入设备对屏幕上显示的构成用户使用接口的窗口、菜单、按钮、图符等界面构件进行直截了当的操作，从而使系统的使用变得非常直观、方便。

　　对于界面的可操控性，一方面依赖于成熟的技术作后台支持，另一方面需要设计师了解用户的心理诉求、思维方式和视觉习惯。其中，视觉信息的获取更为直观和重要，因为当人们打开机器，首先期望的是"看到什么"，然后才是"该做什么""怎么做"。从人的认知动机角度，可以将信息分成两类：主题信息和情境信息。主题信息即表达核心目的的信息，它是动机关系的重点。而情境信息是描述环境状态和条件，有助于理解事件发生的时间、空间和顺序。文字比较容易表达抽象的主题信息，而图形比较容易表达事物的主题信息和整个与主题相关的场景。看到页面中出现向左的一个箭头，经验告诉我们，也许它是一个退后和返回的指示，而向右的箭头意味着往前，下一页。我们把鼠标置于一个标题上方时，鼠标变为手的形状，而标题的颜色也发生了改变，那么就能通过这种形状和颜色的改变，激发我们联想到在此进行单击操作，也许会有一些效果产生。效果出现了，是对标题内容的详细阐述，这完全与用户的期望相吻合，这种体验无疑具有积极的意义，使用户得到鼓励进行下一步操作。

　　人机交互领域是一个科学技术转化为生产力的重要领域，人机交互的发展、技术与设备的成熟意味着巨大的市场。当先进的人机交互技术应用于电子产品、通信设施、机械设备、交通工具、人工智能、智能仪器、多媒体、情报采集、身份认证、安全防范以及武器现代化时，将会对科学技术、生产领域、国家安全、社会的工作方式和生活方式等产生深远影响。企业决策人员在考虑自己的产品战略时，需要更加重视人机界面这一渗透各个产品的因素。产品设计人员也应该在新产品开发的过程中，进一步从人机交互方式的角度探究新产品的可能性。

11.2　信息社会下的非物质设计

20 世纪 90 年代以来，随着计算机的普及、因特网的发展与扩张，"信息社会"的"数字化"生存方式已经影响到当代人生活的各个层面。"数字化"的信息产品设计不仅自身得到迅速发展，还对传统的物质产品产生了巨大的影响。

信息是非物质的，信息社会也就是非物质社会。对于设计而言，信息化社会的形成和发展，使传统设计本身成为改造的对象。同时，计算机作为一种方便且理想的设计工具，导致设计手段、方法、过程等发生一系列的变化，数字化的设计时代已经到来。

数字化技术成为后工业社会最底层的关键技术，而其传达的信息的重要性和影响力有时甚至超过了物质本身，信息产品的内容均已呈数字化趋势。现代设计的一个显著发展趋势是，它不再局限于着重对对象的物理设计，而是越来越强调对"非物质"，如系统组织结构、智能化、界面、氛围、交互活动、信息娱乐服务以及信息艺术的设计，着重对消费者的创造潜能的触动和对丰富多彩的生活和工作的体验。

11.2.1　非物质设计的内涵

设计的本质就是发现不合理的生活方式（问题），改进不合理的生活方式，使人与产品、人与环境更和谐，进而创造新的、更合理、更美好的生活方式。也就是说，设计的结果并不一定意味着某个固定的产品，它也可以是一种方法、一种程序、一种制度或一种服务，因为设计的最终目标是解决人们生活中的"问题"，这正是"非物质主义"设计观得以产生的重要前提条件之一。

非物质设计是社会非物质化的产物，是以信息设计为主的设计，是基于服务的设计。在信息社会，社会生产、经济、文化的各个层面都发生了重大变化，这些变化反映了从一个基于制造和生产物质产品的社会向一个基于服务的经济性社会转变。这种转变，不仅扩大了设计的范围，使设计的功能和社会作用大大增强，而且导致设计本质的变化。设计从一个讲究良好的形式和功能的文化，转向一个非物质的和多元再现的文化，即进入一个以非物质的虚拟设计、数字化设计为主要特征的设计新领域。

从物质设计到非物质设计，是社会非物质化过程的反映，也是设计本身发展的一个进步的上升形态：

手工业时代→物质设计→手工造物方式→手工产品形态；

机器时代→物质设计→机器生产方式→机器产品形态；

信息时代→物质设计与非物质设计共存→工业产品与软件产品共存→机器生产方式与数字化生产方式共存。

例如，汽车设计，过去仅仅设计物质的汽车本身，现在则要求更多地考虑非物质的交通和环境等问题；洗衣机设计师，不仅考虑洗衣机本身的设计，还要更多地考虑一种洗衣服务的方式和可能。日本 GR 地铁公司设计了一种快速地铁+出租+自行车的交通服务方式，为乘客提供了人性化的、灵活快捷的交通条件。从物质设计到非物质设计，反映了设计价值和社会存在的一种变迁，即从功能主义的满足需求到商业主义的刺激需求，进而到非物质主义的生态需求（合理需求、人性化需求）。在人与物、设计与制造、人与环境以及人们对设计的认识上也发生了一系列变化。

从理论上而言，非物质设计又是对物质设计的一种超越，当代科学技术的发展，为这种超越提供了条件和路径。非物质理论的确立和设计理论的提出，引发了当代设计的一场重要变革，突出表现在以下方面：

（1）从有形（Tangible）的设计向无形（Intangible）的设计转变；

（2）从实物产品（Product）的设计向虚拟产品（Less Product）的设计转变；

（3）从物（Material）的设计向非物（Immaterial）的设计转变；

（4）从产品（Product）的设计向服务（Service）的设计转变。

在非物质社会中，设计的价值转向为非物质的人性化需求，功能和商业的需求不再排到价值评价的首位，这既体现了社会非物质化的进程，也是设计自身发展的必然趋势。

"非物质主义"设计理念倡导的是资源共享，其消费的是服务而不是单个产品本身。目前，人们的生活方式是以产品消费为主流，其做法是：生产者生产和销售产品，用户购买后占有产品并使用产品得到服务，产品寿命终结将其废弃。"非物质主义"的做法是：生产者承担生产、维护、更新换代和回收产品的全过程；用户选择产品、使用产品，按服务量付费，整个过程是以产品为基础，服务为中心的消费模式。

11.2.2 产品的非物质化

产品的非物质化主要体现在"硬件"的简化、"软件"的重要性凸显以及"信息和服务"作为核心价值的理念。

1. "硬件"简化

传统产品的许多功能部件现在都由一个小小的芯片代替，因此产品的体积减少，结构也得到简化。如图 11-5 所示，从传统相机到数码相机的演变，其外观结构发生了巨大的变化，而近年来的新款数码相机甚至连操作按钮也被触摸屏取代。

图 11-5 照相机的演变

2. "软件"地位凸显

产品"软件"的重要作用已毋庸置疑，而随着"非物质化"程度的递进，对于很多产品而言，脱离了软件，就没有任何价值可言。如图 11-6 所示的 GPS 导航器，人和信息之间的交互基础是该机器内置的程序对地图服务信息呈现，如果内置程序出错或外设地图信息不及时，将直接导致该产品失效。

图 11-6　GPS 导航器

3. "信息和服务"是核心

服务型经济时代的到来，使得出售服务成为未来企业的必然趋势，用户得益的是绩效，而非产品本身。使用 CDMA 的用户，购买的是中国联通的服务产品，手机只是"赠送"；SONY的 PSP 提供不断更新的游戏下载；Dell 出售的不仅仅是电脑，而是一系列售后服务。这都充分说明了用户对产品的诉求点在于其提供的信息和服务。很多大型，曾经以硬件为主营业务的企业（如 IBM、EPSON 等），它们的产品围绕"解决方案"而成，产品会随时根据客户的需要而改变或重新设计，产品成为服务的一部分而出售。

iPhone 是一个很优秀的设计，它不是第一个使用触摸屏技术的产品，也不是第一款集通信、娱乐、网络和 GPS 等功能为一体的手机，但是其完整的增值服务系统为它创造了巨大的后期价值，是核心价值所在。iPhone 的 GPS 定位系统、无线上网、音乐下载和通信等功能，都需要网络供应商提供服务，如图 11-7 所示。

图 11-7　Apple iPhone

11.2.3　产品设计在非物质社会中的重新定位

1. 设计观念的重新思考

设计对物质性的表达是社会工业化的结果，工业化建立起来的社会是一个"基于物质产品生产与制造的社会"，物质性和物质的"数""量"是社会进步的标志。

而设计对非物质性的表达是社会后工业化或信息化的结果。信息社会是一个"基于提供服务和非物质产品的社会",非物质产品的"质"和"速"是评判先进与否的标志。

非物质设计理念不仅是一种与新技术相匹配的设计方式,同时它也是一种以服务为核心的消费方式,更是一种全新的生活方式。设计观念变化的显著特点是,随着科学技术特别是计算机和网络技术的发展,而不断探询未知,为信息社会寻找新的造型语言和设计理念,也就是说,设计不仅仅用自己的方法研究世界,更重要的是设计研究科学技术对环境与人的生存方式的影响。

2. 产品设计的重新定位

物质产品是非物质产品的载体和辅助物,人们通过物质产品来获取信息和服务。非物质的文化和生活必须有一个坚实而宏大的物质基础,因此设计师必须重新考虑物质产品在当今社会的意义。非物质设计观的兴起不是要降低产品设计的地位,而是要将它置于更加全局的位置。

这个全局即信息和服务系统。信息和服务系统是人们需要的核心价值,一个产品系统中既有物质产品,也有非物质的服务和信息系统。整个信息和服务系统可以看作有形产品外部环境的主要部分。如果按照系统设计的观念,信息和服务系统就是物质产品的外部环境,软件则是物质产品的内部环境。产品与信息和服务系统以及软件的关系如图 11-8 所示。

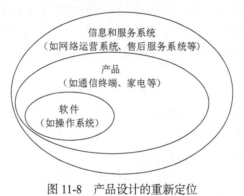

图 11-8　产品设计的重新定位

11.3　体　验　设　计

11.3.1　体验经济时代已经来临

随着时代的发展,一种新的经济形态已经悄然出现。B.Joseph Pine II 与 James H.Gilmore 于 1999 年在美国《哈佛商业评论》中指出,所谓的体验经济是以服务为重心,以商品为素材,为消费者创造出值得回忆的感受的经济。

传统经济主要注重产品的功能强大、外形美观、价格优势,体验经济下则是从生活与情境出发,塑造感官体验及思维认同,以此抓住消费者注意力,改变消费行为,并为产品找到新的生存价值与空间。体验经济下的生产及消费行为与传统的相比也已发生了根本的改变。

其改变如下。

（1）以体验为基础，开发新产品、新活动。

（2）强调与消费者沟通，以体验为导向设计、生产和销售产品，并触动消费者内在情感和情绪。

（3）以创造体验吸引消费者，并增加产品的附加值。

因此，体验经济中，产品的价值不是完全体现在产品的功能或者服务中，而是主要体现在"体验"中。"体验"是个体对一些刺激做出的反应。体验会涉及顾客的感官、情感等感性因素，也会包括智力、思考等理性因素。体验可分为几大模块，首先是感官体验，包括视觉、听觉、触觉、味觉与嗅觉的体验；其次是情感诉求，通过以体验为导向的设计来刺激和感染消费者的感情与情绪；另外，就是思考诉求，通过创意的方式引起消费者的惊奇、兴趣、对问题集中或分散的思考，为消费者创造认知和解决问题的体验；还有就是行为体验，包括消费者与产品互动过程中的使用体验、身体体验，甚至生活方式体验；最后是关联体验，就是通过产品使消费者感觉到自己从属某个社会组织并和他人产生互动。

体验经济"以人为本"，它尊重人性和人的个性，强调满足人精神、社会、个性等需要的重要性。体验经济的个性化特征验证了心理学家马斯洛的需要层次论，即人类最高的需求层次——自我实现。

进入体验经济时代，消费者对产品的要求将不止于功能上的满足，产品或品牌能否超越产品功能，而给他们带来种种感官、情结或价值上的满足将变得越来越重要。简单说，就是商品不但要有"功能"上的效益，还要有或者更要有"体验"或"情感"上的效益。

在心理学领域，主要将体验定义为一种情绪，对于和产品设计相关的领域而言，体验就是以下方面：

（1）产品在用户手中如何被感知的方式；

（2）用户对怎样使用产品的理解程度；

（3）用户在使用产品时，对产品的感觉如何；

（4）产品提供它们自身用途的好坏程度；

（5）产品在用户使用它的整个过程中适应的好坏程度。

用生命哲学家的话来解释，体验就是一种存在方式，一种生存方式，人只要生活着，也就意味着他在体验着。因此，在设计中强调体验，一方面是从人类存在的本质出发，使设计向着人性化的方向发展；另一方面也是在如今这个极端商业化的社会中，寻求设计的人文精神的回归。

体验设计脱胎于体验经济，是体验经济战略思想的灵魂和核心。体验经济所关注的是用户的心理满足，探讨如何更好地满足用户的精神需求，以实现产品与服务的价值增值。体验设计就是为这个目标服务的，它是一个新的理解消费者的方法，始终从用户本身的角度去认识和理解产品形式，设计的问题已经从理性和实用性，转移到用户本身。

11.3.2　体验设计的特征

1. 体验设计的游戏化、娱乐化特性

娱乐是人类的一种最古老的体验，而且在当今是一种更高级的、最普遍的体验。体验设

计的游戏化、娱乐化特性就是为了满足人们日益追求一种休闲的、愉悦的现代的生活方式，同时这也体现人类对这种本性的一种回归。

当前电子信息、网络科技飞速发展。值得注意的是，与计算机网络相关的体验产业—游戏业，现已成为一个新的经济增长点。在体验经济中的 PC Date 根据统计数据做出的报告给出，2009 年美国游戏产业（包括电子游戏和电脑游戏）的零售额再创新高，销售数字超过 84 亿美元，比 2008 年增长了 10.7%。在组成游戏产业的 3 个部分中，电子游戏软件的销售额为 46.2 亿美元，占整个产业收入的 55%，而电子游戏硬件及电脑游戏软件的销售数字分别占 21.9% 和 23.1%。

2. 体验设计的人性化特性

体验设计的终极目标之一便是人性化。体验设计注意和突出体验的这一要素，关注人的身体感觉和心灵感悟，注重设计体验的结果，把人性化的设计向前推进了一大步。

设计师的产品设计不仅满足了人们的基本需要，而且满足了现代人追求轻松、幽默、愉悦的心理需求。例如，麦当劳公司就满足了消费者渴望得到的一种"完全的用餐体验"，包括轻松的心情、休闲的气氛、愉快的享受和便利的服务、欢乐的美味，甚至顾及儿童消费群的欢笑、趣味、教育、安全等需求，都能结合科技与常规的优点，来重新定位麦当劳，传递独树一格的用餐体验，以增加整体用餐的价值，进而使顾客认定麦当劳是他们最喜欢的餐厅。

有些设计师已将设计触角伸向人的心灵深处，通过富有隐喻色彩和审美情调的设计，在设计中赋予更多的意义，让使用者心领神会而倍感亲切。例如，2001 年，惠普提出了为客户创造价值的市场定位，以及"全面客户体验"的商业模式。意图是，通过提供服务体验、购买体验、应用体验及使用体验，让客户感受到一种个性化的完全不同的体验。惠普的很多机构，都是围绕以客户为中心、为客户提供全面体验的思想设计出来的。

3. 体验设计的互动参与性特征

体验设计的人性化的体验特性，决定了体验设计还应该具有体验经济互动参与性的特性。体验经济本身也是一种开放式、互动性的经济形式。体验经济具有的互动性也为体验设计的互动特性提供了依据。因为任何一种体验都是某个人身心体智状态与那些筹划事件之间的互动作用的结果，即顾客全程参与其中。

商品是有形的，服务是无形的，而所创造出的那种"情感共振"型的体验最令人难忘。服务只是指由市场需求决定的一般性大批量生产。服务被赋予个性化之后，就会变得值得回忆，服务在为顾客定制化之后就变成一种体验。体验创造的价值来自个人内心的反应。其实，体验一直存在于人们的周围，只是直到现在，人们才开始将它看作一种独特的经济形态。于是，可以这样理解：当一个公司有意识地以服务作为舞台，以商品作为道具来使消费者融入其中时，体验就出现了。在体验经济中，企业是体验策划者，不再仅仅提供简单的商品或服务，而是提供最终的体验，给顾客留下难以忘怀的愉悦记忆。

由此，体验设计的"体验"应该是一种来自设计者与消费者双方的体验的综合结果，而显然不是单一方面的单一结果。而且，这两方面的"体验"都不是孤立地存在的，是紧密联系、不可分割的，它们互为影响，互为补充。体验设计是设计者与消费者双方体验的一种良性的互动。

4. 体验设计的非物质化、虚无性特征

体验是一个人达到情绪、体力、精神的某一特定水平时，他意识中产生的一种美好感觉。它本身不是一种经济产出，不能完全以清点的方式量化，因而也不能像其他工作那样创造出可以触摸的物品。

但在体验经济时代，体验却成为一种新的价值源泉，已独立成为一种经济提供物。它从服务中分离出来，就像服务曾经从商品中分离出来一样，体验自始至终地环绕着我们，而顾客、商人和经济学家习惯把它们归并到服务业，与干洗服务、汽车修理、批发分销和电话接入混在一起，认为是在当今世界快节奏的生活中，为了驱使人们购买而产生的服务的变形。

产品的非物质现象呈现出以下几个层面。一是从超薄到微型再到隐形。美国利用光刻技术制造的齿轮、连杆组件的宽度不超过 100μm。同时，微型化技术带来设计观念的变化，"形式追随功能"受到前所未有的质疑。二是从三维到平面。随着科技的发展，自动控制技术使消费者与产品使用之间凭借的是遥控、网络信息技术。消费者利用自身与屏幕图像的对话来体验产品。在产品设计中的平面化因素的强化，使它向非物质化状态渐近。

5. 体验设计的情感化、纯精神性特征

在体验经济时代，设计越来越追求"一种无目的性的、不可预料的和无法准确测定的抒情价值"。消费者根据感性和意向选择商品，社会已进入文化和精神的消费时代，根据马斯洛的层级需求理论，体验设计将传统设计对人的生理和安全等低层次的需求的关注，扩大到对消费者的自尊及自我价值实现等高层次的精神需求的思考。

体验是认知内化的催化剂，它起着将主体的已有经验与新知衔接、贯通，并帮助主体完成认识升华的作用，它引导主体从物境到情境，再到意境，产生感悟人的三个情感体验阶段。

（1）物境状态。重视对顾客的感官刺激，加强产品的感知化。这种体验越是充满感觉就越是值得记忆和回忆，为使产品更具有体验价值，最直接的办法就是增加某些感官要素，增强顾客与产品相互交流的感觉。因此，设计者必须从视觉、触觉、味觉、听觉和嗅觉等方面进行细致的分析，突出产品的感官特征，使其容易被感知，创造良好的情感体验。例如，在听觉方面，对汽车开、关门声音的体验设计；在视觉方面，显示器由超平到纯平再到等离子等。

（2）情境状态。一方面是人对产品的关爱情境，另一方面是产品对人、社会以及自然的关爱情境。物品具有自身的灵魂，它的价值符号是拥有者身份、地位以及权力的象征。人与产品之间必然会形成互动的关爱情境。

（3）更高层次的意境状态。中国画讲究"意在笔先"，在体验设计中，应追求"意在设计先"，设计具有强烈吸引力的良好主题，寻求和谐的道具、布景，创造感人肺腑的剧场，产生丰富的、独特的体验价值。

11.3.3　体验设计的类型

体验设计所强调的"体验"必须包括感官体验、情感体验、思维体验、行为体验、关联体验和混合式体验六大体验模块，以及由这六大体验模块构成体验设计理念的核心和基础。

1. 感官体验设计

感官体验设计主要诉求于人的 5 种感觉——视觉、触觉、听觉、嗅觉和味觉来增加或者创造产品的感官体验，是产品体验设计中最基本的一种设计方法。

一般地，在产品设计中，感官体验主要来源于视觉和触觉两种感觉。首先，视觉最能影响产品体验的感觉。一个人每天所获得的信息量有 80%来源于视觉。视觉通过捕捉产品的形状、大小、色彩等客观元素产生包括体积、重量和形态等有关产品的物理特征的印象。例如，当我们第一眼看到一辆奔驰跑车（图 11-9）时，就被它流畅的线条、优美的形态、鲜明的色彩、奔放的气质所吸引。

图 11-9　奔驰跑车

仅次于视觉，触觉也同样帮助形成一定的印象和主观感受，从而转化为体验的价值。通过触觉，人们可以感受到产品价值的细微信息——凹凸不平的沧桑，坚硬冰凉的冷峻，或是顺滑柔软的高雅。产品的造型和形态存在的主要物质基础就是材料，材料的物理特性、化学性能、加工工艺、表面处理等综合因素可以直接影响到产品的造型。材料所具备的光泽美、质地美在产品外观上的表现，通过触觉能传达独特的信息感受。

另外，在产品设计中，听觉、嗅觉和味觉等感官体验最具独特性。产品通过听觉与顾客沟通，也是一种其他感觉所不能替代的方式。在许多产品的信息系统中，声音也扮演着重要的角色。首先，声音能传递一种安全感，例如，转锁时令人放心的咔嗒声，还有冰箱的嗡嗡声，以及打印机的沙沙声等，传达着"工作正常"的信息。其次，声音还具有提示功能，如工作中的热水壶发出的哨声就提示"水烧开了"。声音给产品带来的影响尤其在汽车设计上体现得最为明显。例如，宝马发动机发出赛车式的咆哮声，似乎成为一种品牌的声音。同时，宝马也将消除声音作为体现品牌的内涵，它经过几个月的测试，消除了摆动的挡风玻璃雨刷发出的声音，体现了宝马公司对完美的孜孜以求。在所有声音中，音乐能带来最深刻的听觉体验，它极大地影响着人的情感，作为一种表达信息的有效载体，它提供了快乐、情感的暗示甚至记忆的帮助。

嗅觉带来的感觉也是独特的，据研究嗅觉给人带来的印象在记忆中保存的时间是最久的。一种气味能唤起人们深藏在记忆深处的情感，或许会勾起对苦涩的童年、慈爱的祖母的回忆，抑或是对曾经的一段温馨甜蜜爱情的回味。然而，不是所有的产品都会散发出香味，但是如果能发现一种方式，可以将香味融入体验中，那么它一定会为产品增添不小的乐趣。

2. 情感体验设计

情感体验设计主要诉求消费者内心的感觉和情感，以赋予产品情感体验。这种体验可能表现为一种温和、柔情的正面心情或者快乐自豪、激情澎湃的激动情绪。

在设计中，要时刻记住：消费主体的感觉最重要。创造良好感觉、避免坏感觉是人们生活中的一个核心原则。在相同的前提下，消费者倾向于寻求好的感觉，避免坏的感觉。

情感体验往往有强度上的差异——从稍微积极或消极的状态到非常紧张的程度。如果希望在设计中有效利用情感体验，那么就需要对心情和情绪有更清楚的了解，如表 11-1 所示。

表 11-1　心情和情绪的对比

情感类型	程度	表征	属性	原因
心情	轻微	积极的、消极的或中性的	通常不确定	通常不确定
情绪	强烈	积极的或消极的	具有一定意义	由某种活动、介质和物体引发出来

由表 11-1 可以看出，心情是一种不确定的情感状态。特定的刺激可能会给人带来不同的心情；而情绪是一种强烈的、有着明确刺激源的情感状态，往往表现为负面情感。典型的情绪有生气、羡慕、嫉妒，甚至还有热爱，这些情绪总是因为某些人、某些事或某些物才产生的。由此，情绪的好与坏能够直接导致心情的好与坏。情绪主要分为两种基本类型：基本情绪和复合情绪。基本情绪就像化学元素一样，形成人们情感世界的基础部分。它包括积极的情绪（如快乐）和消极的情绪（如生气、厌恶和悲伤）。例如，怀旧之情（渴望而感伤地怀念着已经逝去的时光），利用怀旧情绪进行产品设计的例子中，最典型的莫过于甲壳虫汽车，如图 11-10 所示。这种车型于 1979 年后就停产了，1994 年新甲壳虫概念车在底特律车展上首次亮相，引起巨大的轰动，并得到人们的喜爱。

（a）老款甲壳虫　　　　　　　　　　　　　　（b）新款甲壳虫

图 11-10　老款甲壳虫与新款甲壳虫

情感是生活的一部分，它影响着人们如何感知、如何行为和如何思维，它内在的个人因素更能影响人们对于物品的感知。生活中的物品对人们来说绝不是单纯的物质性存在。一个人喜欢的物品可以是过时的、褪色的、陈旧的等。这些物品是一种象征，它建立了一种积极的精神框架，它是快乐往事的提醒，或者有时是自我展示。

在产品设计中，我们需要将产品看作一个认知和情感的交织体。认知心理学家唐纳德将设计分为本能的、行为的、反思的三个纬度，他提出这三个纬度在任何设计中都是相互交织的。处于各个水平上的设计提供相应水平的情感，这三个水平相互影响。尽管方式有些复杂，但是可以将三个水平设计上的产品特点进行简化：本能水平由外观决定；行为水平由使用的乐趣和效率决定；反思水平则由自我满足和记忆反映。

首先，本能水平的设计可以得到即刻的情感效果。产品给人们的第一反应有"漂亮的"、"可爱的"或者"有趣的"等，它们可以是非常简单的，不用追求尽善尽美，但是在人们接触时，对它的本能反应是即刻能得到心理上的认同。

行为水平与产品的效用，以及使用产品的感受有关。但是感受本身包括很多方面：功能、性能和可用性。首先，产品的功能是指它能支持什么样的活动，能做什么，如果功能不足或者没有益处，那么产品几乎没什么价值。其次，产品的性能是指产品能多好地完成那些要实现的功能，如果性能不足，那么产品也是失败的。优秀的行为水平的设计，最关键的一点就是了解人们如何使用一个产品，善于发现产品的不足之处，并进行完善。优秀的行为水平的设计应该是以人为中心的，重点放在理解和满足真实使用产品的人的需要上。例如，汽车设计中，其内部操作比较多，在界面安排上就需要做到易理解、易操作。例如，在座位调节系统中，将按键的形状与操作的部位相对应，暗示相应的操作，如果按椅背部键，椅背就前后倾斜调节；按座位键，座位就上下高低调节。这些行为调节器说明了设计与使用者之间需要建立一个很好的系统形象。

反思水平则直接与消费者使用产品后得到的感觉有关，如是否对产品的功能满意、可操作性是否好等，这些都是在使用过程中得到的感受，通过回忆描述消费者的个体感受。

3. 思维体验设计

思维体验设计的目标是：通过让人出乎意料和激发人的兴趣，促使消费者进行收敛性思维和发散性思维。

思维体验设计主要诉求于智力，启发顾客获得认识和解决问题的体验，它运用惊奇、计谋和诱惑等引发顾客产生统一或各异的想法，启发人们的智力。收敛性思维和发散性思维通常是人进行思考的两种方式。收敛性思维的具体形式是涉及定义严谨的理性问题的分析推理。所有对问题进行系统、认真地分析的活动也都属于收敛性思维，即使是仅凭常识或启发式思考得出的结论也是如此。与收敛性思维相比，联想式发散性思维更随心所欲。它包括知觉流畅性（如想出很多主意的能力）、灵活性（如很容易改变看法的能力）、创造性（如创造不寻常主意的能力）。按照这两种思维途径，即使产品很有创意，也别期望它一定会在市场上大获成功，原因是各个国家的消费者往往具备不同的产品知识。

4. 行为体验设计

行为体验主要包括生理体验、使用体验和生活方式体验三种。首先，很多与生理体验相关的产品，因为和私生活相关(如洗浴、疾病、嗜好等)，在很多文化中都视为禁忌。因此，设计师要格外注意产品类别的敏感性。其次，使用体验与产品的效用，以及使用产品的感受有关。而这种感受主要来源于产品的功能性。一个产品能做什么，能实现什么样的功能，是在使用上成功与否的关键。再次，产品功能的实现途径也应简单易懂。最后，多种多样的生活方式在不同消费群体中表现不同，几乎每个个体的活动、兴趣和观点都有所不同。

作为产品设计师，应该对人们的生活方式走向保持高度敏感。优秀的设计师应成为某种生活方式走向的推动者，从而确保产品与某种生活方式相关联，甚至成为其中的一部分。只有这样才有可能为消费者创造最有效的生活体验方式。成功的行为体验设计，能够促使产品作为标志物来展示用户的生活品质。

5. 关联体验设计

关联体验设计主要诉求于自我改进的个人渴望，使消费者在使用或拥有产品过程中，感觉到自己从属某个社会组织并和他人产生互动，从而体现个人在社会中的身份与地位。例如，希望别人（如亲戚、朋友、同事、恋人或是配偶）对自己产生好感或认可，让个人和一个较广泛的社会系统产生关联。

每个个体天生就有寻求社会认同的需要，这个过程一般经历 4 个步骤：首先是认知某种社会分类 X，其次是了解作为 X 类的一员会有某种美好的体验，再次是相信使用某种产品或品牌会产生这种美好体验，最后是消费者认为"我就是 X 类"。哈雷·戴维森机车的出现就很好地印证了这一点，如图 11-11 所示。

图 11-11　哈雷·戴维森机车

哈雷·戴维森机车的魅力不在于机型如何漂亮，而在于它代表的是一种精神、一种生活方式、一种群体，从机车本身上与哈雷·戴维森有关的商品到狂热者身上的哈雷·戴维森文身，哈雷·戴维森机车代表着美国自由精神，正是这种精神吸引着成千上万的哈雷·戴维森机车爱好者。该产品已经超越了产品本身，它的价值体现在带给用户的关联体验上，即它是一种与众不同的身份和个性的象征。

总之，关联体验设计的目标是：通过使用产品，能够使消费者感受到自身的体会价值以及与群体的互动。

6. 混合式体验设计

在现实生活中，体验的强大感染力很少只来自上述单一类型，多是由两种或两种以上的体验类型结合在一起而产生的，这通常称为混合体验设计。如果这种混合体验包含上述五种体验类型，则称为全面体验。

混合体验绝对不是两种或两种以上的体验类型的简单叠加，而是它们之间发生相互作用、相互影响，产生的另一种全新的体验。在构建混合体验时，可以按照感官→情感→思维→行为→关联这样的顺序来进行。这个顺序符合消费者的购买心理。"感官"会吸引消费者的注意力并激发人的感受；"情感"会创造顾客内心世界与企业或产品的联系，从而使情感变得非常个性化；"思维"会为体验增添一份感知趣味的永久性；"行为"会引发一种行为上的投入，一份对品牌的忠诚，以及对未来的一种希望；"关联"跨越了个人的体验，使体验在一个更为广泛的社会背景下具有更加丰富的内涵。当然，这个顺序不是固定不变的，体验的架构可以从行为开始，把感知加到思维体验中。

信息时代是一个充满变革的时代，科学技术在创新，设计观念在创新，设计程序在创新，设计技术在创新，管理在创新，文化在创新。创新活动将促使人类社会文明迅速演进，信息技术将推动工业社会的物质文明向非物质文明转化，人们将生活在对信息的感知和高效率处理的环境中。未来的设计不再依赖于对外在信息的简单加工后而得出结论，而是把设计的重心投射到对人的研究中，以此展开对人的心理、行为、价值观和环境的系统分析，以技术、哲学、人类社会学的方法为基础，以艺术的创造为主干，来解读人的内心世界，确定设计的主旨方向。信息时代，人们利用科学成果搭建的信息平台进行交流，使得全球的信息技术资源得以共享，缩短了人与人之间交流的距离和时间，信息的丰富、快速、多变的形式，推动着整个社会在高速发展中不断创新。

工业设计是与同时代的物质特征与精神文化息息相关的系统工程。在信息时代，人们的物质生活和精神需求发生了根本的变化，这种变化对设计领域是冲击也是发展变革的机遇。在不断变幻着的"魔方"世界中，人们需要在更快的问题求解中找到答案和心灵的归宿，新的社会组织形式和人价值观的形成，将推动人们的思维进行新的设计思考。

本 章 小 结

从交互设计、非物质设计和体验设计等几个方面探讨信息时代工业设计所呈现出的高创新性、高知识性、高附加值特征。信息时代的工业设计是基于知识和信息的设计，不同于一般意义下的基于经验的设计。信息时代产品设计的成功，取决于其中现代知识的含量。信息时代的工业设计应该基于传统意义上的工业设计，针对信息时代产品的特点，研究和发展始于信息时代的工业设计方法。在与互联网的紧密结合下，朝着精、尖、高以及高度自动化方向发展。

参 考 文 献

程能林，2008. 工业设计手册[M]. 北京：化学工业出版社.

程能林，2011. 工业设计概论[M]. 3 版. 北京：机械工业出版社.

崔天剑，2014. 当代工业设计思想与方法[M]. 南京：东南大学出版社.

韩东楠，2010. 工业设计概论[M]. 北京：冶金工业出版社.

何人可，2010. 工业设计史[M]. 4 版. 北京：高等教育出版社.

李乐山，2007. 工业设计思想基础[M]. 2 版. 北京：中国建筑工业出版社.

刘涛，2006. 工业设计概论[M]. 北京：冶金工业出版社.

刘永翔，2011. 工业设计初步[M]. 北京：机械工业出版社.

屈文涛，2009. 产品设计[M]. 北京：石油工业出版社.

王受之，2015. 世界现代设计史[M]. 2 版. 北京：中国青年出版社.

王晓红，于炜，张立群，2014. 中国工业设计发展报告（2014）[M]. 北京：社会科学文献出版社.

张峻霞，2008. 工业设计概论[M]. 北京：海洋出版社.